しっかり学ぶ

化学熱力学

エントロピーはなぜ増えるのか

石原 顕光 著

裳華房

Basic Chemical Thermodynamics
— Why does Entropy Increase ? —

by

Akimitsu ISHIHARA

SHOKABO
TOKYO

はじめに ―本書で学習するために―

本書の目的は大きく二つある.

一つは,「**エントロピー**」を“わかった”と思えるようになることである. ものごとの理解はひそかにゆっくり深まっていくものであるが, ときどき「わかった!」と, それまでのもやもやが, 一気に解消したと思えるときがある.「わかった」にも浅い深いがあって, 最初の段階では実はまだまだ深くはわかっていないのだが, それでもこの体験がその後, 深くわかっていけるかどうかの分かれ道だろうと思っている. 不思議なことだが, いったんわかって学習すると, ますますよくわかるようになるのだ. その**最初の決定的な「わかった!」をどう体験するか――それは体験するまで自分で考え続けるしかないのだ**. とはいえ, どう考えたらいいのかさえ, 最初はなかなかわからない. 本書はそのヒントになるように, エントロピーに関して, 筆者があれこれいろいろ考えたことを教科書風にまとめたものである. そのためオーソドックスな化学熱力学の教科書とは異なる内容も少なからずある.

本書のもう一つの目的は,「使える」熱力学の基礎を理解し, 自信を持って使えるようになってもらうことである. 熱力学は自然現象の方向性を理解するためだけのものではない. 熱力学ほど, 身近で実際に役に立つ学問はない. しかし, 基礎をよく理解していないために使うのを躊躇(ちゅうちょ)したり, 機械的に計算して誤った結果を導いてしまうことが多々あるのではないかと思っている. 本書の後半では「**エンタルピー**」と「**ギブズエネルギー**」という, 便利に使うための概念を丁寧に解説した. 熱力学を自由自在に使えるようになるためのとっかかりになることを願っている.

さて, すでに, 優れた熱力学のテキストはいくつも出版されている.

[1] 原田義也『化学熱力学(修訂版)』裳華房(2002)
[2] 清水 明『熱力学の基礎』東京大学出版会(2007)
[3] 田崎晴明『熱力学ー現代的な視点からー』新物理学シリーズ, 培風館(2000)
[4] 小島和夫『やさしい化学熱力学入門 ーこれから熱力学を学ぶ人のためにー』講談社(2008)
[5] ジョージ・ピメンテル 著, 榊 友彦 訳『化学熱力学 ー分子の立場からの理解ー』東京化学同人(1977)

特に［1］～［3］のテキストはいずれも論理的に厳密で，教科書として非常に優れていると思う．しかしレベルが高く，これらのテキストを読んでも，自分がわかっているのかどうかもわからない状態の人が少なからず存在するのではないだろうか．そのときによい方法は，具体的にいろいろなことを考えてみることである．状態を変化させる条件を少し変えたり，ある一部にこだわったりすることで，自分がわかっているかどうかがわかるだろう．本書は，優れたテキストを読んでも，なかなかわかったという実感が持てない人が，あれこれ考えるときの手助けとなるように執筆したつもりである．**本書を参考にして，「わかった！」を体験し，ぜひ読者自身の熱力学の体系を構築してほしい．**

＊　　　＊　　　＊

本書の最も大きな特徴を述べておこう．一般の熱力学では，体積仕事を外界の圧力（外圧）で定義し，系内部の圧力（内圧）など，内部に立ち入らない．それが熱力学の重要な特徴の一つだからである．しかし筆者は，エントロピーが増える理由を理解するためには，系の内部を考えた方がよい場合もあると思っている．そして，外圧と内圧のする体積仕事の差が，最終的に熱として系内に戻るのだが，それを認識しておくことは，**なぜエントロピーが増えるのかを考える助けになる**と考えて，あえて議論を試みた．ただしこのようなアプローチは筆者にとって有効だったのであり，オーソドックスな方法ではないし，すべての人にとってわかりやすいわけではないと思う．ただ，本書に触発されて，いろいろなところにこだわって考えてみて，自分なりにエントロピーをわかっていただければと思う．

また，本文の分量が多くなったので，部分モル量の説明に関しては，出版社のホームページに載せることとした（https://www.shokabo.co.jp/mybooks/ISBN978-4-7853-3516-8.htm）．必要に応じて参考にしていただければと思う．表見返しには，本書の構成を示したので，全体像を把握するのに使っていただきたい．

本書の原稿は東京大学名誉教授の原田義也先生にご査読いただき，多くのご指摘とご助言，ご提案をいただいた．元の原稿には，論理展開が冗長でわかりにくかったり，筆者の思い込みや，誤解を招く表現などが多くあったが，先生のご助言のおかげで，すっきり明瞭になった．ここに記して感謝する．それでも間違いや不適切な表現があるかもしれないが，それはもちろん，すべて筆者の責任である．実は，原田先生の『化学熱力学』（裳華房）は，筆者にとって学生のころからバイブルであった．わからない点が出てくると，『化学熱力学』に戻って，何度も何度もむさぼるように読んだものである．おかげで本は書き込みで真っ赤で，しかもボロボロになっている．本書はある意味で，原田先生の『化学熱力学』を理解するための副読本といえると思っている．その先生に，本書の原稿をご査読いただく機会を得たことは望外の喜びであった．

筆者が所属している横浜国立大学グリーン水素研究センターで一緒に勉強会で議論してきた卒業生のみなさんに感謝する．彼らの素朴な疑問が本質をついていることがしばしばあった．

また，古くは25年ほど前から行っている月一回の物理化学研究会で，基礎的な議論をずっと行わせていただいている新井正一さん，簑島建司さん，織地 学さん，三好康太くん，兼子美奈子さんに感謝する．そしてこれまで研究会に参加して議論に加わってくださった多くの方々にも感謝する．本書で工夫した内容の大部分は，その研究会で議論していただいている．そのため本書はこの研究会の成果をまとめたものでもある．

横浜国立大学には，名誉教授 故 高橋正雄先生，名誉教授 朝倉祝治先生，名誉教授 太田健一郎先生とつながる，化学熱力学に対する深い造詣が脈々と続いている．微力ではあるが，その系譜を少しでも受け継いで，次の世代に渡すことができれば幸いである．

裳華房編集部の小島敏照氏には，内容構成や表現に関して，多くの貴重なご助言，ご指摘をいただいた．なにより，かれこれ5年間にわたる，氏の的確な叱咤激励がなければ，本書は完成しなかった．厚く感謝申し上げる．

2019年4月

石原 顕光

目　　次

1. エネルギー

1.1　エネルギー……1
1.2　仕　事……2
1.3　運動エネルギー……4
1.4　重力による ポテンシャルエネルギー……7
1.5　電気的仕事……12
1.6　表面仕事……18
1.7　熱……19
1.8　熱と力学的仕事の等価性と特殊性……21
1.9　内部エネルギー……26
1.10　その他のエネルギー……28
1.11　エネルギーの形態と相互作用……28
1.12　潜在的能力の意味……29
1.13　エネルギーと作用量に関して わからなくていいこと……30

2. 熱力学第一法則

2.1　孤立系と熱力学第一法則……32
2.2　化学現象を対象とした 熱力学第一法則の表現……35
2.3　力学的仕事（体積仕事）再考……36
2.4　熱再考……43
2.5　平衡状態……49
2.6　部分系の平衡状態……50
2.7　状態量……51
2.8　あらためて第一法則の持つ意味……51

3. 熱力学第二法則

3.1　熱力学第二法則の導入に向けて……54
3.2　熱の出入りのない場合（断熱変化）の検討……54
3.3　内部エネルギーが変化しない場合（理想気体では等温変化）の検討……66
3.4　熱の仕事への継続的変換……71
3.5　理想気体の等温圧縮過程……72
3.6　理想気体の等温膨張-圧縮過程 ― 準静的・可逆変化と不可逆変化……77
3.7　準静的変化と可逆変化……80
3.8　カルノーサイクル……85
3.9　カルノーサイクルから エントロピー概念へ……91
3.10　クラウジウスの変換の当量と補償の考え方……92
3.11　変換の当量についての補足……97
3.12　準静的過程における エントロピーの算出……100
3.13　準静的定積変化に対する エントロピー変化の意味……101
3.14　準静的断熱過程が 等エントロピー変化である理由……106
3.15　絶対温度について……107

4. エントロピーをどのように理解するか

4.1　エントロピーの物理的意味……110
4.2　理想気体の断熱不可逆過程とエントロピー変化……………111
4.3　サイクル全体の変換の当量とエントロピー…………………120
4.4　理想気体の定積不可逆過程とエントロピー変化……………121
4.5　温度差に基づく熱の移動現象とエントロピー変化……………125
4.6　エントロピーをどのように理解するか……………………129

5. エンタルピー

5.1　便利で使いやすくするための工夫……………………………………133
5.2　エンタルピーと熱化学反応の定圧反応熱……………………133
5.3　電気化学反応の場合のエンタルピー差………………138

6. ギブズエネルギーと化学平衡

6.1　第二法則を含んだ取り扱い……142
6.2　電気化学反応に対するギブズエネルギーの物理的意味…142
6.3　電気化学反応に対するエンタルピーの物理的意味……151
6.4　熱化学反応におけるギブズエネルギーの意味………152
6.5　開放系の導入 − 閉鎖系の構成要素としての開放系………………154
6.6　化学ポテンシャルの導入 − 純物質の化学ポテンシャル…158
6.7　混合系（多成分系）の化学ポテンシャル……………163
6.8　化学反応系の取り扱い…………165
6.9　化学ポテンシャルの温度・圧力依存性……………169
6.10　純物質の理想気体の化学ポテンシャルから混合系の理想気体の化学ポテンシャルへ……………………………………173
6.11　化学平衡の図的理解……………179

7. 化学熱力学を使いこなす

7.1　反応にともなうエンタルピー変化の導出……189
7.2　標準エントロピーの求め方……201
7.3　標準ギブズエネルギー変化から平衡定数を求める……………207
7.4　ギブズ-ヘルムホルツの式 − 平衡定数の温度依存性………211

索　引……217

1. エネルギー

1.1 エネルギー

本書では，熱力学の中核をなす概念の一つである，「**エネルギー**」から始める．エネルギーという概念を理解するために，「**系**」や「**仕事**」など，より基礎的な熱力学概念の理解が必要になる．そこで，本章では順を追って基礎概念を理解しながら，エネルギーを説明していこう．

エネルギーは，一般的に使われる用語になっているので，わかったつもりになっていることが多い．科学の論理は，用語を用いて構築されるので，科学の用語は厳密に定義して使用しなければならない．科学用語は日常的に使われるような曖昧な雰囲気的な言葉とは異なる．さらに重要なのは，科学用語はそれを用いる必然性があるために定義されているということである．つまり，自然現象を人間が認識するために必要であるがゆえに，定義されて用いられている．したがって，科学用語の正確な理解は，その用語の必然性の理解につながり，ひいては自然現象の理解につながる．

科学用語としての「**エネルギー**」**は，「系がある状態で持つ，仕事を行いうる潜在的な能力」と定義される**．定義は厳密であるが，わかりやすいわけではない．このエネルギーの定義をきちんと理解することから始めよう．そのためには，そもそも定義で用いられている用語を理解する必要がある．

まず，「系がある状態で持つ」の「**系**」である．**系とは，われわれの興味の対象をいう**．ボールやピストンの上に載るおもりのような物体そのものでもよいし，化学反応や相変化を起こしている反応容器やビーカーの中を系としてもよい．また，気相や液相などの相が複数存在する反応容器の場合，どれか一つの相を系としてもよい．さらに大きくは，地球環境や宇宙を系としてもよい．つまり，系は任意である．ただし，論理展開している際には，どこを系とみなしているのかを常に把握しておく必要がある．

そして，**系を含む，われわれが認識しているすべてを全宇宙という**．全宇宙という用語を使うが，実際の宇宙の果てがどうなっているのかわからないし，地球上での自然現象を考えるのに，地球から離れた宇宙は関係しないので，実際のイメージとしては，考えている系を含んだ大きな空間というふうにとらえておけばよい．たとえば，実験室の机の上の恒温槽に浸されたビーカーの中の化学反応を考えているときは，ビーカーと恒温槽を含めれば全宇宙に十分に近似できるし，実験室程度の空間を全宇宙とみなしておけば十分である．ただ，全宇宙は，論理的にはすべてを含んでおり，それ以外に何もないという保証が必要である．

系は当然，全宇宙の中に存在するのだが，**系以外のすべての部分を外界あるいは環境と呼ぶ**．つまり，興味の対象である系と，それ以外のすべての外界，それらを合わせて全宇宙となる．エネルギーの定義が示していることは，エネルギーとは，「系がある状態で持つ能力」であるということである．「状態」や「能力」というのもわかりにくいが，詳細は後述するとして，「系がある状態で持つ性質」と言い換えてもよいだろう．そもそも興味ある対象を系と呼ぶわけであるから，系の持つ性質に着目して議論するのは当たり前のように思えるかもしれない．しかし，世の中に存在する**物理量**がすべて系の性質であるとは限らない．たとえば，系と外界が相互作用している際の，その相互作用を表す物理量もある．エネルギーとは，そのような相互作用を本質とする物理量ではなく，系そのものが，ある状態で持つ性質なのである．

1.2　仕　事

次に進もう．**物体に力 f を加えて，その加えた方向に物体を $\mathrm{d}l$ だけ動かしたとき，$f \cdot \mathrm{d}l$ を，力が物体にした物理的な「仕事」という**．エネルギーの理解のためには，この「仕事」の理解が重要である．

簡単のために，質量 m を持つ物体（厳密には質点になるが，イメージとしてはボールのようなもの）の 1 次元の運動を考える．物体が興味の対象であるから，これが系である．物体の力学においては，物体の位置および運動量（質量と速度の積）が定まれば，「**状態**」が決まる（2.5 節で後述するが，これは化学熱力学で議論する状態（**平衡状態**）とは異なるので注意が必要である）．仕事を考えるには運動量は必要ではないので，位置と速度で状態を指定して議論する．

まず物体（系）が状態 1（位置 $x = x_1$，速度 $v = v_1$）にあるとする．その状態 1 から，物体に外部（外界）から力 f を作用させて，状態 2（$x = x_2$，$v = v_2$）に変化

させたとしよう．そのとき，力 f の外界が系 (物体) にする仕事 W は，定義より

$$W = \int_{x_1}^{x_2} f \, \mathrm{d}x \tag{1.2.1}$$

となる．実際の運動は 3 次元で起こるが，化学熱力学の理解のためには，1 次元の運動が理解できれば十分である．

一般に力 f は位置の関数であり，一定ではない．また，力の種類は限定されていないので，どのような種類の力であってもよい．本書ではたとえば，重力やクーロン力 (静電気力)，われわれが物体を押す力，ピストン付きのシリンダーに封入された気体がピストンに及ぼす力などが対象となる．重力や，われわれが物体を押す力，気体が及ぼす力は，物理では**力学**という学問分野で取り扱われるので，それらによって行われる仕事を「**力学的仕事**」と呼ぶ．一方，クーロン力は**電磁気学**で取り扱われる．しかし，化学熱力学では電気は扱っても磁気は扱わないことが多いので，本書でも磁気は取り扱わず，クーロン力によって行われる仕事を「**電気的仕事**」と呼ぶことにしよう．

ここで注意すべきは，仕事は，物体 (系) がある状態 1 から，別の状態 2 に変化する途中の過程で定義される物理量だということである (仕事 W に変化量を示す Δ がついていないことに注意しておこう)．つまり，仕事は，系の性質で決まる物理量ではなく，系の状態変化の過程において，系と外界のあいだでやりとりされる物理量なのである．系の状態変化は，外界からの影響によって引き起こされることもあれば，化学反応のように系内部で自発的に起こることもある．そのため，仕事は系の状態変化を引き起こす原因となる場合もあれば，化学反応が進行した結果として現れる場合もある．このような状態変化の過程において定義される物理量を呼ぶ一般的な名称はないようである．しかし，系の状態変化の原因となりうるので，系に作用する，あるいは系を操作するという意味で，「**作用量**」(あるいは「**操作量**」) と呼ばれることもある．この用語を用いれば，「仕事」は作用量である．

さて，なぜ「仕事」に注目するのかというと，それはまず現実的な要因による．「仕事」は役に立つからである．実際に，われわれの身の回りでは，物体を動かすことなしに，何も進まない．かつて産業革命の時代，18 世紀の英国では，炭坑の湧水が大問題であった．この湧水を汲み上げて (揚水)，炭坑を確保することが重要な課題であった．水を炭坑の奥底から汲み上げることは，まさに物体に力を加えて動かすことに他ならない．そして，採掘した石炭や鉱石は需要地まで搬出される．これもまた，仕事である．さらに，蒸気機関の発達によって，蒸気機関を動力

源にした織機・紡績機の改良により軽工業が発展した．紡績機というのは，羊毛や綿を糸車にかけて糸を引き出す仕事をさせる装置に他ならない．

そのような時代背景のもとで，特に「力学的仕事」をなしうる「能力」に注目が集まったのは当然であろう．役に立つ「力学的仕事」をいかにつくり出すかが当時の技術者の関心事であった．そこから，エネルギーの概念も出てきたのである．面白いことに，最初はそのように工学的に実際に役に立つという問題意識から始まったのだが，次第に，それが自然現象の本質と深く結びついていることがわかってきたのである．人間には，おそらく普遍的な原理を求める本能があり，実用的な問題に取り組みつつも，そこから原理や本質を抽出することを行ってしまう．まさに，「力学的仕事」をいかに作り出すかという実用的な問題意識から，「エネルギー」という普遍的概念を取り出した過程がそれにあたるといえるだろう．

ここで，仕事が (1.2.1) 式で定義されるとして，「エネルギー」とは，「系がある状態で持つ」，「仕事」ができる「潜在的な能力」なのだから，これを手がかりにして，どのようなエネルギーがあるのか調べていこう．そのあとで「潜在的」の意味を考えることとする．まず，一般的によく「エネルギー」という言葉とセットで用いられている用語から調べていくことにしよう．また，エネルギーと関連して用いられる用語も取り上げよう．

1.3 運動エネルギー

まず，高校物理でも学習する**運動エネルギー**が最も直接的であろう．ふつう，化学熱力学では，分子や原子の運動エネルギーは考えても，巨視的な物体の運動エネルギーは考慮しないことが多い．それは，化学現象を主な対象とするので，反応容器を運動させながら，そのエネルギーを使って化学反応を進ませるようなことは通常は行わないからである．しかし，巨視的な物体の運動エネルギーは，シリンダー内に可動式のピストンで封入され，おもりを載せられた気体の膨張や圧縮を考える際に，本質的に重要な役割を果たしている．これは，通常の化学熱力学ではあまり議論しないのだが，気体の膨張や圧縮にともなう変化を考える際の本質が現れていると考えられるので，本書では積極的に取り扱う．

運動エネルギーを考える対象 (系) は，質量を持つ物体である．そして，運動のあいだに，物体を構成している物質が化学反応を起こして別の物質に変わるようなことは起こらない，つまり物体自体は変わらないとする．

物体の運動は運動方程式によって記述される．速さ v で動いている質量 m の物体（系）に外界から力 f が加えられたとき，結果として加速度 $a = \mathrm{d}v/\mathrm{d}t$ が生じる．すなわち，

$$ma = m\frac{\mathrm{d}v}{\mathrm{d}t} = f \tag{1.3.1}$$

が成立する．これは，運動には物体の種類によらず質量のみが関わることを示しており，また力の種類にも依存せず成立する普遍的な関係である．(1.3.1) 式は，どのような力であっても，力は物体の運動（状態）を変化させる能力を持つことを示している．

いま x 方向のみの 1 次元の運動を考えるとして，この運動方程式を x に関して積分する．ある時間 t_1 において物体（系）は状態 1（位置 $x = x_1$，速度 $v = v_1$）にあり，その後物体（系）に外界から力 f が加わり運動（状態）が変化して，時間 t_2 では状態 2（位置 $x = x_2$，速度 $v = v_2$）にあるとする．運動方程式を状態 1 ($x = x_1$) から状態 2 ($x = x_2$) まで x で積分すると下式のようになる．

$$\int_{x_1}^{x_2} m\frac{\mathrm{d}v}{\mathrm{d}t}\mathrm{d}x = \int_{x_1}^{x_2} f\,\mathrm{d}x$$

この右辺は，状態 1 から状態 2 への変化のあいだに，外界から作用した力 f が，質量 m の物体（系）にした仕事である．左辺は積分変数を x から t に変換すると

$$\int_{t_1}^{t_2} m\frac{\mathrm{d}v}{\mathrm{d}t}\frac{\mathrm{d}x}{\mathrm{d}t}\mathrm{d}t = \int_{t_1}^{t_2} mv\frac{\mathrm{d}v}{\mathrm{d}t}\mathrm{d}t = \int_{t_1}^{t_2}\frac{\mathrm{d}}{\mathrm{d}t}(mv\,\mathrm{d}v)\,\mathrm{d}t = \int_{t_1}^{t_2}\frac{\mathrm{d}}{\mathrm{d}t}\left(\frac{m}{2}v^2\right)\mathrm{d}t = \left[\frac{m}{2}v^2\right]_{t_1}^{t_2}$$

となり，したがって

$$\frac{m}{2}v_2^2 - \frac{m}{2}v_1^2 = \int_{x_1}^{x_2} f\,\mathrm{d}x \tag{1.3.2}$$

を得る（**図 1.1**）．左辺の項の **$(m/2)v^2$ を，質量 m の物体が速度 v で運動しているときの運動エネルギー (Kinetic energy；KE) という**．すでにエネルギーという名

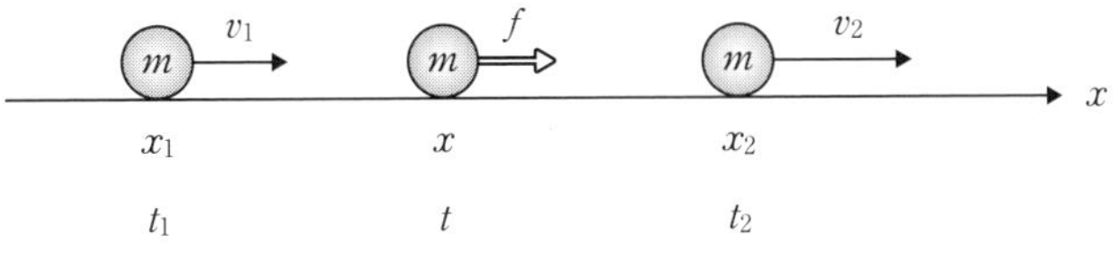

m　v_1　m　f　m　v_2　x

x_1　x　x_2

t_1　t　t_2

$$\underbrace{\frac{m}{2}{v_2}^2 - \frac{m}{2}{v_1}^2}_{\text{質量 } m \text{ の物体の運動エネルギーの変化分}} = \underbrace{\int_{x_1}^{x_2} f\,\mathrm{d}x}_{\text{力 } f \text{ が質量 } m \text{ の物体にした仕事}}$$

図 1.1　仕事と運動エネルギーの関係

称がついているが，運動エネルギーは，物体（系）が速度 v という状態にあるときに持つ性質であることがわかる．(1.3.2) 式の左辺は，状態2が持つ運動エネルギー $(m/2)v_2^2$ と状態1が持つ運動エネルギー $(m/2)v_1^2$ の変化分（差）になっている．(1.3.2) 式の右辺は，外界から系（物体）に作用した仕事であり，左辺は質量 m の物体（系）が持つ性質である運動エネルギーの変化分である．(1.3.2) 式は，外界からの力 f のした仕事が系（物体）の運動エネルギーを変えたとみなせることを示している．しかも，仕事が，そっくりそのまま運動エネルギーの変化分に定量的に等しいことを示している．これは，見方を変えれば，仕事が運動エネルギーに変わったとみなすこともでき，作用量が系の性質に変化したことを示している（外界からの仕事 → 系の運動エネルギー）．

(1.3.2) 式は等号で結ばれており，必ずしも右辺から左辺への因果関係のみを表しているわけではない．(1.3.2) 式は，左辺を原因として，右辺を結果とする解釈も成り立つ．すなわち，運動エネルギー $(m/2)v_1^2$ で運動している物体（系）に，他の物体（外界）が力 f を作用して仕事 $\int_{x_1}^{x_2} f\,\mathrm{d}x$ をした結果，自分自身（系）の運動エネルギーが $(m/2)v_2^2$ に変化したとも解釈できる．たとえば，質量 m の物体Aが速度 v_1 で，同じ質量で静止していた物体Bに衝突すると，弾性衝突の場合は，もとの物体Aは静止し，別の物体Bが速度 v_1 で動きだす（**図 1.2**）．これは，衝突によって，最初に動いていた物体Aが，静止していた物体Bに力を作用させ（非常に短い間に大きな力を作用させ力学的仕事をした），その結果，静止していた物体Bに運動エネルギーが生じたとみなすことができる．つまり，物体Aについて，$W_{\mathrm{A}\to\mathrm{B}}$ を物体AがBにした力学的仕事として，衝突前と衝突後で

$$\frac{m}{2}v_1^2 - 0 = W_{\mathrm{A}\to\mathrm{B}}$$

が成立する．一方，物体Bについて，$W_{\mathrm{B}\to\mathrm{A}}$ を物体BがAにした力学的仕事とすると，

$$0 - \frac{m}{2}v_1^2 = W_{\mathrm{B}\to\mathrm{A}}$$

が成立する．ここで，$W_{\mathrm{A}\to\mathrm{B}} = -W_{\mathrm{B}\to\mathrm{A}}$ なので，

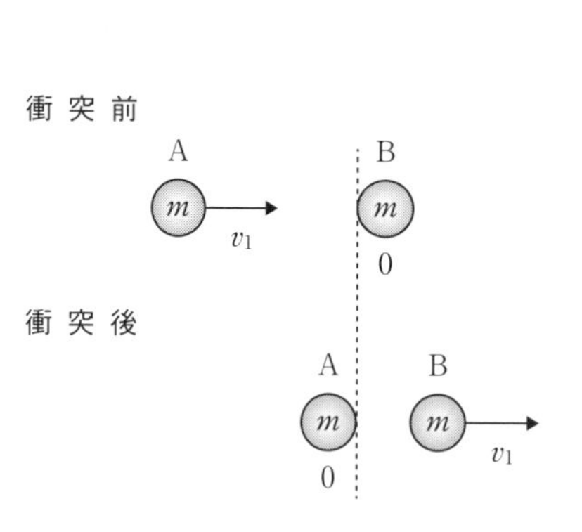

図 1.2　弾性衝突による運動エネルギーの仕事への変換

$$\frac{m}{2}v_1^2 - 0 = W_{\mathrm{A \to B}} = -W_{\mathrm{B \to A}} = -\left(0 - \frac{m}{2}v_1^2\right) \tag{1.3.3}$$

となる．これは，最初に運動していた物体Aの持つ運動エネルギー $(m/2)v_1^2$ が，衝突を通して物体Bに力学的仕事を行い，その結果，物体Bが運動エネルギー $(m/2)v_1^2$ を得たことを示している．つまり，運動エネルギーを持った物体は力学的仕事をすることができ，運動エネルギーとは"運動している物体が静止するまでに行いうる最大の力学的仕事を表す量"であることがわかる．まさに，物体（系）の運動エネルギーは，外界に力学的仕事を行いうるので，定義通りにエネルギーであるといえる（系の運動エネルギー → 外界への力学的仕事）．

このように運動エネルギーは，巨視的な物体の運動に関わるエネルギーである．イメージしやすいのはボールのような物体であるが，本書では，のちほどシリンダー内の気体を考えるときに，気体を封入したまま移動できるピストンに載せられたおもりや，ピストン内の気体を閉じ込めている仕切り板の運動エネルギーを考える．

1.4 重力によるポテンシャルエネルギー

次は，重力による**ポテンシャルエネルギー**（Potential energy；PE）を考えよう．そのために，重力が作用している物体（系）の鉛直方向の運動を考える．重力は系がおかれている条件である．化学熱力学では，地表での化学現象を取り扱うため，ふつうは均一に重力がかかる状況を考える．そのため，物体はその位置によらず，同じ力を受けることになる．力は物体の状態を変化させる原因になりうるので，重力が作用する空間に存在する物体は，つねに状態を変化させられる傾向にある．

高さ y_1 において，初速 v_1 で鉛直下方に落下している質量 m の物体が，高さ y_2 で速度 v_2 になったとする．y は鉛直上向きを正とする（$y_1 > y_2$）．力が作用しているときの物体の運動は**運動方程式**で表される（**図1.3**）．いまの場合，物体にはつねに重力の作用による一定の力 mg が下向きに作用しているので，(1.3.2) 式に，$f_{\text{重力}} = -mg$ を代入して y_1 から y_2 まで積分して，

$$\frac{m}{2}v_2^2 - \frac{m}{2}v_1^2 = \int_{y_1}^{y_2} f_{\text{重力}}\,\mathrm{d}y = \int_{y_1}^{y_2}(-mg)\,\mathrm{d}y = -mg\int_{y_1}^{y_2}\mathrm{d}y = -mg(y_2 - y_1) \tag{1.4.1}$$

を得る．

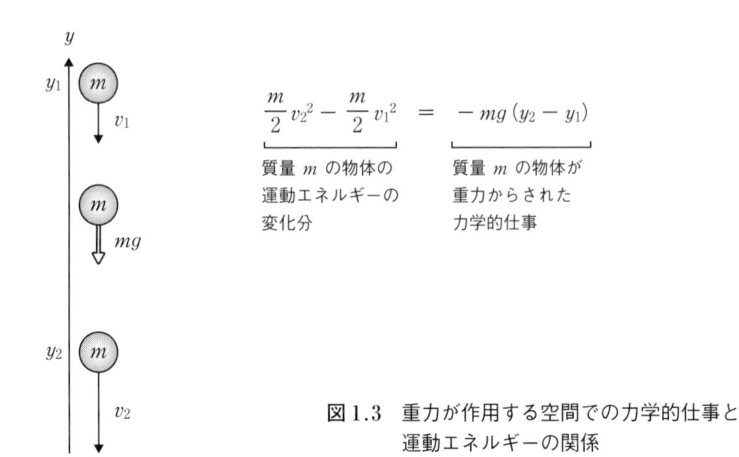

図 1.3　重力が作用する空間での力学的仕事と運動エネルギーの関係

$\int_{y_1}^{y_2}(-mg)\,\mathrm{d}y$ は，重力が物体に対して行った力学的仕事 $W_{\text{重力}}$ になる．

$$W_{\text{重力}} = \int_{y_1}^{y_2}(-mg)\,\mathrm{d}y = -mg(y_2 - y_1) \tag{1.4.2}$$

つまり，物体は重力によって $-mg(y_2-y_1)$ だけの力学的仕事をされ，それが運動エネルギーに変化したとみなされる．

力学的仕事は，系の状態が変化する際に，外界とやりとりする物理量として定義されているので，一般的には変化のさせ方（**経路**という）に依存する．しかし，ある場合には，力学的仕事が状態を変化させる経路によらない場合がある．たとえば，いまのように一定の重力が均一に作用している空間においては，(1.4.1) 式にみられるように，その力学的仕事は，高さの差のみの関数となる．高さの差のみとなるということは，途中どのような経路を通っても，はじめと終わりの高さだけで決まるということに他ならず，それはすなわち，重力の行う力学的仕事は経路によらないことを示している．

この“経路によらない”という性質は，極めて重要である．ここで視点を転換してみよう．力学的仕事は作用量であるから，系の状態（高さ）が変化している過程に注目している．それが経路によらないということは，その高さのみで一意的に決まる物理量があることを示していると考えられる．言い換えると，もともと高さのみで一意的に決まる物理量があり，その変化量が，高さを変化させた場合に行われる力学的仕事に等しくなると認識するということである．そこで，その物理量について考えてみよう．そのために，物体に重力とは異なる外力を作用させて持ち上げ，そのときに外力が物体にする力学的仕事を求めてみよう．

まず，高さ y_2 にある質量 m の物体（系）に，重力と等しい外力 $f_{外}(=mg)$ を下から加えてつり合わせる．その状態から，上向きにごくわずかに重力よりも大きな外力を加えて，ゆっくりと鉛直上向きに移動させ高さ y_1 に持ってくる（$y_1 > y_2$）．先ほどは，物体の重力による落下を考えて，高さの高い方を状態1（高さ y_1）とし，低い状態2（高さ y_2）への変化を考えた．ここでは状態の高低が一致するように，状態2（高さ y_2）から状態1（高さ y_1）への持ち上げを考えている．重力よりわずかに大きいが，ほぼ等しい外力 $f_{外}(\cong mg)$ を物体に加えて，その力の方向に距離 $y_1 - y_2$ だけ移動させたので，これは物体に対して外界から力学的仕事 $W_{外}$ を加えたことになる．その大きさは定義より，

$$W_{外} \cong \int_{y_2}^{y_1} mg\,\mathrm{d}y = mg(y_1 - y_2) = mgy_1 - mgy_2 \qquad (1.4.3)$$

となる．(1.4.2) 式と比べると，これは自由落下の場合に重力が物体にする力学的仕事と等しいことがわかる（落下と持ち上げるのでは，力の向きは逆になるが，積分区間も逆になるため）（**図1.4**）．そして，この外力が物体にする力学的仕事も高さのみ（正確には高さの差）で決まり，途中の経路によらない．つまり，どこかの高さを基準にとれば，状態（高さ）のみで決まる．重力が作用する空間において，この高さのみで決まる物理量を，**重力によるポテンシャルエネルギー**と呼ぶ．(1.4.3) 式は，重力の作用する空間で，高さ y_2 を基準として高さ y_1 にある物体が持つ，重力によるポテンシャルエネルギーを表している．そして，$\boldsymbol{mgy_1}$ **および** $\boldsymbol{mgy_2}$ **は，それぞれ高さ** $\boldsymbol{y_1}$ **および** $\boldsymbol{y_2}$ **において，質量** $\boldsymbol{m}$ **の物体が持つ，重力によるポテンシャルエネルギーになる**．物体を持ち上げる場合には，外力のする力学的仕

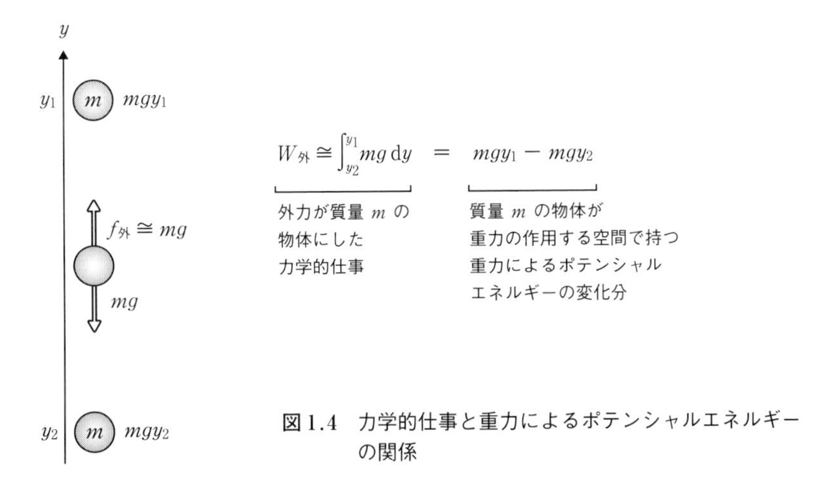

図1.4　力学的仕事と重力によるポテンシャルエネルギーの関係

事は，系の重力によるポテンシャルエネルギーに変換された（ポテンシャルエネルギーとして蓄積された）とみなすのである（外界からの力学的仕事 → 系の重力によるポテンシャルエネルギー）．

ここで，外界から鉛直上向きに加える力を，重力にほぼ等しい力 $f_{外}(\cong mg)$ としたことに注意しておこう．重力は常に下向きに，質量 m の物体に対して mg の力で作用しているが，物体を持ち上げるための外力は必ずしも $f_{外}(\cong mg)$ でなくてよい．むしろ，$f_{外}(\cong mg)$ では，重力とほぼつり合っているために，非常にゆっくりと長時間をかけないと持ち上がらない．どんな持ち上げ方をしたとしても，最終的に，質量 m の物体を高さ y_2 から y_1 に持ち上げれば，物体は $mg(y_1 - y_2)$ の重力によるポテンシャルエネルギーを持つようになるのは同じはずである．それでは，mg よりも大きな力で簡単に短い時間で持ち上げるとどうなるだろうか．

まず，下から mg よりも大きな力を物体に加えたとしよう．物体には，下から加える上向きの外力と下向きにかかる重力が作用する．それらの差が，物体に作用する正味の力になるので，正味の力が上向きにかかる．そうすると，物体は有限の速度で上向きに移動する．このとき，$f_{外,大} > mg$ の力をつねに作用させると，$ma = f_{外,大} - mg > 0$ で運動することになる．つまり，物体はどんどん加速して上に移動する．これは，下から加えている外力が物体に力学的仕事をして，その力学的仕事が高さの上昇にともなう重力によるポテンシャルエネルギーの増加に加えて，物体の運動エネルギーに変換されているのである．そのまま外力を加え続けたとすると，高さ y_1 に達したとき，物体は $mg(y_1 - y_2)$ の重力によるポテンシャルエネルギーと，そのときの速度 v に対応する運動エネルギーを持つことになり，それらの和は当然，下から加えた力 $f_{外,大}$ が行った力学的仕事 $f_{外,大}h\ (> mgh)$ に等しい．

$$f_{外,大}h = mg(y_1 - y_2) + \frac{1}{2}mv^2 \tag{1.4.4}$$

この力学的仕事 $f_{外,大}h$ は，重力とつり合わせてゆっくりと運動させた場合の力学的仕事 $mg(y_1 - y_2)$ とは異なっている．そして，高さ y_1 で無理やり運動を止めるためには，たとえばそこに衝撃を吸収できる壁をおいておき，衝突させて，しかも跳ね返らないようにしてやる必要がある．そうすると，衝突により，物体の持っていた巨視的な運動エネルギーは物体および壁を構成する原子や分子の微視的な運動エネルギーとして散逸し，物体は運動を停止し，重力によるポテンシャルエネルギー $mg(y_1 - y_2)$ だけを持つようになる．これらを比較すると，外力を加える前（基準高さで停止）とあとの物体の状態（高さ y_1 で停止）は同じであるが，外界から下から加えた力が行った力学的仕事は異なっている．

このように力学的仕事は，最初と最後の状態が同じでも，変化のさせ方が違うと値が異なるので，一般的には，変化のさせ方を決めて議論する必要がある*1．重力とつり合わせてゆっくりと力学的仕事を行う場合にのみ，外界から物体に作用させた力学的仕事が重力によるポテンシャルエネルギーに 100 %変換されるのである．このことは，**可逆・不可逆変化の本質**であり，**熱力学第二法則**の第3章で，詳細に検討する．

また，(1.4.1) や (1.4.2) 式で表される，物体の落下の場合には，重力によるポテンシャルエネルギーの減少分が，重力が物体にする力学的仕事に等しい．注意すべきは，重力によるポテンシャルエネルギーは，重力とは別の外力が，重力が作用している物体に対して行う力学的仕事で定義されていることである．重力が物体にする仕事として定義されているのではない．

さて，重力によるポテンシャルエネルギーは，すでにエネルギーという名称がついているが，あらためてエネルギーの定義にあっているかどうか確認しておこう．(1.4.1) 式によると，重力の作用する空間の高さ y_1 にある質量 m の物体は，高さ y_2 に落下する際に，ポテンシャルエネルギーの変化分 $-mg(y_2-y_1)$ に相当する運動エネルギーの変化 $(m/2)v_2^2-(m/2)v_1^2$ を生み出す能力を持っている．一方，前節で述べたように，系の持つ運動エネルギーは力学的仕事をする能力を持っている．したがって，高さ y_1 にある質量 m の物体（系）は，高さ y_2 に落下するあいだに力学的仕事をする能力を持つことになる．重力によるポテンシャルエネルギーは，系の状態の性質であるから，まさにエネルギーの定義を満たしている．

次に，(1.4.1) と (1.4.2) 式を合わせ，状態で決まる量だけにすると，

$$\frac{m}{2}v_2^2-\frac{m}{2}v_1^2=-mgy_2+mgy_1 \qquad (1.4.5)$$

となる．状態2および1のみで決まる量をそれぞれ右辺と左辺に集めると，

$$\frac{m}{2}v_1^2+mgy_1=\frac{m}{2}v_2^2+mgy_2 \qquad (1.4.6)$$

を得る (**図 1.5**)．**この状態のみで決まる，運動エネルギーと重力によるポテンシャルエネルギーの和を，力学的エネルギーと呼ぶ．** (1.4.6) 式は，力学的エネルギーは状態のみで決まること，さらに，力学的エネルギーは保存されていることを示し

＊1　重力が作用する空間において，重力が物体に行う力学的仕事は経路によらないが，外力が行う力学的仕事は一般に経路に依存する．

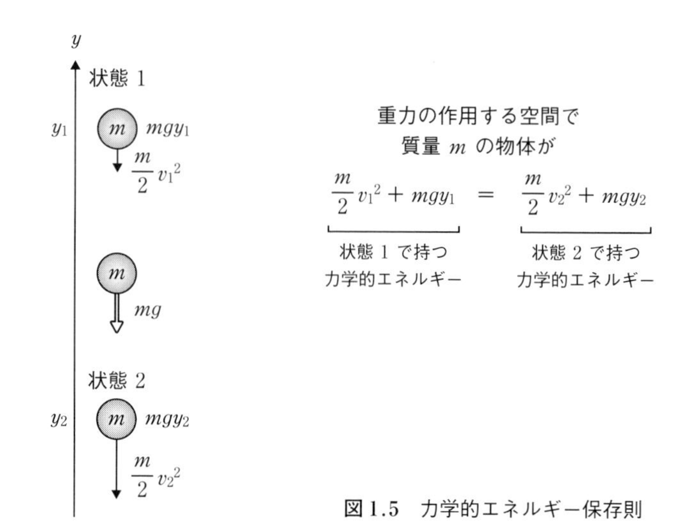

図 1.5　力学的エネルギー保存則

ている．

1.2 節および 1.3 節での議論を合わせると，運動エネルギーと重力によるポテンシャルエネルギーは，系がある状態で持つ性質であり，それらの変化分は力学的仕事に変わりうることが示された．また逆に力学的仕事も，運動エネルギーを変化させたり，重力によるポテンシャルエネルギーとして蓄積されたりする．変化させても，蓄積されても，いずれも変化分になっている．また，外界に力学的仕事をしない場合には，ボールの自由落下の際の弾性衝突のように，運動エネルギーと重力によるポテンシャルエネルギーはお互いに変換しあって，その総和は一定（**力学的エネルギー保存則**）であることも示された．

1.5　電 気 的 仕 事

「**電気エネルギー**」という用語は日常でもしばしば用いられるし，電磁気学や電気工学でもよく用いられる．しかし，化学熱力学では「電気エネルギー」ではなく，「**電気的仕事**」という用語を用いる．電磁気学や電気工学で用いられる「電気エネルギー」と，化学熱力学で用いる「電気的仕事」は，もともと電荷間に作用するクーロン力に基づいているのだが，注目する点が異なる．電磁気学や電気工学では，回路を構成する物質そのものは変化しないため，クーロン力に基づく静電的ポテンシャルエネルギーをそのまま電気エネルギーとして取り扱えばよい．電気エネルギーを用いて議論するエネルギー変換装置としては，モーター（電動機）や発電機などがある．モーターは電気エネルギーを物体の運動エネルギーに変換し，発電機は運動エネルギーを電気エネルギーに変換する．ただし，実際にどのように変換されるのかを理解するには，電気エネルギーと磁気エネルギーの変換を考えなければならない．しかし，化学熱力学の範囲では電気エネルギーと磁気エネルギーの変換を議論する必要はほとんどないので，これらは本書では取り扱わない．

一方，化学熱力学では，物質そのものが変化する化学反応を対象としているため，静電的ポテンシャルエネルギーだけでは十分ではない．本書の範囲では，化学熱力学で用いる電気的仕事とは，電池や電気分解などの電気化学系を考えたときに，系の状態変化（化学反応の進行）にともなって外部回路を移動する電子の静電的ポテンシャルエネルギーの変化分に対応する作用量となる．電気化学系を取り扱う際に，静電的ポテンシャルエネルギーは重要な因子となるので，ここではクーロン力から始めて，きちんと議論を展開しておこう．

電気が関係する現象の根本には**クーロン力**（**静電気力**ともいう）がある．電荷 q_1 および q_2 が，距離 r だけ離れているとき，その電荷間にはクーロン力 $f_{\text{クーロン力}}$ が働く．その大きさは電荷の積に比例し，距離の二乗に反比例する．これを**クーロンの法則**という（電気量が同符号なら斥力，異符号なら引力）．

$$f_{\text{クーロン力}} = \frac{1}{4\pi\varepsilon_0}\frac{q_1 q_2}{r^2} = k\frac{q_1 q_2}{r^2} \tag{1.5.1}$$

ここで ε_0 は真空の誘電率であり，k は定数で，次のように表せる．

$$k = \frac{1}{4\pi\varepsilon_0} = 8.99 \times 10^9\ [\mathrm{N\ m^2\ C^{-2}}]$$

電磁気学ではこれを**電場**という見方に変える．つまり，電荷 q_2 が電場 E

$$E = k\frac{q_2}{r^2} \tag{1.5.2}$$

をつくり，そこに電荷 q_1 がおかれると

$$f_{\text{クーロン力}} = q_1 E \tag{1.5.3}$$

という力を受けるとみなす．特に，電場が時間によって変化しない場合，**静電場**と呼ぶ．

ところで，「仕事」とは，「物体に力を加えて，その加えた方向に物体が移動したときの，力と距離の積」と定義された．これまでは巨視的な物体の力学的仕事を考えてきたが，たとえば電子のようなミクロな粒子の運動に対しても仕事は定義できる．

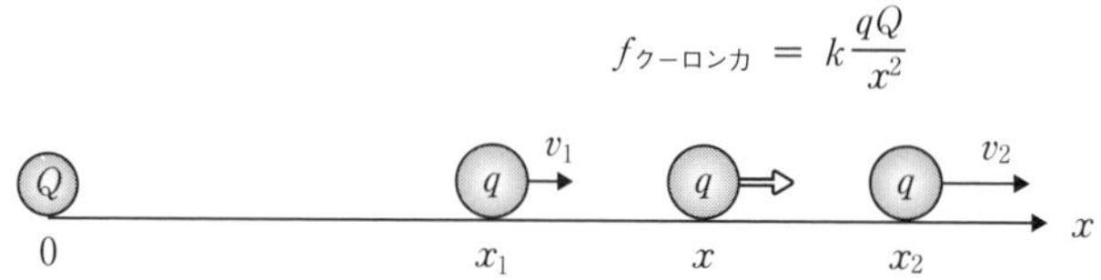

$$f_{クーロン力} = k\frac{qQ}{x^2}$$

図 1.6　クーロン力が作用する空間での電荷を持つ粒子の運動

静電場 E の位置 x_1 に，質量 m，電荷 q を持つ粒子をおいてみよう（**図 1.6**）．ただし簡単のために 1 次元で考える．また，静かに静止させておくと初速 0 だが，運動していてもかまわないので v_1 とする．x のある点に静電場を発生させる電荷 Q をおく．重力が作用している空間と同じように，電荷を持つ粒子にはクーロン力 $f_{クーロン力}$ が作用するので，粒子は運動方程式に従って状態を変化させる（$Qq > 0$ で斥力，$Qq < 0$ で引力）．位置 x_2 にきたときの速度を v_2 とすると，

$$\frac{m}{2}v_2^2 - \frac{m}{2}v_1^2 = \int_{x_1}^{x_2} f_{クーロン力}\,\mathrm{d}x \tag{1.5.4}$$

となる．右辺は，静電場が電荷 q を持つ粒子に対して行う電気的仕事 $W_{静電場}$ になる．(1.5.3) 式より，今の場合，

$$f_{クーロン力} = qE \tag{1.5.5}$$

であり，さらに，(1.5.2) 式より，$E = k(Q/x^2)$ であるから，

$$\begin{aligned}\frac{m}{2}v_2^2 - \frac{m}{2}v_1^2 &= W_{静電場} = q\int_{x_1}^{x_2} E\,\mathrm{d}x = q\int_{x_1}^{x_2} k\frac{Q}{x^2}\,\mathrm{d}x = kqQ\int_{x_1}^{x_2}\frac{\mathrm{d}x}{x^2}\\ &= kqQ\left(\frac{1}{x_1} - \frac{1}{x_2}\right)\end{aligned} \tag{1.5.6}$$

となる．(1.5.6) 式が，重力の場合の (1.4.2) 式に対応する．

ここで重要なのは，静電場が行う電気的仕事は，位置 x のみの関数となることである．重力の場合と同じく，力学的仕事が経路に依存しない場合には，状態で決まるポテンシャルエネルギーが存在すると考えてよい．つまり，**位置 $\boldsymbol{x}$ において，$\boldsymbol{kqQ(1/x)}$ をクーロン力によるポテンシャルエネルギーといってよい．**そこで，これを**静電的ポテンシャルエネルギー**（Electrostatic potential energy）と呼ぶことにする．

念のために，静電的ポテンシャルエネルギーがエネルギーの定義に当てはまるかどうか確認しておこう．(1.5.6) 式によると，クーロン力の作用する空間の場所 x_1 にある質量 m，電荷 q を持つ粒子は，場所 x_2 に移動する際に，ポテンシャルエネルギーの変化分 $kqQ\{(1/x_1) - (1/x_2)\}$ に相当する運動エネルギーの変化 $(m/2)v_2^2$

$-(m/2)v_1^2$ を生み出す能力を持っている．一方，系の持つ運動エネルギーは力学的仕事をする能力を持っている．したがって，場所 x_2 にある質量 m，電荷 q を持つ粒子（系）は，場所 x_1 に移動する間に力学的仕事をする能力を持つことになる．クーロン力によるポテンシャルエネルギーは，系の状態の性質であるから，まさにエネルギーの定義を満たしている．

一方，x_1 と x_2 の電位差（単位電荷が持つ静電的ポテンシャルエネルギーの差）$\varphi(x_1)-\varphi(x_2)$ を，電場に基づくクーロン力に逆らって単位電荷を x_2 から x_1 まで運ぶのに要する力学的仕事 $W_{x_2\to x_1}$ として定義する．原点に存在する電荷 Q による電場の場合（**図 1.6**），

$$\varphi(x_1)-\varphi(x_2) = W_{x_2\to x_1} = \int_{x_2}^{x_1}\left(-\frac{kQ}{x^2}\right)\mathrm{d}x = kQ\left(\frac{1}{x_1}-\frac{1}{x_2}\right) \tag{1.5.7}$$

となる．(1.5.7) 式で $x_2=\infty$，$x_1=x$ とすると

$$\varphi(x)-\varphi(\infty) = \frac{kQ}{x} \tag{1.5.8}$$

が得られる．無限遠を電位の基準にとって $\varphi(\infty)=0$ とすると

$$\varphi(x) = \frac{kQ}{x} \tag{1.5.9}$$

となる．これが，原点の電荷 Q による電場の中におかれた単位電荷の静電的ポテンシャルエネルギーである．よって，電荷 q の静電的ポテンシャルエネルギーは

$$q\varphi(x) = \frac{kqQ}{x} \tag{1.5.10}$$

と表される．(1.5.7) と (1.5.10) 式より

$$\frac{1}{2}mv_2^2 + q\varphi(x_2) = \frac{1}{2}mv_1^2 + q\varphi(x_1) \tag{1.5.11}$$

が得られる．これは，静電場にある，質量 m，電荷 q を持つ粒子の運動エネルギーと静電的ポテンシャルエネルギーの和が一定になるという，**エネルギー保存則**を表している．

このように，静電場にある電荷を持つ粒子の運動は，運動方程式によって，重力が作用している場合と同じように取り扱えて，いずれも外力の行う力学的仕事によってポテンシャルエネルギーを定義できる．ところで，重力の場合には，重力によるポテンシャルエネルギーをエネルギーの一種として考えることができた．それでは，静電的ポテンシャルエネルギーは電気エネルギーと呼んで，化学熱力学の中でエネルギーの一種として扱ってよいのだろうか．

結論を先に言うと，静電的ポテンシャルエネルギーは，化学熱力学の範囲では，特にそれだけを扱うことはないし，化学熱力学では（少なくとも本書では）電気エネルギーという用語を用いない．その理由は，化学熱力学は物質の変化をともなう現象を扱うためである．これまでみてきた静電的ポテンシャルエネルギーは，現象の電気的側面しか取り扱っていない．考えている粒子は，質量と電荷しか持っておらず，その化学的性質は考慮されていない．電磁気学や電気工学では，現象の化学的側面を考慮しなくてよい場合がほとんどである．そのため，静電的ポテンシャルエネルギーを電気エネルギーとして理論を展開しても問題はない．しかし，化学熱力学では，本質的に物質の化学的側面が主題となる．したがって，電気的側面だけを取り出して定義された静電的ポテンシャルエネルギーだけを用いて理論を組み立てることはできない．

化学反応とは，物質を構成する原子の組み換えである．原子は，電気的に正の電荷を持つ原子核と，その周りに存在する負の電荷を持つ電子からなる．それぞれ電荷を持つため，静電的な相互作用をしている．われわれが日常扱うような巨視的な物質は，電子が原子核をつなぐ役割を果たして化学結合をしてマクロな大きさを持つ物質として存在している．まさに，物質を物質たらしめる化学結合は，静電的ポテンシャルエネルギーが本質なのである．そして，状態に付随する静電的ポテンシャルエネルギーは，物質が持つ性質になる．しかし，物質が持つ性質は電気的な性質だけではない．ミクロに見ると，物質を構成している原子は状態に応じて激しく運動しており，それらの運動エネルギーもまた物質が持つ性質である．そこで，化学熱力学では，**物質がある状態において持つすべてのエネルギー総和を，「内部エネルギー」と呼ぶことにしている**．当然，静電的ポテンシャルエネルギーも内部エネルギーに含まれる．状態に付随する静電的ポテンシャルエネルギーの変化分を電気エネルギーと呼んでもかまわないのだが，内部エネルギーの変化分に含まれることになるし，何より，電気的性質しか取り扱わないので，あまり意味がないので用いない．要するに，化学現象を扱うには，電気的性質しか取り扱わない静電的ポテンシャルエネルギーだけでは十分な議論ができないのである．

ただし，電池や電気分解を取り扱う電気化学系を考えるときには，電荷を持つ電子やイオンなどが対象となるため，静電的ポテンシャルエネルギーも重要な役割を果たすことになる．そのため，これまでの議論が重要となる．身近に使われている電池は，自発的に進行する化学反応を利用して，モーターを回したり，電子機器を作動させたりしている．化学熱力学では，外部に取り出しうる電気的仕事に注目する．もともと熱力学とは，状態変化にともなってどれだけ「力学的仕事」をなしうるかという工学的な問題意識から始まった学問なので，化学熱力学となっても，どれだけ「電気的仕事」を取り出せるかに注目するのは当然である．

これまでは電荷 q を持つ粒子を考えてきたが，実際に移動するのは電子であり，電池などを考える際には，外部回路を移動する電子のする仕事に注目するので，ここでは電子で考えよう．まず電池は，正極と負極があって，外部に電流を取り出していないときに起電力を生じている．その正極と負極が外部回路に接続されて，回路が閉じると，電流は外部回路を正極側から負極側へ流れ，電子は逆に外部回路を負極側から正極側へ移動する．そして，電池には，必ず内部抵抗が含まれており，電流を取り出すと必ず正極と負極間の電位差は減少する（これは熱力学第二法則と関係している；5.2 節参照）．

いま，電子が外部回路の位置 A から位置 B に移動したとする（**図 1.7**）．A は電池の負極側に，B は正極側に接続されており，いずれも同じ材料（たとえば銅線）であるとする．A と B の間の外部回路にはモーターなどの回路素子（外部負荷）が接続されており，そこで外部に電気的仕事や力学的仕事を取り出すことになる．位置 A および B では電位が定義でき，それぞれ φ_{A} および φ_{B} とする．このとき，電位差 V は $V = \varphi_{\mathrm{B}} - \varphi_{\mathrm{A}}$ となる．電子は $-e$ の電荷を持つので，電子の静電的ポテンシャルエネルギーは位置 A で $-e\varphi_{\mathrm{A}}$，B で $-e\varphi_{\mathrm{B}}$ となる．したがって，A から回路素子を通過して B に移動した電子 1 個の静電的ポテンシャルエネルギーの変化分 $\Delta u_{\text{静電}}$ は

$$\Delta u_{\text{静電}} = (-e)\varphi_{\mathrm{B}} - (-e)\varphi_{\mathrm{A}} = -e(\varphi_{\mathrm{B}} - \varphi_{\mathrm{A}}) = -eV < 0 \qquad (1.5.12)$$

となる．つまり，eV だけ減少する．時間 t のあいだに一定の電流 I が流れたとすると，移動した電荷 Q は $Q = I \cdot t$ となり，そのとき電子は Q/e 個移動している．したがって，移動した電子にともなう静電的ポテンシャルエネルギーの減少分 $\Delta U_{\text{静電}}$ は

$$\Delta U_{\text{静電}} = -eV \cdot \frac{Q}{e} = -QV \qquad (1.5.13)$$

となる．この，**外部負荷を通過することによる静電的ポテンシャルエネルギーの減少分を電気的仕事という**．もちろん，この電気的仕事は，外部負荷によって電気的仕事そのものを行ったり，モーターなどを利用して力学的仕事として外界に取り出されたりしている．

電池には内部抵抗が必ず存在しており，有限の速さで反応を進行させるときに

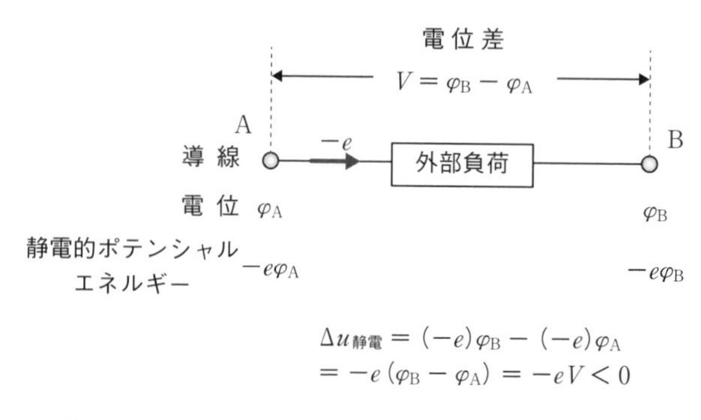

図 1.7　静電的ポテンシャルエネルギーと電気的仕事

は，正極と負極間の電位差 V が起電力よりも必ず減少する．その起電力と実際の電位差との差は，電池内の内部抵抗による発熱となって，外部に仕事として取り出すことができない．内部抵抗は一般に，取り出す電流の関数である．したがって，電池内部で起こる化学反応の反応量は同じであっても（状態の変化量が同じであっても），反応の速さによって外部に取り出しうる電気的仕事が異なる．つまり，変化の経路によって取り出しうる電気的仕事は異なるのである*2．このことは作用量の性質であり，状態で決まる物理量の性質ではない．あらためてまとめると，化学熱力学で用いる電気的仕事とは，系の状態変化（化学反応）にともなって外部回路を移動する電子の静電的ポテンシャルエネルギーの変化分に対応する作用量である．

1.6　表 面 仕 事

重力の作用を考えなくてよいスペースシャトルで，水が真ん丸の液滴になって浮遊しているのを見たことがないだろうか．液体の表面には，その表面積を小さくするような**表面張力**が働いており，重力が作用しない空間においては，最も表面積が小さくなる球状になる．表面張力 γ は，表面の単位長さに作用する力として定義され，$\mathrm{N\,m^{-1}}$ の次元を持つ．表面張力を測定するための，マックスウェルの枠という，**図 1.8** のような，一部が可動式の針金でできた装置を考えよう．針金の長さ

＊2　外部負荷によって減少した電気的仕事が，実際にどれだけ仕事として取り出されているかという外部負荷の効率ではないことに注意．ここでは外部負荷の効率と関係なく，外部に取り出せる電気的仕事の量を議論している．

をLとする．囲まれた部分に液膜をつくると，液膜の面積を減少させるように表面張力γが作用する．このとき，可動式針金にかかる力$f_{表面}$は，膜には表と裏があり，それぞれの表面に表面張力が作用することを考慮して

$$f_{表面} = \gamma \cdot 2L \qquad (1.6.1)$$

となる．そのため，力をつり合わせながらゆっくりと針金を$\mathrm{d}x$だけ移動させ，液膜の面積を$\mathrm{d}A$だけ拡げるために必要な仕事（**表面仕事**）$W_{表面}$は

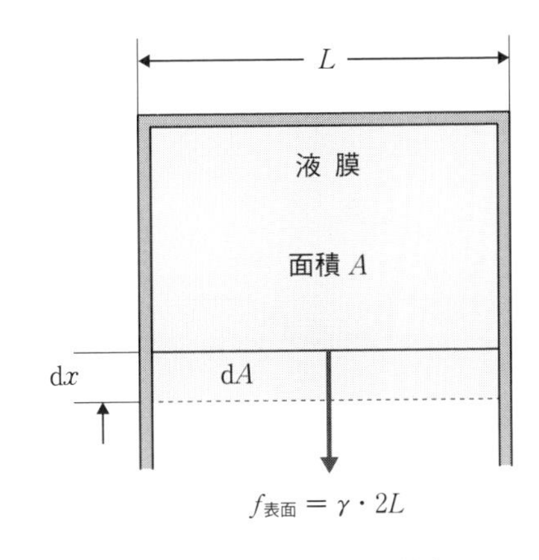

図1.8　表面張力と表面仕事

$$W_{表面} = \int f_{表面}\,\mathrm{d}x = \int 2\gamma L\,\mathrm{d}x = \int 2\gamma\,\mathrm{d}A \qquad (1.6.2)$$

となる．表面仕事は**界面化学**にとって本質的に重要である．

これまで，運動エネルギー，重力によるポテンシャルエネルギー，クーロン力による静電的ポテンシャルエネルギー，電気的仕事，そして表面仕事と，力学や電磁気学で扱う内容を議論してきた．エネルギーを考えるに当たり，あと重要なのは**熱**と**内部エネルギー**である．

1.7　熱

熱とは何かということは大変難しい．「**熱エネルギー**」という言い方もされることがある．そもそも，熱力学そのものが，熱とは何かという問いかけに答えるものであるといっても過言ではない．本節ではまず，すでに中学や高校で学習したことのある蒸発熱や熱容量を知っているものとして説明を進める．詳細はあらためて熱力学第一法則を説明したあとの2.4節で述べる．

大きめのピストン付きのシリンダー中に水を入れておき，加熱する（**図1.9**）．大気中で行えば，ピストンにかかる圧力はちょうど大気圧になる．シリンダーはよく熱を通し，ピストンの重さは考慮しなくてよいとして，摩擦もなくスムーズに動くとする．1気圧のもとでは，100℃になると水は沸騰して水蒸気になる．そこで，少し水蒸気もできてピストンが持ち上がった状態で加熱をやめて，外部も100℃を保つとする．これを状態1とすると，この状態では，水と水蒸気の割合が決まって

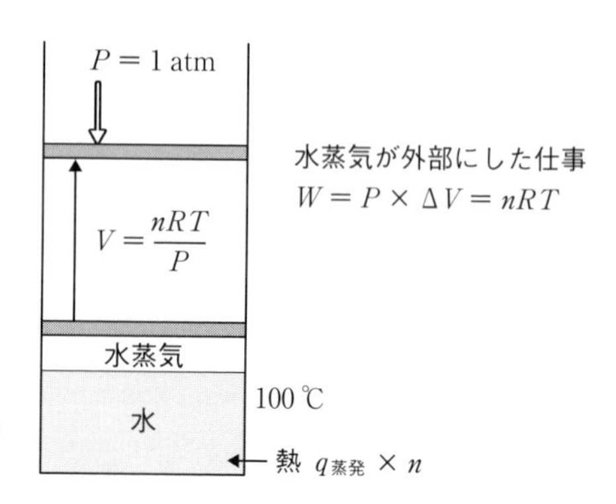

図 1.9　水の蒸発による熱→仕事への変換

おり，ピストンはおもりによって，外部から 1 気圧，内部から 1 気圧の圧力で押されつり合っている．いまピストンの断面積を S とする．ゆっくりと少しだけ熱を加えて物質量 n モルだけの水を蒸発させ，状態 2 にする．このとき急激に熱を加えるのではなく，ピストンに内側からかかる圧力も 1 気圧よりわずかに大きくなる程度に制御する．つまり，熱を加えるのでピストン内部の気体は膨張し，ピストンにかかる内圧は外圧よりも大きくなるが，その差がほんのわずかになるように制御し，ゆっくり膨張させる．n モルの水を蒸発させるためには，1 モルあたりの水の蒸発熱を $q_{蒸発}$ として，$Q = q_{蒸発} \cdot n$ の熱を加えたことになる．このとき，n モルの水が蒸発して水蒸気になる．n モルの水蒸気が占める体積は，水蒸気が理想気体に近い振る舞いをすると仮定すると，理想気体の状態方程式より算出できる．

$$V = \frac{nRT}{P} \quad (\text{いま } P \text{ は 1 気圧である})$$

水は蒸発したので，その分の体積減少があるが，発生した気体の体積に比べて極めて小さいので，シリンダー内の体積膨張 ΔV は気体の体積増加 V にほぼ等しいとしてよい．この体積増加がピストンを通して外界に行う力学的仕事を求めよう．ピストンの断面積は S なので，大気圧がピストンを押す力 f は下向きに

$$f = P \cdot S$$

である．気体の体積増加により，気体はピストンに力 $f = P \cdot S$ よりもわずかに大きな力を，逆向き（上向き）に与えて，ピストンを上方に移動させる．その移動量を Δx とすると，気体が外界にする力学的仕事 W は

$$W = f \cdot \Delta x = P \cdot S \cdot \Delta x = P \cdot \Delta V \tag{1.7.1}$$

となり，圧力と体積変化で表される．ここで，体積変化は発生した水蒸気の体積に近似してよいから，

$$W = P \cdot \Delta V = P \cdot \frac{nRT}{P} = nRT \qquad (1.7.2)$$

となる．これは，水に加えた熱 Q が外界に対して力学的仕事 $W = nRT$ をしたことを表している．つまり，熱は力学的仕事に変換可能である．

それでは，熱はエネルギーと呼んでよいのであろうか．前述の変化を考えてみよう．熱は外界から水（系）に加えられた．その熱は系の状態変化を引き起こした．そして，系の状態変化の結果，外界に力学的仕事が行われた．つまり，熱は状態変化を引き起こすことによって，力学的仕事をすることが可能となる．しかし，あくまでも熱は状態変化の原因であって，系の状態で決まる量ではなく，作用量である．したがって，熱は「系がある状態で持つ性質」ではないので，熱エネルギーとは呼べない．本書では，熱エネルギーという用語は用いずに，「**熱**」とし，量を議論する際は「**熱量**」と表現する．それでは熱とはいったい何なのかという話になるのだが，巨視的な熱力学では結局何なのかわからない．これが巨視的熱力学の特徴であるが，実体として何なのかがわからなくても，熱は作用量であり，状態変化を引き起こし，力学的仕事やエネルギーと関係づけられるという性質がわかれば，それでよいのである．

熱が状態変化を引き起こして，それにともなって力学的仕事をすることが可能となることはわかった．しかし，本節の議論ではまだ，熱と力学的仕事との定量的な関係はわかっていない．

1.8　熱と力学的仕事の等価性と特殊性

力学的仕事と熱の関係を定量的に示したのは，有名な，ジュールによる熱の仕事当量の測定実験である．ジュールは，さまざまな実験を行い，仕事と熱の変換について調べた．特によく知られているのが，水あるいは他の液体中で羽根車を回し，羽根車で液体を攪拌（かくはん）し，それを温度上昇 $\Delta\theta$ として測定するという実験である（**図 1.10**）．温度上昇 $\Delta\theta$ に熱容量 C を乗じて発生した熱量 $Q[\mathrm{cal}] = C\Delta\theta$ を求める（熱容量と熱量の詳細は 2.4 節で述べる）．羽根車の回転にはおもりを使用し，おもりの重さ m と，回転中におもりが下がった長さ h からおもりの重力によるポテンシャルエネルギーの変化 mgh を求める．これが，羽根車が行った力学的仕事 $W[\mathrm{J}]$ となる．そして，$C\Delta\theta$ に対する mgh の比を求めた．ジュールは何度も精密な実験を繰り返し，また異なった溶媒を用いて実験を行い，$mgh/C\Delta\theta = W/Q$ が

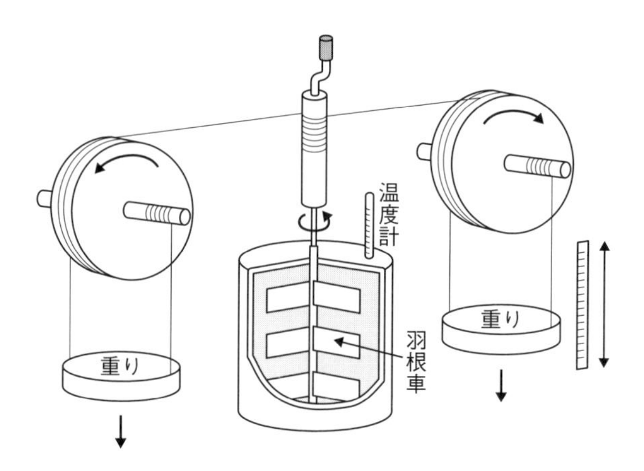

図 1.10　ジュールによる熱の仕事当量の測定実験

ほぼ一定であることを示した．このことから，力学的仕事と熱が定量的に結び付けられることとなり，単位をそろえれば，定量的に同等に取り扱ってよいことが示された．現在では，正確に W/Q が求められており，

$$\frac{W}{Q} = 4.184 \text{ J cal}^{-1}$$

である．

通常，この実験は，“おもりのポテンシャルエネルギーの変化が羽根車の回転する力学的仕事に変わり，それによって水が撹拌され摩擦熱が生じ，温度が上昇する”と解釈されることが多いようである．つまり，力学的仕事が熱に変換されたという解釈である．しかし，実験事実からいえることは，“おもりが落ちて羽根車が回転すると水温が上昇した”ということだけである．水温の上昇，すなわち，水の状態変化を引き起こしたということは事実であるが，それが熱になったかどうかはわからない．一方，熱を加えることによっても水温を上昇させることはできる．これらを比較すると，力学的仕事も熱も，いずれも，系の状態変化を引き起こす要因として等価であることが示されているといえる．これがジュールによる熱の仕事当量の測定実験の意味することである．

さらに考察を進めよう．ジュールの実験は，単位をそろえると

$$W = Q \tag{1.8.1}$$

が成立することを示している．しかし，(1.8.1) 式は，任意の過程に対して成り立つわけではない．(1.8.1) 式が成立するためには，変化の前後の状態が等しく，さ

らに，熱のみ，そして仕事のみを加えて状態変化を引き起こすことが必要である．具体的には，状態1にある水に対して，おもりの落下によって水に力学的仕事 W を加えて温度を上昇させ，状態2に変化させたとする (経路①)．一方，状態1から2の同じ温度変化を引き起こすために，加熱によって加えた熱量を Q とすると (経路②)，ジュールの実験は，経路を下付きで明記して，次式が成立することを示している．

$$W_{経路①} = Q_{経路②} \tag{1.8.2}$$

さて，われわれはすでに，途中まで力学的仕事を加えて，そのあと熱を加えて状態2にできることを経験的に知っている．それを経路③として，

$$W_{経路①} + Q_{経路①} = W_{経路②} + Q_{経路②} = W_{経路③} + Q_{経路③} \tag{1.8.3}$$

(ただし $Q_{経路①} = 0$，$W_{経路②} = 0$) となる．ここで

$$W_{経路①} \neq W_{経路②} \neq W_{経路③}$$

$$Q_{経路①} \neq Q_{経路②} \neq Q_{経路③}$$

であることをはっきり認識しておこう．状態1と2が定まっても，それぞれの経路の W や Q は異なるのだが，それぞれの経路でやりとりした W と Q の和は，等しくなるのである．

これまで，系に影響を与える作用量である，力学的仕事と熱の立場から考察してきた．ここで視点を，系を中心に転換してみよう．状態1と2が定まれば，経路によらないということは，系には，状態が定まれば一意的に定まる，力学的仕事や熱と関係する，ある物理量が存在すると認識できる．このように状態で決まる物理量，すなわち**状態量**こそ，次節で述べる**内部エネルギー**に相当する．状態量が存在するという前提に立てば，状態1と2が決まれば，状態量は経路に依存しないから，状態の変化にともなう状態量の変化分は一意的に定まる．そして，力学的仕事と熱の和は，その状態量 (内部エネルギー) の変化分に等しいとみなすのである．ここであらためて，力学的仕事と熱は，状態量である内部エネルギーの変化を反映するという意味で，等価であることが理解されるだろう．

さらに，状態量の性質を知るために，(1.8.3) 式を見ておこう (**図1.11**)．これは，微小量の積算と考えて，次式のように表示できる．

$$\int_{経路①} \mathrm{d}'W + \int_{経路①} \mathrm{d}'Q = \int_{経路①} (\mathrm{d}'W + \mathrm{d}'Q) = \int_{経路②} \mathrm{d}'W + \int_{経路②} \mathrm{d}'Q$$

$$= \int_{経路②} (\mathrm{d}'W + \mathrm{d}'Q) = \int_{経路③} \mathrm{d}'W + \int_{経路③} \mathrm{d}'Q = \int_{経路③} (\mathrm{d}'W + \mathrm{d}'Q) \tag{1.8.4}$$

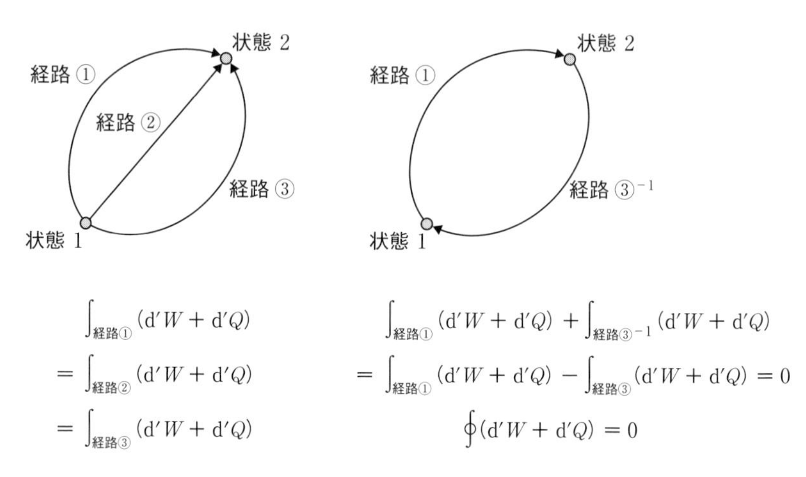

図 1.11　状態量の存在の数学的表現

ここで，経路③は，逆の過程も可能な経路として経路③$^{-1}$と表す*3．このとき，系と外界との間での熱と仕事のやりとりはまったく逆になるので，

$$\int_{経路③}(\mathrm{d}'W+\mathrm{d}'Q)=-\int_{経路③^{-1}}(\mathrm{d}'W+\mathrm{d}'Q) \tag{1.8.5}$$

が成立する．いま，状態 1 から経路① で状態 2 に変化させ，状態 2 から経路③$^{-1}$によって状態 1 に戻したとしよう．すると，

$$\begin{aligned}&\int_{経路①}(\mathrm{d}'W+\mathrm{d}'Q)+\int_{経路③^{-1}}(\mathrm{d}'W+\mathrm{d}'Q)\\&\quad=\int_{経路①}(\mathrm{d}'W+\mathrm{d}'Q)-\int_{経路③}(\mathrm{d}'W+\mathrm{d}'Q)=0\end{aligned} \tag{1.8.6}$$

となる．この式は，状態 1 → 状態 2 → 状態 1 でもとに戻れば，状態量ももとに戻ることを意味しており，

$$\oint(\mathrm{d}'W+\mathrm{d}'Q)=0 \tag{1.8.7}$$

のように表すことができる．積分記号に○がついているのは，最初の状態から始めてまたもとの状態に戻る経路に沿う積分であることを意味する．(1.8.7) 式は，あるもととなる状態から変化をさせて状態を変えて，しかも同じ経路を戻るのではなく，別の経路を通ったとしても，ぐるっと一回りしてもとの状態に戻れば，状態量

*3　すべての経路が，逆の過程が可能とは限らないが，必ず逆が可能な過程が一つは存在する（後述する**準静的過程**）ので，それを選ぶものとする．

は差し引きゼロになることを示している．見方を変えると，状態量が存在することを，数学的に表した式である．この表現式は，状態量であるエントロピーの導入に重要であるので，よく理解しておいてほしい．

さて，熱は力学的仕事に変換可能な作用量であることがわかった．しかし，熱は重要な別の側面も持っている．それは，熱は摩擦や抵抗によって生じるということである．これは不可逆性の議論において決定的に重要である．摩擦のある平面の，質量 m の物体の水平（x 軸）方向の運動を考えよう．摩擦のある面を運動するとき，物体には運動方向と逆向きの動摩擦力 R が作用する．$x=0$ で初速 v_0 を与えたときに，$x=L$ まで進んで，摩擦のために静止したとする．この運動に対する摩擦力の行った仕事と運動エネルギーの関係は，(1.3.2) 式 (p. 5) より

$$0-\frac{m}{2}v_0^2=\int_0^L f_{\text{動摩擦}}\,\mathrm{d}x=\int_0^L(-R)\,\mathrm{d}x=-RL \tag{1.8.8}$$

となる．つまり，

$$\frac{m}{2}v_0^2=RL \tag{1.8.9}$$

である．左辺の運動エネルギーの減少分は RL と等しいのだが，これは重力によるポテンシャルエネルギーの場合と異なり，静止した状態での系のなんらかのエネルギーとして蓄えられてはいない．また，別の物体に衝突して，別の物体に力学的仕事をしたわけでもない．この RL は摩擦によって発生した熱で，系に蓄積されることなく，外界に散逸してしまっている．

次に，内部抵抗を含む電池が，外部負荷に接続されて放電するときを考えよう．内部抵抗を含む電池は，電気的には，起電力 E と内部抵抗 $R_{\text{内}}$ の直列接続として表される．内部抵抗は一般に電流の関数であるが，簡単のために一定であるとする．外部負荷は，モーターなどを考えて，外部負荷での静電的ポテンシャルエネルギーの減少分を仕事に変換できるものとするが，回路素子としては抵抗 $R_{\text{外}}$ で表される．このとき，回路図は**図 1.12** のように表される．抵抗は直列接続なので，全抵抗値 $R_{\text{全}}$ は，

$$R_{\text{全}}=R_{\text{内}}+R_{\text{外}} \tag{1.8.10}$$

となる．したがって，オームの法則より，回路を流れる電流 I は

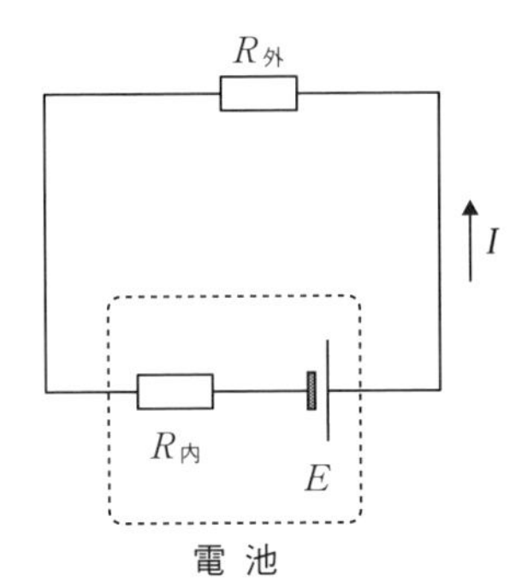

図 1.12　外部負荷を接続した電池の電気的等価回路

$$I = \frac{E}{R_{内} + R_{外}} \tag{1.8.11}$$

となる．内部抵抗による電圧降下 $V_{内}$ は

$$V_{内} = I \cdot R_{内} = \frac{R_{内}}{R_{内} + R_{外}} E \tag{1.8.12}$$

となる．いま電流 I を t 秒間流して，電気量 $Q(I \times t)$ が回路を流れたとする．この電気量の移動に対して，内部抵抗での静電的ポテンシャルエネルギーの減少分は

$$Q \cdot V_{内} = \frac{R_{内}}{R_{内} + R_{外}} QE \tag{1.8.13}$$

となる．内部抵抗は純粋な抵抗成分であるから，これは熱に変わったことになる．つまり，電池内部でこれだけの熱が発生するのである．これは，外部に仕事として取り出せず，熱として散逸するのみである．

このように，摩擦や抵抗がある場合には，本来，仕事として取り出すことのできる運動エネルギーや静電的ポテンシャルエネルギーの一部，あるいは全部が熱になって散逸してしまい，仕事をする能力が失われることになる．そして，地上で起こる変化に，摩擦や抵抗がまったくない現象は存在しないのである．これは**熱力学第二法則**の根幹に関わっており，第3章で詳述する．

ここで外部負荷も考えておこう．外部負荷による電圧降下 $V_{外}$ は

$$V_{外} = I \cdot R_{外} = \frac{R_{外}}{R_{内} + R_{外}} E \tag{1.8.14}$$

となり，電気量 Q の移動に対する外部負荷での静電的ポテンシャルエネルギーの減少分は

$$Q \cdot V_{外} = \frac{R_{外}}{R_{内} + R_{外}} QE \tag{1.8.15}$$

となる．これは原理的には 100 %，外部に仕事として取り出すことができる．当然であるが，全体での静電的ポテンシャルエネルギーの変化分は

$$Q \cdot V_{内} + Q \cdot V_{外} = \frac{R_{内}}{R_{内} + R_{外}} QE + \frac{R_{外}}{R_{内} + R_{外}} QE = QE \tag{1.8.16}$$

となる．

1.9 内部エネルギー

化学反応の進行には**発熱**をともなうことが多い．身近なところでも，都市ガスの酸化反応（**燃焼**）によりガスコンロでものを加熱して調理するし，冬には携帯用カ

イロで鉄粉の酸化反応を利用して暖をとる．これらは都市ガスや鉄粉などの物質が熱を発生する能力を持っていることを示している．そしてすでに，熱はエネルギーとは呼べないが，力学的仕事と等価であり，変換可能であることを示した．したがって，化学反応も熱を発生する原因となりうることから，力学的仕事を行いうる能力はあるといってよい．このような化学反応を引き起こす能力が，系がある状態で持つ性質であるかどうかが関心事である．

化学反応を取り扱うときは，運動エネルギーや重力によるポテンシャルエネルギーと異なる点があり，注意が必要である．運動エネルギーやポテンシャルエネルギーは，ある物体（系）を対象とするのだが，変化のあいだ，その内部（構成要素）の状態は変わらない．しかし，化学反応では，物質の化学結合の組み換えが起こる．つまり，化学反応の場合は，対象が物質の内部になる点が異なっている．化学反応とは，系が反応前の状態（通常これを物質に注目すると**反応物**と呼び，系としてみたとき**反応系**と呼ぶ）から反応後の状態（同様にこれを**生成物**，系としてみると**生成系**と呼ぶ）に変化することである．たとえば，メタンの燃焼であると，メタンと酸素が反応物（合わせて反応系），二酸化炭素と水が生成物（合わせて生成系）になる．化学反応にともなって生じる発熱は，系の状態変化によって引き起こされたと考えられる．言い換えると，反応物の持つなんらかの性質の変化が熱として現れるとみなすのである．

この性質は，系が持っており，熱として現れ，力学的仕事をすることができるので，エネルギーの定義に当てはまる．物質の持つこの性質を**内部エネルギー**（Internal energy）といい U で表す．物質に内在するエネルギーという意味である．化学反応にともなうので，**化学エネルギー**という言い方もあるが，これはいくつかの意味で用いられることがあり，明確に定義されていない．それに対して，内部エネルギーは一意的である．前述した原子核と電子のあいだの静電的ポテンシャルエネルギーも，内部エネルギーに含まれる．化学反応が進行することは，ほとんどの場合，内部エネルギーが変化することに相当する．

内部エネルギーをいったん熱に変えずに，化学反応を用いて仕事をさせるには，たとえば，**電池**をつくればよい．電池は，自発的に進行する化学反応を利用して，電気的仕事を取り出す装置である．電池にモーターをつなげば，化学反応の進行にともない外部に電子を取り出し，負荷としてのモーターで静電的ポテンシャルエネルギーを減少させ，それを力学的仕事に変換して，物体に力を加えて移動させることができる．つまり，内部エネルギーを，いったん熱に変えずに，仕事を行うこと

ができる (内部エネルギー → 電気的仕事).

逆に，仕事は内部エネルギーに変換できるのだろうか．実は，電気的仕事を内部エネルギーに変換することは容易である．中学校で学習する水の電気分解がそれにあたる．**電気分解**は，電気的仕事を内部エネルギーに変換する現象である (電気的仕事 → 内部エネルギー).

1.10 その他のエネルギー

光にも物質に力を加えて移動させる能力がある．身近なのは，**太陽光発電**であろう．太陽光発電は**太陽電池**を用いて，太陽光の持つエネルギーを直接，電気的仕事に変える装置である．すでに述べたように，電気的仕事は力学的仕事に変わりうるので，もとの太陽光もエネルギーを持っているといえる．これが**光エネルギー**である．光エネルギーは電磁波エネルギーの一種で，光子のエネルギー ($E_{光子}$) と波長 (λ) は次の関係式で結び付けられる．

$$E_{光子} = h\nu = \frac{hc}{\lambda} \quad (h：プランク定数，\nu：光の振動数，c：光の速度) \tag{1.10.1}$$

光触媒や太陽電池を扱う人にとって必須であるが，化学熱力学の初等テキストではこれ以上の詳細は必要ないと思われる．

また，**核エネルギー**もある．核エネルギーは原子核が持つエネルギーで，原子核の分裂や融合のときにその差が放出される．そして，その莫(ばく)大なエネルギー変化を熱として利用して発電を行うのが**原子力発電**である．熱に変われば物体を動かすことができるので，核エネルギーもエネルギーの一種である．しかし，核エネルギーは，われわれが日常的に取り扱うエネルギーとは桁違いに大きいので，本書では取り扱わない．

1.11 エネルギーの形態と相互変換

前節まで，エネルギーに関連した物理量を見てきた．まずエネルギーとしては，運動エネルギー，重力によるポテンシャルエネルギー，静電的ポテンシャルエネルギー，内部エネルギー，光エネルギー，核エネルギーがあった．これらいずれのエネルギーも，なんらかの工夫により，物体に力を加えてその方向に動かす，すなわち，仕事をすることができる．そして，これらは系がある状態で持つ性質である．言い換えると，仕事をなしうる潜在的能力は，いろいろな形態をとって，系がある状態で持つ性質として，系に蓄えられているということができる．初等化学熱力学の範囲では，エネルギーとして考えるべきは，運動エネルギー，重力によるポテンシャルエネルギー，内部エネルギーの三つで十分である．しかも，化学反応を対象とする場合には，運動エネルギーと重力によるポテンシャルエネルギーは考慮しないので，結局，内部エネルギーだけになる．

また，エネルギーとは異なり，系の持つ性質ではないが，仕事として力学的仕事，電気的仕事および表面仕事，そして力学的仕事に変化できる熱があった．これらは系の状態変化にともなって系と外界のあいだでやりとりされる作用量であった．

エネルギーの変換を考えるときは，広い意味でなんらかの状態変化が起こっている場合なので，系の状態が変化する．したがって，系がある状態で持つ各種のエネルギーのみならず，作用量も含めて，エネルギーどうしや作用量どうし，あるいは，エネルギーと作用量のあいだでの変換が起こる．イメージとしては，まず，系の状態変化にともなって，一般的に系の持つエネルギーが変化する．その変化分が，状態変化の途中で，力学的仕事や電気的仕事，あるいは熱としてわれわれに観察される．また，極端な場合として，状態は変化するが，系のエネルギーは変わらないときもある（たとえば3.3節で取り上げる理想気体の等温変化）．そのような場合は，たとえば，力学的仕事 ⇄ 熱 のような作用量どうしの相互変換が起こる．

1.12　潜在的能力の意味

さて，「エネルギー」の定義の中で，あと一つ理解しておくべきことが残っている．それは，「行いうる潜在的な能力」という点である．一通り，エネルギーと作用量が出そろったところで，あらためてこのことを考えてみよう．「行いうる潜在的能力」とは，そのまま意味をとれば，なんらかの工夫をして，やろうと思えばできるということである．つまり，系がある状態で持つ性質を利用して，なんらかの工夫をして，仕事をさせることができたら，それはエネルギーとみなしてよいということになる．逆に言うと，工夫しなければ，仕事をさせることができないということである．そもそも，工夫次第で，できたりできなかったりするということは，変化の選択肢に幅があることが前提となっている．

この観点は，**熱力学第二法則**において極めて重要である．たとえば，地上からある高さに持ち上げた物体は，重力によるポテンシャルエネルギーを持っているが，ふつうに落下させただけでは，他の物体に力を加えてそれを動かすこともなく，何回か地面ではずむが，最後には止まってしまう．重力によるポテンシャルエネルギーは運動エネルギーに変わり，さらに熱に変わり，最終的には地面の内部エネルギーになったのである．つまり，何も工夫をしなければ，検知できないほどわずかに地面を温めるのみで，仕事は取り出せない．一方，うまく別の物体と衝突するように工夫をすれば，それなりの力学的仕事を行うことができる．どの変化の経路を選ぶかは，人間の工夫次第なのである．

現在のところ，人類がエネルギーとして認識しているのは，前述の運動エネルギー，ポテンシャルエネルギー，内部エネルギーおよび光エネルギーなどになる．これらはすでに述べたように，工夫をすれば仕事を行わせることができる．そしてこれらは，これまでの長い人類の努力の末に見つけ出したものであり，100 %の保証はできないが，今のところこれら以外に，系の持つ性質としてのエネルギーは存在しないと考えられている．

ただし，いまでは質量とエネルギーは変換可能であることが明らかとなっている．

$$E = mc^2 \quad (E：エネルギー，m：質量，c：光速) \qquad (1.12.1)$$

われわれが身の回りで扱う大きさのエネルギーでも，質量変化は生じているはずである．しかしその変化量はあまりに極微量で検出できないので，エネルギーの出入りがあっても質量は保存されるとしてまったく問題がない．そのため，本書ではエネルギーと質量の変換については議論しない．

1.13 エネルギーと作用量に関してわからなくていいこと

ここまで，エネルギーには各種の形態があり，お互いに変換でき，また力学的仕事をはじめとする作用量とも変換できることがわかった．わかったという言葉を使ったが，正確に言うと，世の中はそもそもそうなっており，われわれ人間が，身の回りで起こる自然現象を，エネルギーや作用量の相互変換という観点で認識したと言った方が適切であろう．そして，重要なことは，なぜそういうことが起こるのかについては，一切説明していないことである．たとえば，巨視的な熱力学の範囲では，次のような疑問に，われわれは答えることはできない．

① なぜエネルギーという潜在的能力が存在するのか
② なぜエネルギーにはいろいろな形態があるのか
③ なぜエネルギーは相互に変換可能なのか
④ なぜエネルギーは仕事として発現するのか
⑤ なぜ工夫次第で，エネルギーの変換の仕方が変わるのか
⑥ なぜ作用量が存在するのか
⑦ なぜエネルギーと作用量は相互に変換できるのか
⑧ なぜ作用量どうしでも変換ができるのか

むしろこれらの疑問に対しては，答える必要がない．なぜなら，すでに述べたように，エネルギーや作用量とは，人類がこれまで経験してきた事実を解釈できるように，われわれが考え出した概念だからである．世の中で起こる事実を絶対的な前提としてつくり出した概念であって，世の中がなぜこうなっているのかということには，そもそも答えられないのだ．

そして2.1節で述べるように，エネルギーという物理量が持つ重要な性質として「エネルギーはなくならない」ということがある．これを「**エネルギー不滅の法則**」あるいは「**エネルギー保存則**」と呼ぶ．これも経験則であり，証明することはできない．ただ，これまで，人類がこの法則に反する自然現象と出会ったことがないという，ただそれだけがこの法則の根拠である．

しばしば，熱力学は理解できない，難解だといわれる．しかし，何が理解できないのかをよく聞いてみると，たとえば，エネルギーに関しては，なぜエネルギーが保存されるのかわからないという．熱力学を学習すれば，なぜエネルギーが保存されるのかが理解できると思いこんでいるのだ．ところが，これまで述べてきたように，これは経験則であって，証明できるものではない．いくら熱力学を学習しても，なぜエネルギーが保存されるのかは理解できない．熱力学は，エネルギーが保存されることを経験則として，そのうえで自然現象を記述する学問なのだ．熱力学を理解するためには，熱力学を学習することによって理解できることと，理解できないことの区別がつくことが重要である．エネルギーに関していえば，エネルギーがなぜ保存されるかは，認識すべきことであって，その理由を理解すべきことではない．さて，次章ではエネルギー保存則を定式化しよう．

2. 熱力学第一法則

2.1 孤立系と熱力学第一法則

ある自然現象が起こったとして，その現象の進行にともなって各種のエネルギーが変化し，仕事を含めた作用量も変化したとする．その変化の定式化のためには，興味の対象，すなわち**系**を規定しなければならない．

外界とどのような相互作用もしない系を**孤立系**という．ここでいう相互作用とは，仕事や熱に加えて，物質の出入りも含む．まず，**全宇宙**はすべてを含み，そもそも外界が存在しないので孤立系といえる．われわれが実際に厳密な孤立系をつくるのは不可能である．しかし，近い系であればつくることができる．たとえば，断熱性の高い（熱の出入りがない）容器を体積が変化しないように固定（体積仕事をしない）して，さらに密閉（物質のやりとりもできない）すれば，かなり孤立系に近い．

各種のエネルギーをすべて加えた**全エネルギー**に関して，経験的に次の法則が成立する．

《熱力学第一法則》　孤立系の全エネルギーは一定である．

これを数式で表現すると，下式のようになる．

$$E_{\text{孤立系}} = \text{const.}\ (\text{一定}) \tag{2.1.1}$$

$E_{\text{孤立系}}$ は孤立系の全エネルギーを表す．全エネルギーなので，各種のエネルギーをすべて含む．いま，孤立系のある状態1から任意の変化が生じ，状態2に至ったとする．それぞれの状態における全エネルギーをそれぞれ $E_{\text{孤立系},1}$ および $E_{\text{孤立系},2}$ とする．(2.1.1) 式は，このとき，

$$E_{\text{孤立系},1} = E_{\text{孤立系},2} \tag{2.1.2}$$

であることを示している．孤立系の内部で，どんな変化が生じても，それはエネルギーの形態を変化させるだけで，すべてを合わせた全エネルギーは変化しないのである．(2.1.2) 式の重要な点は，状態間の差を比較しているところにある．孤立系

を対象としているので，(2.1.2) 式に，作用量は出てこない．状態変化の途中でどのような経路を通っても，さらに，状態2は任意であるから，どのような状態に変化したとしても，全エネルギーは一定であることを主張している．これが**熱力学第一法則**と呼ばれる**エネルギー保存則**であり，経験的に間違いないと信じられている．全宇宙は孤立系であるから，全宇宙の全エネルギーは一定であるといってもよい．

実際には，孤立系を興味の対象とすることは少ない．たいていは，物体や反応容器の中などが興味の対象であり，周囲と完全に隔離されている孤立系は実際的ではない．そこで，孤立系の中に興味の対象として部分系を考える．これはちょうど，全宇宙の中で興味のある部分を系とみなすことに等しい．これ以降，全宇宙を系と外界に分けて議論しよう．系も外界も，全宇宙を構成する部分的な系である．まず，ある状態1において，全エネルギーには加算則が成立する．すなわち，状態1における全宇宙，系および外界の全エネルギーを，それぞれ $E_{全宇宙,1}$，$E_{系,1}$ および $E_{外界,1}$ とすると，

$$E_{全宇宙,1} = E_{系,1} + E_{外界,1} \tag{2.1.3}$$

となる．全エネルギーも状態が決まれば一意的に決まる物理量なので，系と外界の状態が定まれば，各々において存在し，加算性があると考えられる．いま系が変化して，状態2に至ったとする．状態2においても同様に，下付きの数字で状態を表すとして

$$E_{全宇宙,2} = E_{系,2} + E_{外界,2} \tag{2.1.4}$$

が成立する．状態が異なるので，一般的に $E_{系,1} \neq E_{系,2}$ かつ $E_{外界,1} \neq E_{外界,2}$ である．しかし，全宇宙 (孤立系) の全エネルギーは保存されるので，

$$E_{全宇宙,1} = E_{全宇宙,2} \tag{2.1.5}$$

となる．これに (2.1.3) および (2.1.4) 式を代入して，

$$E_{系,1} + E_{外界,1} = E_{系,2} + E_{外界,2} \tag{2.1.6}$$

となるので，移行して，系と外界でまとめると

$$E_{系,2} - E_{系,1} = -(E_{外界,2} - E_{外界,1}) \tag{2.1.7}$$

となる．

ところで，系の全エネルギーの変化は，外界とやりとりすることになるのだが，それは力学的仕事 $W_{力学}$，電気的仕事 $W_{電気}$，表面仕事 $W_{表面}$ および熱 Q という作用量として計測されるのであった (ここでは物質のやりとりは考えない)．つまり，$W_{力学}$，$W_{電気}$，$W_{表面}$ および Q は，系と外界でやりとりするわけなので，系が受け

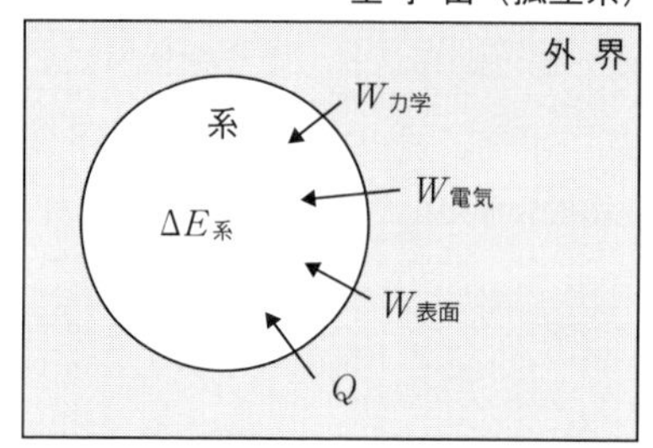

図 2.1　系について成立する熱力学第一法則

取れば，外界は同量を失うことになり，系が失えば，外界は同量を受け取ることになる．つまり，系と外界ではやりとりする作用量の符号が逆になる．今の場合，系が受け取る方を正とすると，外界のエネルギー変化は

$$E_{外界,2} - E_{外界,1} = -W_{力学} - W_{電気} - W_{表面} - Q \tag{2.1.8}$$

となるので，結局，(2.1.7) 式は系を中心に見ると，$E_{系,2} - E_{系,1} = \Delta E_{系}$ として

$$\boldsymbol{\Delta E_{系} = W_{力学} + W_{電気} + W_{表面} + Q} \tag{2.1.9}$$

となる（**図 2.1**）．これが，**系について成立する熱力学第一法則，エネルギー保存則である．**

ここで外界が持つ重要な性質について述べておこう．系の大きさに対して，通常，外界は十分に大きい．そのため，たとえば，系とのあいだでどのような熱のやりとりを行ったとしても，外界の温度は変化しないと考える．これは熱を溜めているようなイメージがするので，その性質を強調するときは**熱溜め**と呼ぶ．後述するが，熱はそれが供給される温度によって仕事への変換率が異なるので，外界には温度の異なる無限個の熱溜めがあることになる．一方，力学的仕事・電気的仕事・表面仕事に関しても，系といくらやりとりをしても外界は影響を受けることがないと考える．その性質を強調するときは，熱溜めと同様に，**仕事溜め**と呼ばれることがある．仕事は，熱が温度によって仕事への変換率が異なるような性質を持っていないので，仕事溜めはそれぞれ一種類でよい．

系の全エネルギーの変化分 $\Delta E_{系}$ は，運動エネルギーの変化分 ΔKE，重力によるポテンシャルエネルギーの変化分 ΔPE，および内部エネルギーの変化分 ΔU の和となる．

$$\Delta E_{系} = \Delta \mathrm{KE} + \Delta \mathrm{PE} + \Delta U \tag{2.1.10}$$

ここでは光エネルギーと核エネルギーは考察の対象外とした．(2.1.9) と (2.1.10) 式を合わせて

$$\boldsymbol{\Delta \mathrm{KE} + \Delta \mathrm{PE} + \Delta U = W_{力学} + W_{電気} + W_{表面} + Q} \tag{2.1.11}$$

が成立する．この式が，本来，全宇宙（孤立系）に関して成立しているエネルギー

保存則を，全宇宙内の系（部分系）に着目して表現しなおした式となる．(2.1.11) 式は，**系を対象として，化学現象も含んで，多くの自然現象に関して一般的に成立するエネルギー保存則を表している．**

2.2 化学現象を対象とした熱力学第一法則の表現

ここから，化学現象を取り扱いやすいように，(2.1.11) 式を変えていく．まず，(2.1.11) 式の ΔKE は，分子や原子の運動エネルギーではなく，もっと巨視的な物体の持つ運動エネルギーを意味する．分子や原子の運動エネルギーは，内部エネルギーに含まれている．化学反応を考えるとき，反応容器の運動エネルギーを考える必要はない．さらに，(2.1.11) 式の ΔPE は，巨視的な物体の重力によるポテンシャルエネルギーを表しており，化学反応を起こしている際に反応容器を重力場で上に持ち上げたりすることはあまりないし，あったとしても，それは容器内での化学反応に直接の影響を及ぼさない．また，系内の物質には重力が作用しており，当然，容器の上方と下方で不均一性を生じる可能性があるが，それは反応に影響を及ぼさないとする*1．

したがって，そのような化学現象を取り扱う限り，KE と PE は変化しないと考えてよい．すなわち，

$$\Delta \mathrm{KE} = 0,\ \Delta \mathrm{PE} = 0 \tag{2.2.1}$$

と近似することになる．結局，(2.1.11) 式は次式に還元される．

$$\boldsymbol{\Delta U = W_{\text{力学}} + W_{\text{電気}} + W_{\text{表面}} + Q} \tag{2.2.2}$$

微小量の変化に対しては，微分形で表して

$$\mathbf{d}\boldsymbol{U} = \mathbf{d}'\boldsymbol{W_{\text{力学}}} + \mathbf{d}'\boldsymbol{W_{\text{電気}}} + \mathbf{d}'\boldsymbol{W_{\text{表面}}} + \mathbf{d}'\boldsymbol{Q} \tag{2.2.3}$$

となる．仕事と熱に ′ がついているのは，微小量には違いないが“状態量の微小量ではない”ことを示している．

さらに，電気的仕事と表面仕事を取り扱わない場合（熱化学反応のみの場合），$W_{\text{電気}} = 0$，$W_{\text{表面}} = 0$ としてよいので，

$$\boldsymbol{\Delta U = W_{\text{力学}} + Q} \tag{2.2.4}$$

*1 化学工学で取り扱われる，流体を連続的に反応装置に供給し，装置と外界が仕事や熱をやりとりするような流通式システムでは，巨視的な流体の運動エネルギーや重力によるポテンシャルエネルギーを考慮する必要がある．しかし，本書ではそのようなシステムは取り扱わない．それらの取扱いについては，化学工学熱力学のテキストを参照していただきたい．

となる．これは，全宇宙（孤立系）に関して成立していたエネルギー保存則を，その内部の系に関して表現し，かつ，化学現象を対象とした表現になっている（一般のテキストでは $W_{力学}$ を W と表現していることが多い．このとき $\Delta U = W + Q$ である）．微分形では

$$\mathrm{d}U = \mathrm{d}'W_{力学} + \mathrm{d}'Q \tag{2.2.5}$$

となる．

ただし，すでに述べたように，たとえば，可動式ピストン付きシリンダー内の気体などを系として考えるとき，系そのものの運動エネルギーを考慮する必要はない．しかし，局所部分に注目して，ピストンの上のおもりの運動エネルギーなどは考慮した方が，理解が深まることがある．そのため，必要に応じて適宜，おもりの運動エネルギーなどは考えることにする．

(2.2.4) および (2.2.5) 式が化学熱力学の中核をなす関係式である． そこで次節以降であらためて，これらの式を構成する力学的仕事 $W_{力学}$，熱 Q，内部エネルギー変化 ΔU について見ていこう．

2.3　力学的仕事（体積仕事）再考

そもそもエネルギーの定義に用いられていた**力学的仕事**であるが，化学現象の取扱いに限れば，**体積仕事**のみを考えればよい．化学反応は反応容器内やビーカー内で行われることが多い．その体積仕事は，シリンダー内に封入された理想気体の膨張や圧縮に近似して考えることができる．本節では，(2.2.5) 式に現れる力学的仕事（体積仕事）に関して，よくその意味を理解しよう．

気体が有限の速さで膨張や圧縮するには，外部との圧力差が必要である．気体はその圧力が，外部の圧力よりも高くなってはじめて膨張する．圧力差が体積仕事の前提であることをまずは認識しておこう．しかしそうすると，系と外界を分けるピストンなどの「仕切り」に対して，系と外界とで行う仕事が異なることになる．ここではまず，圧力差がある状況での体積変化にともなう力学的仕事について考察し，次いで通常の熱力学で扱われる体積仕事について理解を進めよう．

質量 m の仕切り板を持つ，細い管で接続された，二つの大きな体積の容器 1 と 2 を考える（**図2.2**）．管の断面積を S とする．容器 1 と 2 のそれぞれには理想気体を封入し，圧力を P_1 と P_2 $(P_1 > P_2)$ としておく．仕切り板は最初，ストッパー A を用いて位置 $x = x_1$ に固定されているとする．$P_1 > P_2$ であるから，仕切り板は容

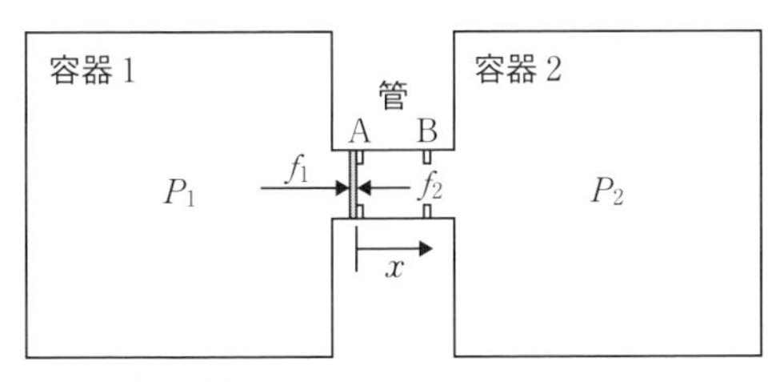

仕切り板の質量：m

管の断面積：S

ストッパー A で止まっているときの仕切り板の力のつり合い

$$\underbrace{P_1 \times S}_{\text{容器 1 側からの力}} = \underbrace{P_2 \times S}_{\text{容器 2 側からの力}} + \underbrace{(P_1 - P_2) \times S}_{\text{ストッパー A からかかる力}}$$

図 2.2　仕切り板で区切られている圧力差のある容器の力のつり合い

器 1 側から力 $f_1 = P_1 \times S$，容器 2 側から力 $f_2 = P_2 \times S$，さらにストッパー A から $(P_1 - P_2) \times S$ の力を作用されてつり合って静止している．この状態で，急にストッパー A をとる．すると力のつり合いが破れるので，仕切り板は容器 2 の方へ移動する．仕切り板と管には摩擦がないとして，さらに管内の体積変化に対して，容器自体は十分に大きく，仕切り板が変化しても容器内の圧力は変化しないとする*2．その条件の下で，変化している仕切り板の運動方程式を考えることができる．

$$f_1 - f_2 = m\frac{\mathrm{d}v}{\mathrm{d}t} \tag{2.3.1}$$

となり，力は

$$f_1 - f_2 = (P_1 - P_2) \times S \tag{2.3.2}$$

となる．この正味の力 $f_1 - f_2$ は，それぞれの容器内の圧力が変化しないのでつねに正となり，おもりは加速する．細い管の，容器 2 の側の位置 $x = x_2$ に，仕切り板を止めるためのストッパー B をつけておく．仕切り板はこのストッパーに衝突する直前までずっと加速し続けているが，ストッパー B にぶつかって，完全に静止するとする．(2.3.1) 式を位置について積分すれば，正味の力が仕切り板に対して行う力学的仕事が求められる．そして，正味の力は容器 1 からの力と容器 2 からの力の和になっているので，それぞれの行った力学的仕事も求まる．(2.3.1) 式を

*2　さらに，細い管の中を含めて，それぞれの容器内で圧力は均一であるとする．言い換えると，気体の慣性および粘性に基づく内部摩擦による熱の発生はないと仮定したことになる．

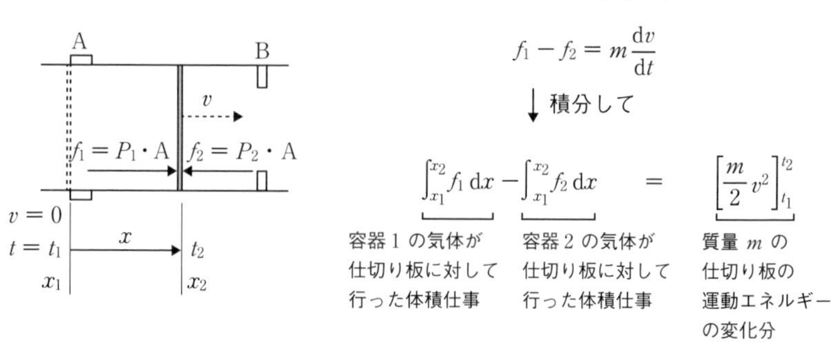

図 2.3　圧力差のある状態での仕切り板の運動エネルギーと仕事の関係

時間 $t = t_1$，位置 $x = x_1$ から，時間 $t = t_2$，$x = x_2$ まで積分する (**図 2.3**).

$$\int_{x_1}^{x_2} (f_1 - f_2)\,dx = \int_{t_1}^{t_2} m\frac{dv}{dt}\,dx \tag{2.3.3}$$

f_1 と f_2 は変化のあいだは一定でお互いに独立なので分離でき，また x 方向の運動しか考えていないので，$v = dx/dt$ であるから，

$$\int_{x_1}^{x_2} f_1\,dx - \int_{x_1}^{x_2} f_2\,dx = \int_{t_1}^{t_2} m\frac{dv}{dt}\frac{dx}{dt}\,dt = \int_{t_1}^{t_2} m\frac{dv}{dt}v\,dt = \int_{t_1}^{t_2} mv\frac{dv}{dt}\,dt$$
$$= \int_{t_1}^{t_2} \frac{d}{dt}(mv\,dv)\,dt = \int_{t_1}^{t_2} \frac{d}{dt}\left(\frac{m}{2}v^2\right)dt = \left[\frac{m}{2}v^2\right]_{t_1}^{t_2} \tag{2.3.4}$$

となる．(2.3.4) 式の最後の項は質量 m の仕切り板の運動エネルギーの変化分になっている．最初の項の $\int_{x_1}^{x_2} f_1\,dx$ は x_1 から x_2 までに容器 1 の気体が仕切りに対して行った体積仕事，$\int_{x_1}^{x_2} f_2\,dx$ は容器 2 の気体が仕切りに対して行った体積仕事（符号を含めて考えると，仕切りが容器 2 の気体に対して行った体積仕事）になる．つまり，(2.3.4) 式は，容器 1 と 2 の気体がそれぞれ仕切り板に対して行った体積仕事の差が，仕切り板の運動エネルギーに変化したことを示している．このように，理想気体の体積変化に際して，仕切り板に対して容器 1 の気体が行った体積仕事と，容器 2 の気体が行った体積仕事の二つが存在することを認識しよう．

ところで，熱力学を考えるときは，等価な容器 1 と 2 を考えるのではなく，系と外界とのやりとりを考えることが多い．たとえば，シリンダーに理想気体が封入されて，ピストンに載せられた質量 m のおもりによる重力 mg がかかっている系が

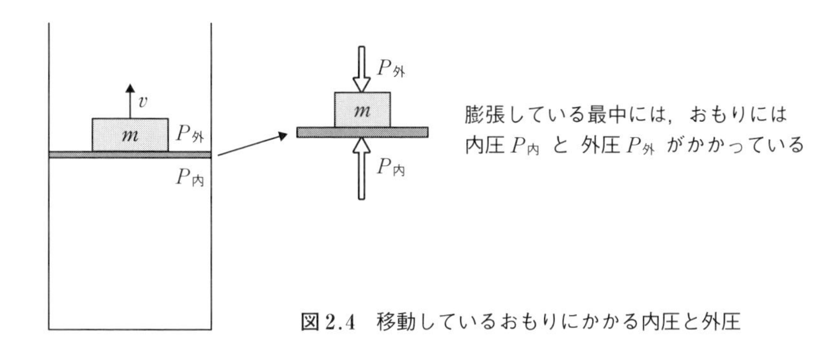

図 2.4　移動しているおもりにかかる内圧と外圧

考えられる（いまの場合，ピストンの質量はおもりに比べて無視できるとする）．このとき，理想気体が系であるので，系内部の圧力（内圧 $P_{内}$）とおもりによる重力（外圧 $P_{外}$）の二つが存在する（**図 2.4**）．おもりが一部取り除かれて気体が膨張しているときには，内圧と外圧はつり合っておらず，先ほどの検討から，内圧がおもりに対してする力学的仕事と，おもりが外圧に対してする力学的仕事は異なり，その差がおもりの運動エネルギーになる．このようなとき，熱力学第一法則に含まれている力学的仕事とは，いったいどちらを表しているのだろうか．

考えるべき点は二つある．一つは，気体が体積膨張している間に，内圧 $P_{内}$ が定まるかどうかという問題である．気体が膨張している最中も，載っているおもりが一定であれば，外圧は一定になる．それに対して，系内では通常，圧力分布が存在し，一意的に内圧が定まらない．後述するが，系が変化している最中は，系内部の圧力や温度という状態量は定義できないというのが熱力学の立場である．そのため，たとえば気体が膨張しているときは，そもそも系の圧力という物理量が定義できないことになる．それに対して，外圧はわれわれが実測できる量であり，系がどのような変化をしても，また変化している途中の状態においても，つねに測定可能である．そこで，**熱力学では，系の変化の途中の状態を知ることはできない（定めることができない）として，系をブラックボックスとしてしまう**．そして，われわれが測定できる，外界の物理量の測定により，系の内部の変化を知るという手法をとる．そのため，**状態 1 から 2 への変化にともなって系が受け取る力学的仕事（体積仕事）$\boldsymbol{W_{力学}}$ を，熱力学では，外界からかかる力 $\boldsymbol{f_{外}}$，さらに，外圧 $\boldsymbol{P_{外}}$ を用いて次のように定義する**．

$$\boldsymbol{W}_{力学} = -\int_{x_1}^{x_2} \boldsymbol{f}_{外}\,\mathbf{d}\boldsymbol{x} = -\int_{V_1}^{V_2} \boldsymbol{P}_{外}\,\mathbf{d}\boldsymbol{V} \tag{2.3.5}$$ *3

このように，変化の途中を，測定可能な外界の物理量を用いて論理を組み立てるのが，熱力学の特徴の一つである．したがって，熱力学第一法則 (2.2.4) 式は

$$\Delta U = W_{力学} + Q = -\int_{V_1}^{V_2} P_{外}\,\mathrm{d}V + Q \tag{2.3.6}$$

となる．ここで，(2.3.6) 式で用いられている Q にも注意が必要であるが，それは次節で述べる．

もう一つの考えるべき点は，変化の途中で系の状態が一意的に決まらないために，体積仕事を外圧で定義するのはよいとしても，実際には圧力分布があろうとなかろうと，内圧はおもりになんらかの仕事をしているということである．たとえば，応答速度の速い高感度の圧力センサーをピストンの内側につけておけば，系全体の圧力は定義できなくても，系内からピストンにかかる実効的な圧力 (**実効内圧**) $P_{内}$ は測定できる．そして，より重要なことは，実効内圧がおもりに行った仕事と外圧がおもりに行った仕事との差が，おもりという巨視的な物体の運動エネルギーになっているという物理的事実である．熱力学では，そのうち外圧の行う仕事を体積仕事とすることとした．それが熱力学の特徴であるのはよいとしても，実効内圧 $P_{内}$ がおもりに行った体積仕事と，その差として生じたおもりの巨視的な運動エネルギーはどうなったのか気になるだろう．ピストンの摩擦と気体そのものの運動エネルギーを考えなければ，おもりを一部取り除くと，気体の膨張とともにピストンは加速していく．ただし，ストッパーがつけてあればそこで急に止められ，静止する．止められる直前の速度を v_0 として，最初静止している状態の体積 V_1 から V_2 まで変化したとき，おもりの巨視的な運動エネルギーの変化分 ΔKE は

$$\Delta \mathrm{KE} = \int_{V_1}^{V_2} P_{内}\,\mathrm{d}V - \int_{V_1}^{V_2} P_{外}\,\mathrm{d}V = \left[\frac{m}{2}v^2\right]_0^{v_0} = \frac{m}{2}v_0^2 \tag{2.3.7}$$

となる．

このピストンとおもりが静止する過程を微視的に考えておこう (**図 2.5**)．摩擦がないピストンがストッパーに衝突した直後，おもりの巨視的な運動エネルギー (正確にはピストンとおもりの運動エネルギー) は，それらの巨視的な振動エネルギー

＊3　ここで − (マイナス) がついているのは，説明が必要だろう．一般に系の体積変化を考えるときは，膨張するときに正となるようにとる．一方，熱力学は系を中心に物事を見るので，系が外界から仕事をもらう場合に正となるように符号を決めている．体積膨張すると，系が外界に仕事をしたことになるが，体積は正，仕事は負にならないといけないので，(2.3.5) 式の定義に − が必要になる．

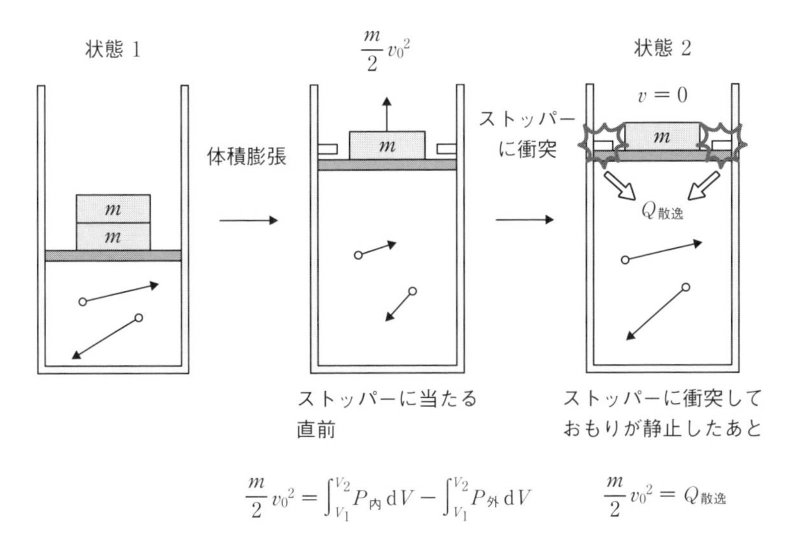

図 2.5 内圧と外圧のする体積仕事の差による運動エネルギーの発生とその散逸のイメージ

およびストッパーとその周辺のピストンを構成する原子と気体粒子の微視的な運動エネルギーに変換される．そしてその後，次第に系全体を構成する原子や分子の微視的な運動エネルギーとして散逸し，断熱系の場合には，最終的には系の内部エネルギーの増加となる．したがって，(2.3.7) 式で表される巨視的な ΔKE は，ピストンとおもりが静止することにともない，微視的な運動エネルギーに変わったのである．これを**エネルギーの散逸**と呼ぼう．このエネルギーの散逸は，系の微小な温度上昇として観察される．状態の変化にともなう温度上昇は，われわれには熱を加えたことと同じように認識されるので，散逸したエネルギーを $Q_{散逸}$ として，

$$\Delta \mathrm{KE} = \frac{m}{2}v_0^2 = Q_{散逸} \tag{2.3.8}$$

となる．(2.3.7) と (2.3.8) 式より

$$Q_{散逸} = \int_{V_1}^{V_2} P_{内}\,\mathrm{d}V - \int_{V_1}^{V_2} P_{外}\,\mathrm{d}V \tag{2.3.9}$$

となる．これを (2.3.6) 式に代入すると，

$$\Delta U = -\int_{V_1}^{V_2} P_{外}\,\mathrm{d}V + Q = Q_{散逸} - \int_{V_1}^{V_2} P_{内}\,\mathrm{d}V + Q \tag{2.3.10}$$

が得られる（**図 2.6**）．(2.3.10) 式の Q は (2.3.6) 式の Q に等しいので，(2.3.6) 式の Q には，系内で発生した，散逸したエネルギー $Q_{散逸}$ は含まれていない．

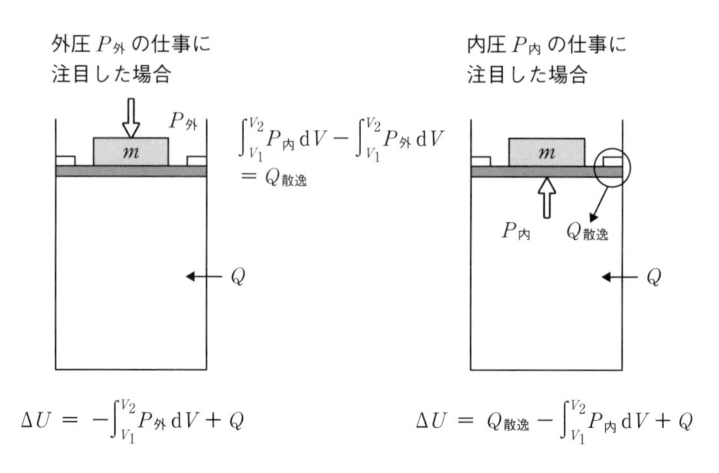

図 2.6　外圧あるいは内圧に注目したときの熱力学第一法則

(2.3.10) 式が，実効内圧がおもりに行う体積仕事に注目した場合のエネルギー収支式となる．

すでに述べたように，熱力学の特徴は，外界の物理量の測定により，系の内部の変化を知ることにある．しかし，次章で扱う**不可逆現象**を考える際に，$Q_{散逸}$ は本質的な役割を果たすので，(2.3.10) 式を導出しておいた．混乱しないように，(2.3.6) 式との違いを理解しておいてほしい．

(2.3.7) および (2.3.8) 式は，ピストンの摩擦がなく，さらに気体そのものの運動エネルギーを考慮しない場合に，実効内圧と外圧の体積仕事の差が，おもりの巨視的な運動エネルギーになり，それが最終的に微視的な運動エネルギーとして散逸したエネルギーになることを示している．一方，おもりが載っておらず，コックを開ける真空膨張のような場合には，そもそもおもりの運動エネルギーを考えることができない．そのような場合には，内圧と外圧の体積仕事の差は，膨張する気体そのものが移動する巨視的な運動エネルギーに変わる．膨張しても，気体は容器に閉じ込められているので，壁に衝突したり，慣性と粘性による内部摩擦によって，気体粒子の巨視的な運動エネルギーは，最終的には気体粒子の微視的な運動エネルギーに変わり，それは系の内部エネルギーの増加として認識されることになる．いずれにしても，平衡状態に到達したときには，実効内圧と外圧の体積仕事の差は，散逸したエネルギーとして系の内部エネルギーの増加に寄与する．

ポイントをまとめると，熱力学では体積仕事を外圧で定義する．つまり，外界の行った体積仕事に注目し，定式化する．(2.3.6) 式が一般に示されている熱力学第一法則である．一方，系内に視点を移すと，実効内圧がおもりに行う体積仕事も存在する．外圧がおもりに行う力学的仕事と，実効内圧がおもりに行う力学的仕事の差は，摩擦や粘性がなければおもりの運動エネルギーに変わるのだが，最終的には原子や分子の微視的な運動エネルギーとして散逸してしまう．その散逸したエネルギー量を顕わにして，エネルギー収支を表すと (2.3.9) 式となる．このことから，(2.3.6) 式の Q は，系と外界でやりとりする熱であり，系内でのエネルギーの散逸による内部エネルギーの増加分は含まれていないことがわかる．

2.4 熱 再 考

あらためて**熱**を考えよう．まず，熱を理解する際に注意すべきは，**温度**との違いである．われわれは温度と熱の区別が苦手である．たとえば，体温が高いと「熱がある」と表現する．実際には体温計で体温を測定していて，身体の温度が高いだけなのだが，それを「熱」と言っている．

もう一つ，日常の感覚と異なるのは，熱い・冷たいである．たとえば，室温 20 ℃の部屋に十分に長く置いてある金属製の物体と木製の物体を触ってみよう．明らかに，金属製品の方がひんやりして，冷たいと感じるはずだ．しかし，温度計を当てて測ってみると，20 ℃の部屋の中にある物体は同じ 20 ℃なのである．それは，われわれが温かいとか冷たいとか感じる皮膚感覚は温度を感じているのではなく，温度差によって生じる熱の移動量を感じるためである．熱の移動は，温度差とともに，熱の伝わりやすさ，すなわち**熱伝導率**が関係する．

このように，われわれは熱と温度を正確に分けて認識することが苦手である．同じ温度の物体でも同じ温度として認知できないのである．しかし，当たり前なのだが，室温 20 ℃の部屋の中にあるさまざまな物体は，十分に長く置いてあると，どれもみな 20 ℃になるのだ．このことをわれわれは経験的に知っている．物体といっても，千差万別である．金属やプラスチック，木製品のような固体もあれば，缶やプラスチックボトルに入った液体（ただし蓋(ふた)はしてあって，液体の蒸発などはないとする），さらには，室内に充満している空気がある．それらすべてが同じ温度，20 ℃になるのである．正確には，同じ温度になっているだろうと思っている．われわれ人間は，直接には温度を感知できないので，本当にどれも 20 ℃になっているかどうかはわからない．そのために，客観的な指標として温度計というものを発明した．アルコール温度計を持ってきて，20℃の部屋に十分長く置いておくと，20℃を指す．それを室内のさまざまな物体に接触させて，その物体の温度を測定してみると，どれもすべて20℃になる．

20℃以外の物体，たとえば，50℃の物体を室温20℃の部屋に持ってきて，温度計で温度を測定してみよう．その物体の温度は徐々に下がり，最終的に20℃になってそれ以上変化しなくなる．逆に，5℃の物体を室温20℃の部屋に持ってくると，その温度は徐々に上がり，最終的に20℃になって変化しなくなる．どんな物質であろうと，どれほどの量であろうと（20℃の環境の温度を変化させるほどでなければ），かかる時間はさまざまだが，必ず最後は20℃になってそれ以上変化しなくなる．つまり，温度計で測定している「温度」なる物理量は，物質の種類や量によらず，変化の方向を示す指標になりうる何かであることがわかる．ただし，なぜそうなるのかはわからない．そこで，化学熱力学では，これを**熱力学第0法則**として，証明せずに経験則として認めてしまう．

《熱力学第0法則》

物体Aが物体Bと熱平衡にあり，物体Bと物体Cが熱平衡にあれば，CとAは熱平衡にある．

熱平衡をきちんと説明しなければならないが，それは次節で平衡状態を説明するときに行う．この熱平衡の指標になるのが，温度である．よく考えると，そもそも熱平衡というものの，実際に観察するのは温度であり，厳密には温度平衡でしかない．熱力学第0法則は，同じ温度の物体は，別々に離れていてもそれらは熱平衡にあると主張する．たとえば，物体Bが温度計に相当し，物体AとCに接触させて同じ温度目盛りを示せば，AとCは同じ温度であると認識するということである．ここで重要なのは，温度がどのような物理量なのかということにはまったく言及していないことである．巨視的熱力学の範疇（ちゅう）では，温度は熱平衡の指標でしかない．

歴史的に見て，熱と温度を区別し，**熱容量**の概念を導入したのは，18世紀の英国人のジョゼフ・ブラックであった．次のような実験を考えよう．鉄の球100（m_{Fe}）グラムを90℃（θ_{Fe}）に温めておく．それを20℃（$\theta_{\mathrm{H_2O}}$）の水100（$m_{\mathrm{H_2O}}$）グラムに入れて，温度変化を測定したら，鉄球の温度は下がり，水の温度は上がり，最終的に27℃（θ）になる（**図2.7**）．水は断熱材で取り囲んでおき，周りの影響は受けないようにしておく．かなり熱した鉄球を水に入れたのに，思ったより水の温度は上がらない．一方，鉄球の代わりに，同質量の90℃の水で同じことをすると，

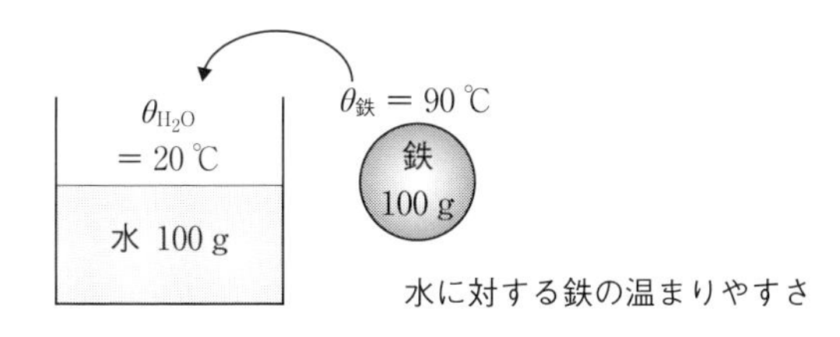

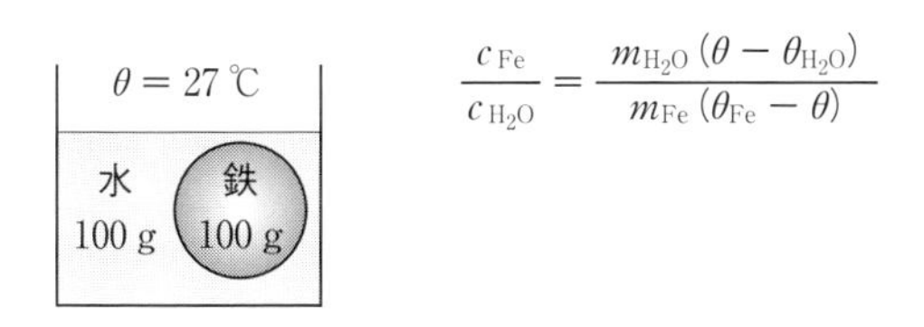

図 2.7 鉄球を水に入れたときの温度変化と比熱比

全体の水の温度は 55℃まで上がる．このように，物質によって温まりやすさや温めやすさは異なる．それをブラックは相対的に**比熱**を用いて評価した．つまり，鉄の比熱を c_{Fe}，水の比熱を c_{H_2O} として，

$$\frac{c_{Fe}}{c_{H_2O}} = \frac{m_{H_2O}(\theta - \theta_{H_2O})}{m_{Fe}(\theta_{Fe} - \theta)} \tag{2.4.1}$$

で**比熱比**を与えたのである．この段階で定義された比熱には単位はない．水の比熱 c_{H_2O} を 1 として，鉄の比熱を求めると，$c_{Fe} = 0.1$ となる．(2.4.1) 式は，水に対する鉄の温まりやすさを相対的に表したものにすぎず，実際に観測しているのは物体の質量と温度変化だけであって，熱を測定しているわけではない．

(2.4.1) 式を書き直すと

$$c_{Fe} \cdot m_{Fe}(\theta_{Fe} - \theta) = c_{H_2O} \cdot m_{H_2O}(\theta - \theta_{H_2O}) \tag{2.4.2}$$

となる．また，比熱と質量を掛けた $c \cdot m$ を**熱容量**といい C で表すと

$$C_{Fe}(\theta_{Fe} - \theta) = C_{H_2O}(\theta - \theta_{H_2O}) \tag{2.4.3}$$

となる．(2.4.2) および (2.4.3) 式は，(2.4.1) 式を書き直しただけであるが，その解釈は違ってくる．(2.4.2) あるいは (2.4.3) 式の左辺を鉄球が失った熱量と定義し，右辺を水が受け取った熱量と定義する．熱量の概念とともに単位が必要になる．当時は熱量をカロリー [cal] で表し，1 グラムの水の温度を大気圧下で 1℃上げるのに必要な熱量を 1 cal としていた．そうすると，熱容量と比熱の単位はそれぞれ cal/℃および cal/(g·℃) となる．もちろん 1.8 節で述べたように現在ではジュールで統一されている．

さてこのように**熱量**を定義すると，この現象は熱の移動として解釈できる．つまり，鉄球から水に熱が移動したため，鉄球の温度は下がり，水の温度は上がったと解釈するのである．実際に測定しているのは，あくまでも温度 (変化) であり，比熱は物質に固有なので，熱容量 (比熱) は前もってさまざまな物質に対して測定しておく．そのとき，熱量という概念が定義でき，それが移動して温度変化を引き起こすという描像を描けるようになるのである．

さて，(2.4.3) 式をさらに展開して移行してみよう．すなわち，

$$C_{\mathrm{Fe}}\cdot\theta_{\mathrm{Fe}} - C_{\mathrm{Fe}}\cdot\theta = C_{\mathrm{H_2O}}\cdot\theta - C_{\mathrm{H_2O}}\cdot\theta_{\mathrm{H_2O}},\quad \text{さらに}$$

$$C_{\mathrm{Fe}}\cdot\theta_{\mathrm{Fe}} + C_{\mathrm{H_2O}}\cdot\theta_{\mathrm{H_2O}} = C_{\mathrm{H_2O}}\cdot\theta + C_{\mathrm{Fe}}\cdot\theta \qquad (2.4.4)$$

となる．(2.4.4) 式を注意深く見ると，左辺は，鉄球と水が別々にあるはじめの状態，右辺は鉄球が水に入れられて同じ温度になったあとの状態である．たとえば，熱容量にそのときの温度を掛けた量で絶対値としての熱量が定義できるのであれば，(2.4.4) 式は，変化の前後で**絶対熱量**が保存されるという，**熱量保存則**を表すとみなすことができる．現在の物理学では，絶対熱量は存在しないと考えられているので，(2.4.4) 式をそのように解釈することは行われていない．このように，(2.4.1), (2.4.3), (2.4.4) 式は，数式的にはまったく等価であるが，その表す内容と解釈は違っており，式の表す物理的意味がいかに重要であるかが理解されると思う．

さて，現代の物理化学では，物体の温度変化の要因となる熱量を**顕熱** (Sensible heat) と呼び，作用量として，(2.4.3) 式をもとにして，熱容量 C と温度変化 ΔT の積で定義する．

$$Q = C\Delta T \qquad (2.4.5)$$

熱容量は温度や圧力に依存する．化学熱力学の範囲では，熱容量を先験的に求めることはできず，実測する必要がある．実際に，さまざまな物質の熱容量はすでに実測されデータベース化されている．そして，1 気圧を含めいろいろな圧力のもとでの熱容量の温度依存性が経験的に知られており，この経験式を用いて熱量を求めることができる．

さて，物質に熱が加えられたとき，必ずしも温度が上昇するとは限らない．たとえば，20 ℃の水を大気圧のもとでガスコンロにかけて加熱しよう．水の温度を測定していると，加熱するとともにどんどん温度は上昇する．しかし，1 気圧のもとで 100 ℃になって沸騰を始めると，加熱を続けていても蒸発するばかりで温度は上昇しない．このように，熱を加えていても温度上昇が観察されないことがある．そ

れは，水が**蒸発**という，液体から気体への**相変化**を起こしているためである．蒸発だけでなく，固体から液体への**融解**や，固体から気体への**昇華**を進ませるには，熱を加えることが必要である．しかし，融解や昇華，蒸発（これを相変化という）が進行している間，純物質の場合，その温度は変化しない．このように，物質の状態変化にともなって，温度変化を生じない熱の出入りがある．ブラックはこれを**潜熱**（Latent heat）と名付けた．(2.4.5) 式で表される顕熱と対をなす命名である．潜熱は温度変化をともなわないので，(2.4.5) 式では定義されない．現在では，さまざまな物質に関して物質量あたりの相変化にともなう熱量が測定され，データベース化されている．

系に熱が加えられたとき温度変化を引き起こさないのは，系で相変化が進む場合だけではない．加えた熱がすべて体積仕事に変わる場合も，系の温度は上昇しない．たとえば，3.3節で取り上げる**理想気体の等温膨張**である．この場合は，熱は気体の膨張という状態変化を引き起こして外部に体積仕事をすることにより，系の温度上昇を起こさせないが，気体は相変化を起こしているわけではない．

上述の等温膨張と関連して，熱に関して，理解しておいた方がよいことがある．熱は一般に温度の高い方から低い方へ移動する．言い換えると，熱の流れは温度勾（こう）配によって引き起こされる．温度差こそが熱が移動する駆動力なのである．しかし，**化学熱力学ではしばしば，ほとんど温度差のない状態での熱の移動を考える（これを準静的変化と呼ぶ）**．これは矛盾なのだが，熱力学にとって極めて重要である．例えば，外界と熱のやりとりができるシリンダー内に，可動式のピストンで閉じ込められた気体を考えよう．気体も外界の温度も最初は T で，ピストンから気体にかかる圧力は，最初は P で，制御できるとしよう．外界の温度は T のまま保つとする．この気体から外界に仕事を取り出す，すなわち体積膨張させることを考えよう．膨張させるために，気体にかかる圧力をわずかに低下させる．そうすると気体はわずかに膨張するが，それは外界に仕事をしたことになるので，気体の温度がわずか δT だけ下がる．その状態で放置しておくと，外界は温度 T に保たれているので，δT の温度差によって外界から気体にわずかに熱が供給され，また温度 T に戻る．そしてまた気体にかかる圧力をわずかに低下させる．そうするとまた気体の温度がわずかに下がるのだが，放置しておくと外界からのわずかな熱の供給により，もとの温度 T に戻る．これを限りなく繰り返していくと，大変な時間を要するが，いずれ最初の体積 V と有限の差 ΔV を持つ $V + \Delta V$ に到達しうる．そして外界に体積仕事を取り出している．

この系の V から $V + \Delta V$ への体積変化は極めて特殊である．それはほとんど温度差のない状態での熱の移動をともないながら，気体から外界に体積仕事を取り出しているためである．もちろん，現実の世界ではこんな悠長なことはしていられないので，ふつうは仕事を取り出したければ，有限の圧力差を作って，有限の速さで体積膨張させ，それにともなう気体の温度低下を，外界との有限の温度差にもとづく熱の移動により元の温度に戻すことになる．この場合は，温度勾配に従って熱を移動させて温度をもとに戻しているので，先の温度差なしで熱を移動させる場合とは，根本的に異なっている．

ここで，いまのように温度差なしで熱を移動させて，それが体積仕事に変わっているような場合には，実際にどれだけ熱が移動したかを厳密に測定することは，極めて困難であることに注意しよう．熱の移動が温度変化を引き起こせば，熱容量と温度変化を精密に測定すれば，その量は求まる．しかし，いまのような気体の等温膨張では，温度変化を引き起こさないので，いくら精密に温度を測定しても意味がない．このようなときは，相変化を利用して，移動した熱によってどれだけ相変化が起こったかを測定すればよいが，そのためには極めて断熱性の高い容器で長時間（無限時間！）測定する必要がある．これは現実的に不可能である．逆に，熱力学第一法則を知った後では，たとえば理想気体の準静的等温膨張では，後述のように，気体が外界にした仕事と，気体が外界から受け取った仕事は厳密に等しいことがわかっているので，外界にした仕事（これは簡単に測定できる！）を求めて，それと同量の熱が移動したとみなすのである．つまり，熱は，直接は測定しておらず，仕事の測定から求めているのである．

もう一つ，化学熱力学として，重要な熱がある．それは「**反応熱**」である．鉄がさびる（酸化する）反応にともなう熱の放出を利用した携帯カイロや，メタンの燃焼にともなう熱の放出を利用して食品を加工するコンロなど，身近なところで観察されるように，化学反応が進行する際に，熱の出入りをともなうことが多い．化学反応を考える場合，系内で反応物どうしが接触することにより，反応が自発的に進行するとみなせる．そのため，たとえば発熱反応の場合，外界から見ていると，外部から系にどのような作用（実際には反応物を分けていた境界を取り除くという操作をするが，その仕事は小さいので考えない）も加えていないにもかかわらず，系から自発的に熱が放出されるように見える．その熱の放出量は，系に課せられた条件に依存し，条件の名称をつけて呼ばれることになっている．たとえば，体積一定の容器内で行った場合は**定積反応熱**，外界の圧力一定の下で行った場合には**定圧反

応熱と呼ばれる．定積反応熱も定圧反応熱もいずれも，熱量計を用いて実測できる．さらに定圧反応熱は新しい熱力学状態量である**エンタルピー**の導入につながるが，それは第5章で述べよう．

このように，熱には，顕熱，潜熱，準静的に移動する熱や反応熱があることがわかった．特に，準静的に移動する熱などは，一見すると，顕熱や潜熱と関係ないような現象に思える．つまりこれらの現象を，統一的に「熱」として定義することは難しい．そこで，理論的に最もすっきりするのは，熱を，状態変化にともなう内部エネルギー変化において，仕事以外の系と外界の相互作用として定義することである．つまり，熱そのものを定義するのではなく，仕事以外の現象として定義すれば，顕熱，潜熱，準静的に移動する熱や反応熱はすべて熱ということになる．この立場に立てば，理論的には大変きれいな体系になるのだが，われわれはすでに「熱」をそれなりに知っているので，本書ではその知識をもとに説明することとした．興味のある読者は，この観点から理論的に体系づけられたテキスト[*4]を参考にしていただきたい．

さて，ここまでで体積仕事と熱という，熱力学第一法則の二つの物理量を説明したので，次は内部エネルギーである．内部エネルギーの理解のためには，まず平衡状態から押さえておく必要がある．

2.5 平衡状態

マクロな系そのものの運動エネルギーを直接考えないことで，化学熱力学の特徴が現れてくる．その一つが，平衡状態を議論のもとにすることである．平衡状態は化学熱力学の理論体系の屋台骨を支える概念である．

孤立系をずっと放置しておくと，いずれそれ以上決して変化しない状態に到達する．その状態を平衡状態という．いったん平衡状態に到達すると，それ以上は変化しない．それをわれわれは経験的に知っている．平衡状態の存在はあくまで経験則である．

ここが力学で扱う**状態**と異なる．力学では，物体の位置と運動量が定められたときに“状態が指定された”という．もちろん，力学では理想的には摩擦のない世界を仮定できるので，ずっと運動し続ける状態を考えることができる．これは熱力学

＊4 田崎晴明『熱力学 －現代的な視点から－』新物理学シリーズ，培風館 (2000)

でいうところの平衡状態ではない．化学熱力学では，摩擦や抵抗があることが前提となっている．摩擦や抵抗があるからこそ，変化はそれ以上変化しない平衡状態に向かって進むのである．これが力学的世界との最も大きな違いである．

実は，この熱力学的な平衡状態の定義においてすでに，熱力学という学問が何を目指すのかを決める決定的に重要な要素が入っている．それは，孤立系の最終的な安定状態として平衡状態を定義している点である．平衡状態が最も安定な状態になるとした時点で，変化の方向性は決まってしまう．つまり，平衡状態という概念を定義したことによって，"孤立系は平衡状態に向かって変化する"と表現できるようになったのだ．熱力学は，変化の方向性を取り扱う学問である．平衡状態という概念を導入することにより，これまで漠然と変化の方向性を取り扱うといっていたことが，具体性を帯びてくる．すなわち，熱力学の目的が，どのような条件のもとで，どのような平衡状態に向かうのか，平衡状態はどのような条件で表されるのか，さらには，平衡状態ではどのような関係が成立しているのかを解明することになったのである．

「なぜ孤立系は平衡状態に向かうのかが理解できない．」という疑問を持つことがあるかもしれない．この疑問はまったく意味がないことがわかるだろう．そもそも，平衡状態を孤立系の行きつく先と定義したのだから，熱力学の範囲ではその疑問には答えられないのである．

2.6 部分系の平衡状態

孤立系では，平衡状態が最終的に到達する最も安定な状態であることがわかった．しかし，本章の冒頭で熱力学第一法則を定式化したときにも述べたように，われわれが興味ある対象（系）は孤立系でない場合が多い．そこで，孤立系ではない場合を考えてみよう．孤立系の中に，任意の系（孤立系の部分系となる）を考える．系以外の部分は外界である．そして，一般に系は孤立していないので，系と外界のあいだで作用量を通してエネルギーの変化が起こる．孤立系が平衡状態になったとき，その中の任意の系（部分系）も平衡状態になる．系と外界の状態が変化しているなら，その全体である孤立系は平衡状態ではない．逆に，孤立系が平衡状態にあるということは，内部で起こりうるすべての変化を起こし終わったあとなので，孤立系内の部分系であったとしても，外界と合わせて，すでに平衡状態になっている．つまり，孤立系でなくても，より一般的に系は平衡状態に向かうといってよい．そして，与えられた条件（外界の条件など）のもとでいったん平衡状態に達したならば，系を取り巻く条件が変化しない限り，それ以上変化することはない．

2.7　状 態 量

平衡状態において，一意的に決まる物理量を状態量と呼ぶ． 状態量は，系がどのような経路を通ってその平衡状態に至ったのかにかかわらず，一意的に決まる．どのような物理量が状態量であるかは，経験的に判断するしかない．具体的には，物質量，温度，圧力，体積，屈折率，密度などが状態量となる．それに対して，力学的仕事，電気的仕事，表面仕事および熱は，平衡状態には存在せず，状態が変化する際に定義される量（**作用量**）なので，状態量ではない．

さらに，状態量は**示量性状態量**と**示強性状態量**に分けられる．平衡状態にある系に対して，状態量が求められる．いま系の大きさだけを倍にしたとする．たとえば，系が物質で構成されていれば，その物質量を倍にする．そのとき，値が変化しない状態量を示強性，値が倍になる状態量を示量性と呼ぶ．温度，圧力，屈折率，密度などは示強性状態量，物質量，体積などは示量性状態量である．示量性状態量を別の示量性状態量で除した量は示強性状態量になる．また，混合物の示量性状態量の構成要素の物質量に関する偏微分も示強性状態量になる．

平衡状態は状態量によって特徴づけられる．平衡状態がいくつの状態量によって決められるかは重要な問題で，系を構成する物質の成分の数，相（固相・液相・気相）の数，化学反応の有無によって変わる．その取扱いは，**ギブズの相律**で与えられるので他書を参考にしていただきたい．熱力学第一法則と第二法則の議論では，理想気体の状態変化など化学反応が起こらない物質系を考えることが多いが，その場合は，物質量・温度・圧力が決まれば，あとの状態量は一意的に決まる．

状態量を用いて，平衡状態を特徴づけるならば，平衡状態では状態量が定義されて測定でき，それらが時間によって変化しないことと表される．状態量が時間変化しないことは，外界の性質を考えるときに重要なので，覚えておこう．

2.8　あらためて熱力学第一法則の持つ意味

平衡状態や状態量を学んだところで，あらためて，第一法則をとらえなおしてみよう．光エネルギーと核エネルギーは除外するが，一般的には

$$\Delta \mathrm{KE} + \Delta \mathrm{PE} + \Delta U = W_{力学} + W_{電気} + W_{表面} + Q \qquad (2.1.11)$$

が成立する．化学現象を対象とする場合は，全体としてのΔKEおよびΔPEを考慮する必要はなく，

$$\Delta U = W_{力学} + W_{電気} + W_{表面} + Q \qquad (2.2.2)$$

になる．さらに，電気的仕事と表面仕事を取り扱わなければ，$W_{電気}$および$W_{表面}$を考慮する必要はなく，$W_{力学}$も体積仕事だけでよいので，

$$\Delta U = W_{力学} + Q = -\int_{V_1}^{V_2} P_{外}\,\mathrm{d}V + Q \qquad (2.3.6)$$

となるのであった．

上の式はいずれも，右辺が作用量の和，左辺が状態量の変化分である．右辺の作用量は変化の経路に依存する．それに対して，左辺の状態量の変化分は経路に依存しない．このように，まったく性質の異なる物理量が等号で結ばれているところが，これらの式の不思議なところであり，また有効なところでもある．一般的にいえば，作用量は一つだけでは，状態量の変化分になることはできない．それは，作用量は変化の経路に依存するので，作用量一つだけでは，経路によらない状態量の変化分と等しくならないためである．ところが，不思議なことに，熱だけではなく，仕事も含め，それらの和をとると，経路によらない量の変化分，状態量の変化分となるのである．それがジュールの実験（1.8節参照）から導かれることであった．しかも，驚くべきことに，この関係は，物質の種類やおかれた状況によらず，つねにいつでも成立する．

われわれが興味を持っているのは，系である．特に化学熱力学では，平衡状態にある系の性質を知ることが目的となる．系の状態量である温度や圧力，体積などは比較的容易に知ることができる．そして，温度にしても，圧力，体積，物質量などの状態量にしても，基準となるゼロが存在する．基準のゼロがあれば，あとはそれをもとに適切に目盛りをふって，絶対値を求めることができる．

それに対して，**内部エネルギー**は少し性質が異なっている．(2.1.11) 式の左辺のエネルギーの中でも，運動エネルギーは静止している状態がゼロとなるし，重力によるポテンシャルエネルギーも，地上での現象を考える場合は，地表面を基準にとれば絶対値として議論できる．しかし，内部エネルギーは絶対値として議論するための基準すら考えることができない．もちろん物質が存在しなければ，そもそも物質の内部エネルギーは考えられないのでゼロではあるが，それは物質量として存在しないからゼロなのであって，ある物質の内部エネルギーの基準ではない*5．

化学反応によって熱を発生したり，電気的仕事を取り出せたりするので，何かしら，物質が平衡状態で持っているようなエネルギーらしいものがあることは想像がつく．しかし，絶対値もわからない，とらえようのないような物理量が実在すると考えてよいのだろうか？　その存在根拠を保証するのが，熱力学第一法則である．**熱力学第一法則は，内部エネルギーという状態量があると考えてよいと主張する．** そしてその根拠は，人類のこれまでの経験なので，だれも否定することはできない．

(2.2.2) 式あるいは (2.3.6) 式をあらためて見てみよう．われわれが実測できるのは作用量である．これらの式が示すことは，その作用量から，系の中身，すなわち内部エネルギーという状態量の変化分を知ることができることである．つまり，系内部はブラックボックスであり，直接，系の内部に入って内部エネルギーという状態量を知ることはできないのである．そこで，われわれはなんとか外から手を尽くして，系の内部を知ろうとする．これが根本的な熱力学のやり方である．熱力学的な状態量として，内部エネルギーのほかに，**エントロピー**，**エンタルピー**，**ギブズエネルギー**などがある．しかし，どれもすべて，その量を直接知ることはできない．いずれも，作用量の測定を通して，状態量の変化量を知る，これが熱力学の手法の特徴である．

さて，熱力学第一法則の説明は終わったので，次は第二法則に進んでいこう．

＊5　ミクロな性質をマクロな物性に結び付ける**統計力学**という学問では，たとえば理想気体の内部エネルギーの絶対値は求まる．本書でもその結論は用いる．

3. 熱力学第二法則

3.1 熱力学第二法則の導入に向けて

熱力学第二法則の導入にはいろいろな方法があるが，本書では熱力学の本来の目的であった**力学的仕事**に注目していこう．力学的仕事を取り出すことにこだわって議論することにより，そこから自然現象の方向性を支配する法則，すなわち**熱力学第二法則**へとつなげていきたいと思う（熱力学第二法則の一般的表現はp.114 参照）．これは実際の熱力学第二法則の発見に近い道筋であり，**エントロピー**概念の創出を追体験できると思うからである．

(2.3.6) 式より，外界への力学的仕事は系の内部エネルギー変化，あるいは熱の変換により，なすことができる．そこで，典型的な例として，

(1) 熱の出入りのない場合（**断熱変化**），$Q=0$ より

$$W_{\text{力学}} = \Delta U \tag{3.1.1}$$

(2) 内部エネルギーの変化しない場合（理想気体では**等温変化**），$\Delta U=0$ より

$$W_{\text{力学}} = -Q \tag{3.1.2}$$

の二つのそれぞれの場合に，外部になしうる力学的仕事について詳細に調べよう．

ここで**理想気体**の持つ性質について述べておく．理想気体では，分子間に相互作用がないので，その内部エネルギー U は一定温度では体積（分子間隔）によらない（**ジュールの法則**）．通常の変化では，単原子理想気体の U として原子の運動エネルギーだけを考慮した式 $U=(3/2)nRT$ を使うことができる（**等分配則**）*1．

3.2 熱の出入りのない場合（断熱変化）の検討

具体例として，単原子理想気体の断熱変化を考えよう．物質量 n モルの単原子

*1 系を構成する粒子が持つ運動の自由度ごとに一定量のエネルギー $U=(1/2)nRT$ が配分されるという法則．単原子理想気体では，並進運動のみを考えればよく，その自由度が3なので，$U=(3/2)nRT$ となる．

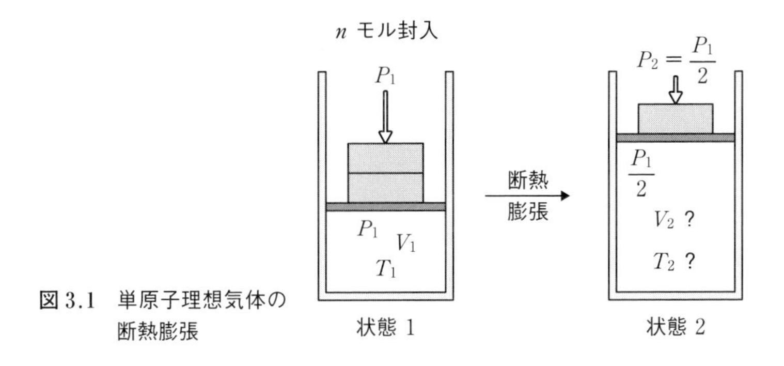

図 3.1　単原子理想気体の断熱膨張

理想気体が，熱を通さない壁でつくられたシリンダーに入れられている状況を考える．上部には可動式ピストンがあり，その上からおもりで押さえられて，その結果，気体の圧力は P_1 に，体積は V_1 になっているとする．最初の状態を状態1として，状態1は（物質量，圧力，体積，温度）＝ (n, P_1, V_1, T_1) で与えられる．封入されているため物質量 n は変化しないので，以降，状態を表す際の n の表記は省略する．

状態1 (P_1, V_1, T_1) から，必要量のおもりを取り除いて，圧力を半分にした状態 $(P_2 = P_1/2)$ への変化を考える（**図3.1**）．断熱という条件のもとでも，状態1から圧力を半分にした状態への変化のさせ方は，一つだけではなく，さまざまな経路がある（本節での議論でわかるが，驚くべきことに，到達する状態も同じではない）．ここでは，次の三つの経路①,②,③ を考えよう．ここで体積 V と温度 T の右下付きの記号は状態を表すとしよう．

① 状態1 (P_1, V_1, T_1) から，外圧が $P_1/2$ になるように，必要量のおもりを1回で取り除き状態2①$(P_2 = P_1/2, V_{2①}, T_{2①})$ にする．状態2①は過程①によって到達した終状態2という意味である．

② 状態1 (P_1, V_1, T_1) から，外圧が $3P_1/4$ になるように，必要量のおもりを1回で取り除き状態3 $(P_3 = 3P_1/4, V_3, T_3)$ にする．さらに状態3から，外圧が $P_1/2$ になるように，必要量のおもりを1回で取り除き状態2②$(P_2 = P_1/2, V_{2②}, T_{2②})$ にする．

③ 状態1 (P_1, V_1, T_1) から，外圧が $P_1 - \mathrm{d}P$ になるように，おもりをごくわずか取り除き $(P_1 - \mathrm{d}P, V_1 + \mathrm{d}V)$ にする．このとき $\mathrm{d}P$ がわずかなので，外圧と内圧はほぼつり合っていると近似できる．さらに外圧が $\mathrm{d}P$ だけ下がるように，わずかにおもりを取り除き膨張させる．これを繰り返し，最終的に状態2③$(P_2 = P_1/2, V_{2③}, T_{2③})$ にする．

シリンダーにはストッパーがついていて，内圧と外圧の差によって生じるおもりの巨視的な運動エネルギーは，ストッパーに衝突することよって，系を構成する原子や分子の微視的な運動エネルギーとして散逸されるとする．つまり，①と②のプロセスでも，おもりを取り除くとすんなりと膨張して，おもりを取り除いたあとの外圧でつり合う体積まで膨張して止まるとする（おもりの巨視的な運動エネルギーが微視的な運動エネルギーに変わることは，不可逆過程の本質であるので，次章で詳細に検討する）．さて，それぞれのプロセスで，系と外界とでやりとりした体積仕事と内部エネルギー変化を見ていこう．

① 状態1 ($\boldsymbol{P_1, V_1, T_1}$) → 状態2① ($\boldsymbol{P_2 = P_1/2, V_{2①}, T_{2①}}$)
：1回でのおもりの取り除き

まず断熱なので，$Q = 0$ であるから，

$$W_{力学} = \Delta U \tag{3.1.1}$$

となる．この式をもとに，力学的仕事（体積仕事）と到達する状態2①を求める．

系は膨張するので，厳密には，実効内圧がおもりに体積仕事をして，外界はおもりから体積仕事を受け取るといえる．これらは一般に一致しないが，その取扱いは本節の後半で行うこととし，前半では，外界がおもりから受け取る仕事のみを考える．いまおもりは1回で取り除かれるので，気体が膨張しているあいだ，おもりがピストンを押す力である外圧 $P_外$ は，つねに $P_外 = P_1/2$ である．したがって，①の場合に外界がおもりから受け取る体積仕事 $-W_{1\to2①}$ は

$$-W_{1\to2①} = \int_{V_1}^{V_{2①}} P_外 \mathrm{d}V = \int_{V_1}^{V_{2①}} \frac{P_1}{2} \mathrm{d}V = \frac{P_1}{2}\int_{V_1}^{V_{2①}} \mathrm{d}V = \frac{P_1}{2}(V_{2①} - V_1) \tag{3.2.1}$$

で与えられる．仕事 W と内部エネルギー変化 ΔU の矢印を使った右下付きは，考えている状態の変化を表すとする．なお仕事は系が受けとる方を正とするので，外界がおもりから受け取る場合には，値が正になるようにマイナスをつけている．(3.2.1) 式では外界が受け取る方を議論しているので，$-$ をつけて，値として正になるようにした．つまり外界は，おもりから $P_1/2(V_{2①} - V_1)$ の体積仕事を受け取ったことになる（**図3.2**）．

一方，単原子理想気体の内部エネルギーは，その温度を T [K] として

$$U = \frac{3}{2}nRT \tag{3.2.2}$$

で与えられる．そのため①の経路の場合，内部エネルギー変化 $\Delta U_{1\to2①}$ は

$$\Delta U_{1\to2①} = \frac{3}{2}nR(T_{2①} - T_1) \tag{3.2.3}$$

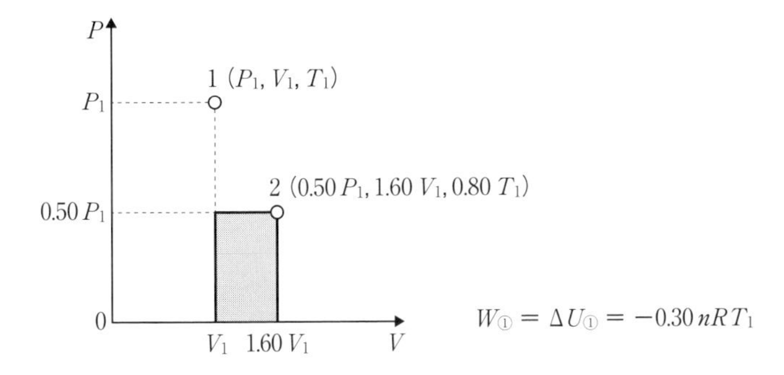

図 3.2 単原子理想気体の断熱膨張 ① 1 回でのおもりの取り除き

となる．断熱過程の場合，内部エネルギー変化がすべて力学的仕事に変換されるので，(3.11) 式に代入して，

$$W_{1\to2①} = -\frac{P_1}{2}(V_{2①} - V_1) = \Delta U_{1\to2①} = \frac{3}{2}nR(T_{2①} - T_1) \qquad (3.2.4)$$

より，

$$-P_1V_{2①} + P_1V_1 = 3\,nRT_{2①} - 3\,nRT_1 \qquad (3.2.5)$$

となる．ここで，状態 1 および 2 ① に対して，状態方程式が成立する．すなわち，

$$P_1V_1 = nRT_1 \text{ および } \frac{P_1}{2}V_{2①} = nRT_{2①} \qquad (3.2.6)$$

となる．(3.2.5) および (3.2.6) 式より，

$$-P_1V_{2①} + P_1V_1 = \frac{3}{2}P_1V_{2①} - 3\,P_1V_1 \text{ および}$$

$$-2\,nRT_{2①} + nRT_1 = 3\,nRT_{2①} - 3\,nRT_1$$

であるから

$$V_{2①} = \frac{8}{5}V_1 = 1.60\,V_1 \quad \text{および} \quad T_{2①} = \frac{4}{5}T_1 = 0.80\,T_1 \qquad (3.2.7)$$

となる．すなわち，状態 2 ① は $(P_2 = P_1/2, V_{2①}, T_{2①}) = (0.50\,P_1, 1.60\,V_1, 0.80\,T_1)$ である．断熱過程なので，① の過程で系のトータルの内部エネルギーの変化量を $\Delta U_①$，外界がおもりから受け取るトータルの力学的仕事を $-W_①$ とすると，それらは等しい．そして ① では，$\Delta U_①$ は $\Delta U_{1\to2①}$ に，$-W_①$ は $-W_{1\to2①}$ に等しい．

$$W_① = W_{1\to2①} = \Delta U_① = \Delta U_{1\to2①} = -\frac{3}{10}P_1V_1 = -0.30\,P_1V_1 = -0.30\,nRT_1 \qquad (3.2.8)$$

② 状態1 $(\boldsymbol{P_1, V_1, T_1})$ → 状態3 $(\boldsymbol{P_3 = 3P_1/4, V_3, T_3})$

→ 状態2② $(\boldsymbol{P_2 = P_1/2, V_{2②}, T_{2②}})$：2回でのおもりの取り除き

二段階に分けて考える．まず，状態1 (P_1, V_1, T_1) から状態3 $(P_3 = 3P_1/4, V_3, T_3)$ に膨張したときの外界がおもりから受け取る体積仕事 $-W_{1\to3}$ を考える（**図3.3**）．$-W_{1\to3}$ は，

$$-W_{1\to3} = \int_{V_1}^{V_3} P_{外}\mathrm{d}V = \int_{V_1}^{V_3} \frac{3}{4}P_1\mathrm{d}V = \frac{3}{4}P_1\int_{V_1}^{V_3}\mathrm{d}V = \frac{3}{4}P_1(V_3 - V_1) \tag{3.2.9}$$

で与えられる．つまり外界はおもりから $(3P_1/4)(V_3 - V_1)$ の体積仕事を受け取った．

一方，状態1から状態3の変化にともなう内部エネルギー変化 $\Delta U_{1\to3}$ は

$$\Delta U_{1\to3} = \frac{3}{2}nR(T_3 - T_1) \tag{3.2.10}$$

となる．断熱過程の場合，内部エネルギーの変化量がすべて力学的仕事に変換されるので，

$$W_{1\to3} = -\frac{3}{4}P_1(V_3 - V_1) = \Delta U_{1\to3} = \frac{3}{2}nR(T_3 - T_1) \tag{3.2.11}$$

より，

$$-\frac{3}{4}P_1V_3 + \frac{3}{4}P_1V_1 = \frac{3}{2}nRT_3 - \frac{3}{2}nRT_1 \tag{3.2.12}$$

となる．ここで，状態1および3に対して，状態方程式が成立するので，

$$P_1V_1 = nRT_1 \quad および \quad \frac{3}{4}P_1V_3 = nRT_3 \tag{3.2.13}$$

より，前と同様にして

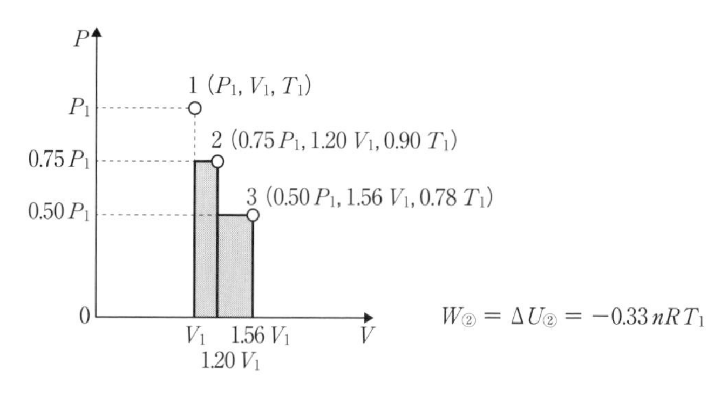

図3.3　単原子理想気体の断熱膨張　②2回でのおもりの取り除き

$$V_3 = \frac{6}{5}V_1 = 1.20\,V_1 \quad \text{および} \quad T_3 = \frac{9}{10}T_1 = 0.90\,T_1 \qquad (3.2.14)$$

となる．すなわち，状態3は $(P_3 = 3P_1/4, V_3, T_3) = (0.75\,P_1, 1.20\,V_1, 0.90\,T_1)$ である．状態3が決まるので，状態1から3の過程で内部エネルギーの変化量 $\Delta U_{1\to3}$ が，外界がおもりから受け取る力学的仕事 $-W_{1\to3}$ に変換された．

$$W_{1\to3} = \Delta U_{1\to3} = -\frac{3}{20}P_1V_1 = -0.15\,P_1V_1 = -0.15\,nRT_1 \qquad (3.2.15)$$

引き続き，状態3 $(P_3 = 3P_1/4, V_3, T_3) = (0.75\,P_1, 1.20\,V_1, 0.90\,T_1)$ から状態2②$(P_2 = P_1/2, V_{2②}, T_{2②})$ への変化を考える．このときに外界がおもりから受け取る体積仕事 $-W_{3\to2②}$ を求める．先ほどと同様に，

$$-W_{3\to2②} = \int_{V_3}^{V_{2②}} P_{外}\,\mathrm{d}V = \int_{V_3}^{V_{2②}} \frac{P_1}{2}\,\mathrm{d}V = \frac{P_1}{2}\int_{V_3}^{V_{2②}} \mathrm{d}V = \frac{P_1}{2}(V_{2②} - V_3) \qquad (3.2.16)$$

となる．一方，内部エネルギーの変化量 $\Delta U_{3\to2②}$ は

$$\Delta U_{3\to2②} = \frac{3}{2}nR(T_{2②} - T_3) \qquad (3.2.17)$$

である．$\Delta U_{3\to2②}$ が $W_{3\to2②}$ と等しいとおいて，さらに，状態3と状態2②で状態方程式が成立することから，

$$\begin{aligned} V_{2②} &= \frac{13}{10}V_3 = \frac{39}{25}V_1 = 1.56\,V_1 \ \text{および} \\ T_{2②} &= \frac{13}{15}T_3 = \frac{117}{150}T_1 = 0.78\,T_1 \end{aligned} \qquad (3.2.18)$$

となる．つまり，状態②2は $(P_2 = P_1/2, V_{2②}, T_{2②}) = (0.50\,P_1, 1.56\,V_1, 0.78\,T_1)$ である．

よって，状態3から2②の過程で内部エネルギー $\Delta U_{3\to2②}$ が，外界がおもりから受け取る力学的仕事 $-W_{3\to2②}$ に変換された．

$$W_{3\to2②} = \Delta U_{3\to2②} = -\frac{9}{50}P_1V_1 = -0.18\,P_1V_1 = -0.18\,nRT_1 \qquad (3.2.19)$$

結局，状態1 (P_1, V_1, T_1) → 状態3 $(0.75\,P_1, 1.20\,V_1, 0.90\,T_1)$ → 状態2②$(0.50\,P_1, 1.56\,V_1, 0.78\,T_1)$ への変化にともなうトータル内部エネルギーの変化量 $\Delta U_②$ と外界がおもりから受け取るトータルの力学的仕事 $-W_②$ は

$$\begin{aligned} W_② &= \Delta U_② = \Delta U_{1\to3} + \Delta U_{3\to2②} = -\frac{3}{20}P_1V_1 - \frac{9}{50}P_1V_1 = -\frac{33}{100}P_1V_1 \\ &= -0.33\,P_1V_1 = -0.33\,nRT_1 \end{aligned} \qquad (3.2.20)$$

となる．

③ 状態1 $(\boldsymbol{P}_1, \boldsymbol{V}_1, \boldsymbol{T}_1)$ → 状態2③ $(\boldsymbol{P}_2 = \boldsymbol{P}_1/2, \boldsymbol{V}_{2③}, \boldsymbol{T}_{2③})$

：無限回でのおもりの取り除き

外圧 $\boldsymbol{P}_{外}$ と系の内圧 $\boldsymbol{P}_{系}$ がほぼつり合った状態で変化していくので，これを特別に準静的変化あるいは準静的過程という（準静的過程では，より一般的には，圧力だけでなく，温度も系と外界でほぼ等しい状態で変化する）．

$$\boldsymbol{P}_{系} \cong \boldsymbol{P}_{外} \quad \textbf{(準静的過程)}$$

外圧と内圧が厳密につり合っていれば平衡状態である．準静的過程では，外圧と内圧がほぼつり合っているとしてよいので，系は準静的過程のあいだ，平衡状態にあると近似できる．つまり，準静的変化の途中では，系はつねに状態方程式が成立する．さらに系の内圧はいたるところ等しいと近似できるので，実効内圧 $P_{内}$ と系の圧力 $P_{系}$ もほぼ一致する．つまり準静的過程では $P_{内} \cong P_{系} \cong P_{外}$ となる．

気体の準静的断熱過程に対しては，**ポアソンの関係**が成立する．ポアソンの関係は，

$$PV^{\gamma} = \text{const.} \tag{3.2.21}$$

で表されるが，単原子理想気体の場合，$\gamma = 5/3$ である．したがって，

$$P_1 V_1^{\frac{5}{3}} = \frac{P_1}{2} V_{2③}^{\frac{5}{3}} \tag{3.2.22}$$

が成立するので，

$$V_{2③} = 2^{\frac{3}{5}} V_1 = 1.52\, V_1 \tag{3.2.23}$$

となる．さらに，状態2③に関して状態方程式が成立するので，

$$\frac{P_1}{2} 1.52\, V_1 = nRT_{2③} \tag{3.2.24}$$

より，$T_{2③} = 0.758\, T_1$ となる．したがって，状態2③ $(P_2 = P_1/2, V_{2③}, T_{2③}) = (0.50\, P_1, 1.52\, V_1, 0.76\, T_1)$ である．このときの内部エネルギーの変化量 $\Delta U_{1\to2③}$ は

$$\Delta U_{1\to2③} = \frac{3}{2} nR(T_{2③} - T_1) = \frac{3}{2} nR(0.76\, T_1 - T_1) = -0.36\, nRT_1 = -0.36\, P_1 V_1 \tag{3.2.25}$$

となり，外界が受け取る力学的仕事 $-W_{1\to2③}$ も

$$W_{1\to2③} = \Delta U_{1\to2③} = -0.36\, nRT_1 = -0.36\, P_1 V_1 \tag{3.2.26}$$

と求められる（**図3.4**）．③では，トータルの内部エネルギー変化 $\Delta U_{③}$ は $\Delta U_{1\to2③}$ と等しく，外界がおもりから受け取るトータルの仕事 $-W_{③}$ は $-W_{1\to2③}$ に等しい．

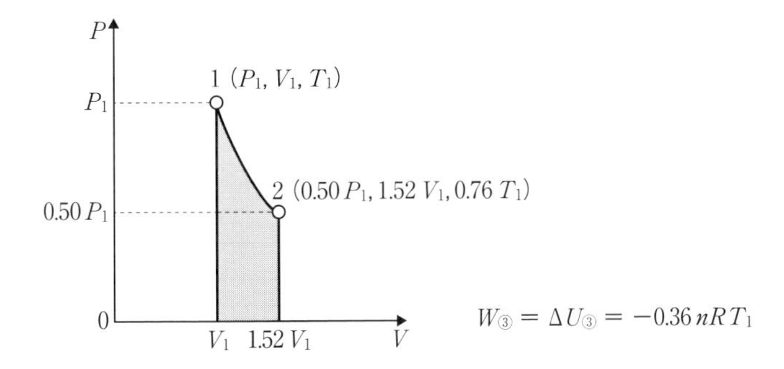

図 3.4 単原子理想気体の断熱膨張 ③ 無限回でのおもりの取り除き

表 3.1 単原子理想気体の断熱膨張－おもりを取り除く回数による違い

終状態	ΔU	$-W$
① $(0.50\,P_1, 1.60\,V_1, 0.80\,T_1)$	$-0.30\,nRT_1$	$0.30\,nRT_1$
② $(0.50\,P_1, 1.56\,V_1, 0.78\,T_1)$	$-0.33\,nRT_1$	$0.33\,nRT_1$
③ $(0.50\,P_1, 1.52\,V_1, 0.76\,T_1)$	$-0.36\,nRT_1$	$0.36\,nRT_1$

①，②および③の過程は，それぞれ終状態が異なるので単純には比較できないが，今の場合のように，終状態の圧力が $P_1/2$ で等しいときには，

$$-W_{③} > -W_{②} > -W_{①} \tag{3.2.27}$$

となることがわかる（**表 3.1**）．すなわち，内圧と外圧にほとんど差を生じない条件（準静的変化）で膨張させた③の過程が，外界が受け取る体積仕事が最も大きく，それだけ内部エネルギーの減少分も大きい．言い換えると，③の過程が，内部エネルギーを，外界が受け取る体積仕事に変換する量が最も大きいといえる*2．ここで異なっているのは，内部エネルギーの体積仕事への変換効率ではないことに注意しよう．断熱過程の場合，つねに $W_{力学} = \Delta U$ であるから，変換効率はどの過程も 100 % である．

さて，ここで求めてきた，外界がおもりから受け取った力学的仕事は，外圧で定義された熱力学的体積仕事であることを思い出しておこう．そして，始状態が同一であっても，膨張のさせ方によって到達する終状態が異なることに注目しよう．断熱過程では，変化のさせ方によって到達する状態が異なることは，第二法則の本質と関わっている．そこで，なぜ到達する状態が異なるのかを，経路①に関して実

＊2 比較するためには，終状態の体積を等しくした方がよいが，それは過程としてイメージしにくいので，ここでは終状態の圧力をそろえた．

効内圧のする仕事まで考えて理解しておこう.

本節ではこれまで，おもりが外界にする仕事だけで議論してきた．もちろん一般的な熱力学ではこれで十分であるが，2.3 節で述べたように，実効内圧 $P_{内}$ もおもりに対して仕事をしている．これを実効内圧が行った体積仕事とし，$W^{内}$ で表そう．

$$W^{内} = \int_{V_1}^{V_2} P_{内}\,\mathrm{d}V \tag{3.2.28}$$

符号は，系がおもりに対して行う方を正とする (外界から見た，系が受けとる体積仕事とは符号が逆になるので注意)．すでに述べたように，③ の場合以外は，系の内圧が決まらず，実効内圧も求まらないので，本質的に，実効内圧の行う仕事は求められない．③ の場合のみ，

$$P_{内} \cong P_{系} \cong -P_{外}$$

なので，

$$W_{③}^{内} = \int_{V_1}^{V_2} P_{内}\,\mathrm{d}V = \int_{V_1}^{V_2} P_{系}\,\mathrm{d}V = -\int_{V_1}^{V_2} P_{外}\,\mathrm{d}V = -W_{③} = 0.36\,nRT_1 = 0.36\,P_1V_1 \tag{3.2.29}$$

となる．つまり準静的過程では，系がおもりにするトータルの体積仕事 $W_{③}^{内}$ と外界がおもりから受け取るトータルの体積仕事 $-W_{③}$ が等しいのである．準静的過程では，おもりは有限の速さでは動かないので，その運動エネルギーはゼロであるから，$W_{③}^{内} = -W_{③}$ になる．

しかし，ここでは ① においても，系はポアソンの関係に従って変化すると仮定しよう*3．この仮定は，① においても，内圧は，おもりに対して $W_{③}^{内}$ に相当する力学的仕事を行ったことを意味する．

過程 ① において，内圧がおもりに行ったトータルの体積仕事 $W_{①}^{内}$ $(= W_{③}^{内})$ と外界がおもりから受け取ったトータルの体積仕事 $-W_{①}$ の関係を考えてみよう．少し煩雑になるが，一つずつ調べていこう．まず，系の内圧が $0.50\,P_1$ になる直前 (系内の気体がポアソンの式に従うとすると，体積 $1.52\,V_1$，温度 $0.76\,T_1$ となる直前) の状態を考えよう．これは状態 2 ③ の直前の状態に他ならない．この状態 2 ③ の直前までに，内圧がおもりに対して行ったトータルの体積仕事 $W_{①}^{内}$ は

＊3　この仮定は，系は膨張しているあいだも平衡状態を保つことになり，実際には満たされない．それは，有限の速さで膨張しているときは，系内の圧力は一意的に定まらないためである．しかし，内圧が計算できないと数値を使った議論ができないこと，および，断熱過程を乱流が生じないようにゆっくり行うとすれば，外界と熱のやりとりを行わないため，他の過程に比べると，不可逆過程であってもまだ，準静的過程に近い挙動を示すと考えられることから，この仮定のもとで話を進めることとする．

$$W_{①}^{内} = W_{③}^{内} = -W_{③} = 0.36\,nRT_1 = 0.36\,P_1V_1 = 0.36\,nRT_1 \qquad (3.2.30)$$

である．一方，状態1から状態2③$(0.50\,P_1, 1.52\,V_1, 0.76\,T_1)$までに外界がおもりから受け取った体積仕事を$-W_{1\to2③}$として，$-W_{1\to2③}$は

$$-W_{1\to2③} = 0.5\,P_1 \times (1.52\,V_1 - V_1) = 0.26\,P_1V_1 = 0.26\,nRT_1 \qquad (3.2.31)$$

である．つまり，2.3節で述べたように，過程①では内圧と外圧がつり合っていないため，その差が，仕切り板の質量を無視したとき，おもりの巨視的な運動エネルギーに変化することになる．状態2③$(0.50\,P_1, 1.52\,V_1, 0.76\,T_1)$になる直前では，

$$W_{①}^{内} - W_{1\to2③} = 0.36\,nRT_1 - 0.26\,nRT_1 = 0.10\,nRT_1 \qquad (3.2.32)$$

がおもりの巨視的な運動エネルギーに変換されている．またこのとき，系の内部エネルギーの変化量$\Delta U_{1\to2③}$を考えると，系がおもりにした体積仕事分だけ減少しているので，

$$\Delta U_{1\to2③} = -W_{①}^{内} = -0.36\,nRT_1 \qquad (3.2.33)$$

となっている（**図3.5**）．

そして，系は状態2③$(0.50\,P_1, 1.52\,V_1, 0.76\,T_1)$になった瞬間に，おもりはストッパーにより停止し，その巨視的な運動エネルギー$0.10\,nRT_1$は，系を構成する原子や分子などの微視的な運動エネルギーとして散逸される．おもりが停止したら，そこから散逸したエネルギーによる体積膨張が可能なように，すぐにストッパーを取り除くとする．散逸したエネルギーが系に蓄積される状況は，状態2③$(0.50\,P_1, 1.52\,V_1, 0.76\,T_1)$から，定圧（外圧一定）で（おもりは$0.50\,P_1$になっている

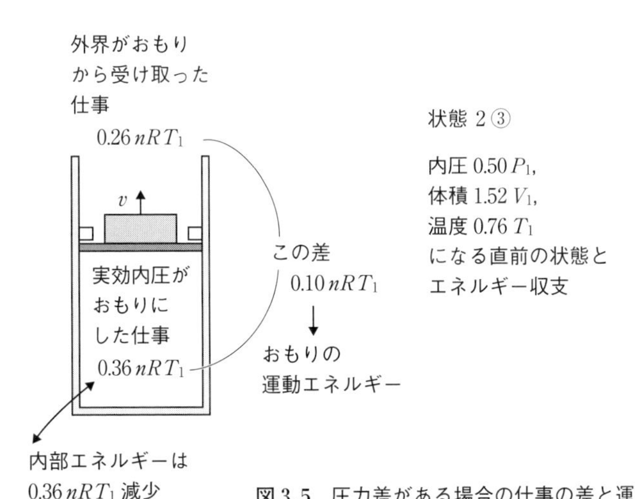

図3.5　圧力差がある場合の仕事の差と運動エネルギーの関係

ので）$0.10\,nRT_1$ だけ熱が加えられたのと同じである（系にとっては，散逸したエネルギーが系に蓄積されたのであろうと，外界から加えられた熱であろうと区別はつかない！）．

理想気体では，P 一定で体積が ΔV，温度が ΔT 変化したとき，気体がおもりにする仕事は $-W = P\Delta V = nR\Delta T$ となる．単原子理想気体では，3.1 節で述べたように，内部エネルギーの増加は $\Delta U = (3/2)\,nR\Delta T$ である．したがって，定圧変化を起こすために外部から流入する熱量 Q_P は，単原子理想気体では

$$Q_P = \Delta U - W = \frac{3}{2}nR\Delta T + nR\Delta T = \frac{5}{2}nR\Delta T \tag{3.2.34}$$

で与えられる．したがって，$Q_P = 0.10\,nRT_1$ のとき，$\Delta T = 0.04\,T_1$ となる．つまり，温度が $0.76\,T_1$ から，散逸したエネルギーの蓄積によって $0.76\,T_1 + 0.04\,T_1 = 0.80\,T_1$ に上昇したことになる．これが，過程③の終状態2③$(0.50\,P_1, 1.52\,V_1, 0.76\,T_1)$ よりも，過程①の終状態2①の方が，温度が高くなる理由である．

温度上昇にともなう体積変化は，終状態2①において状態方程式が成立することから，

$$V_{2①} = \frac{0.8}{0.5}V_1 = 1.60\,V_1 \tag{3.2.35}$$

となるので，終状態は2①$(0.50\,P_1, 1.60\,V_1, 0.80\,T_1)$ となる．最後の状態2③から2①への定圧膨張にともなって，外界が受け取った体積仕事 $-W_{2③\to2①}$ は

$$-W_{2③\to2①} = 0.50\,P_1 \times (1.60\,V_1 - 1.52\,V_1) = 0.04\,P_1V_1 = 0.04\,nRT_1 \tag{3.2.36}$$

となる．系の内部エネルギーの変化量 $\Delta U_{2③\to2①}$ は温度上昇に対応し，

$$\Delta U_{2③\to2①} = \frac{3}{2}nR \times 0.04\,T_1 = 0.06\,nRT_1 \tag{3.2.37}$$

だけ増加する．一方，最後の定圧膨張にともない系がおもりに対して行った体積仕事 $-W^{内}_{2③\to2①}$ は，今の場合 $-W_{2③\to2①}$ に等しいから

$$-W^{内}_{2③\to2①} = -W_{2③\to2①} = 0.04\,nRT_1 \tag{3.2.38}$$

となる．つまり，系内部に注目して熱も含めた熱力学第一法則，

$$Q_P = 0.10\,nRT_1 = \Delta U_{2③\to2①} - W_{2③\to2①} = 0.06\,nRT_1 + 0.04\,nRT_1 \tag{3.2.39}$$

が成立していることがわかる．内圧と外圧の差で生じた巨視的な運動エネルギーは $0.10\,nRT_1$ であったが，それが散逸されて微視的運動エネルギーに変わり，そのうちの一部 $0.04\,nRT_1$ は外界が体積仕事として受け取れるが，残りの $0.06\,nRT_1$ は，

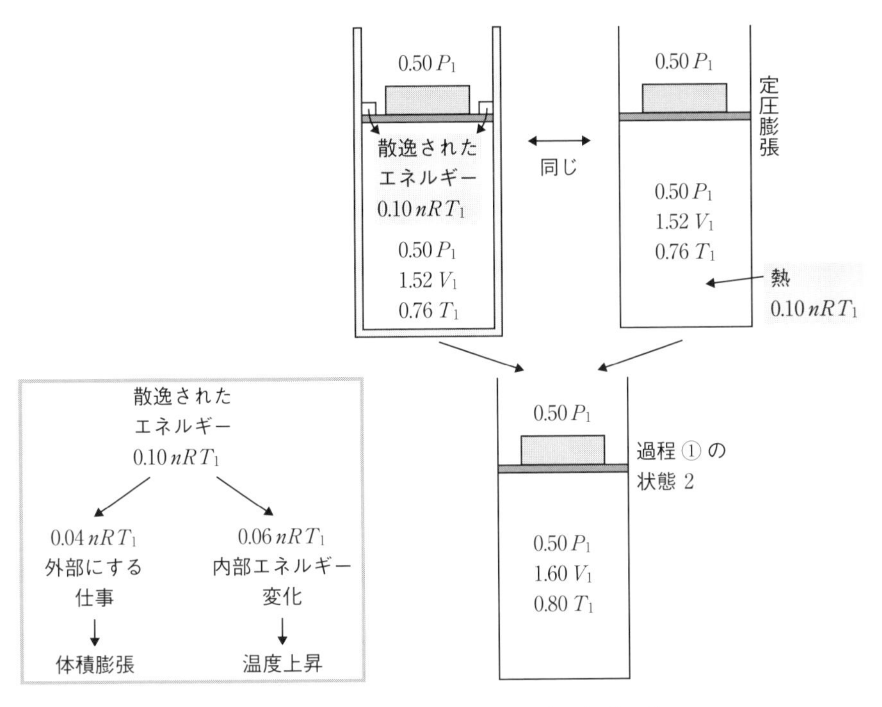

図 3.6　散逸されたエネルギーの蓄積は定圧加熱に等しい

系の内部エネルギー変化を引き起こしてしまい，外界が仕事として受け取れないのである（**図 3.6**）．

これまでの計算から，過程①でトータルとして外界がおもりから受け取った体積仕事 $-W_{①}$ は

$$-W_{①} = -W_{1\to2③} - W_{2③\to2①} = 0.26\,nRT_1 + 0.04\,nRT_1 = 0.30\,nRT_1 \tag{3.2.40}$$

となり，すでに求めた体積仕事と等しい．またトータルとしての内部エネルギー変化 $\Delta U_{①}$ は，

$$\Delta U_{①} = \Delta U_{1\to2③} + \Delta U_{2③\to2①} = -0.36\,nRT_1 + 0.06\,nRT_1 = -0.30\,nRT_1 \tag{3.2.41}$$

となり，断熱過程であるから，トータルとして

$$\Delta U_{①} = W_{①} \tag{3.2.42}$$

が成立していることも確かめられた．

このように，過程①においても，系が状態方程式を満たしながら変化すると仮

定すれば，系（内圧）が行った体積仕事を求めることができる．そして準静的過程③と異なる終状態に到達する理由は，内圧と外圧の差によっておもりの巨視的な運動エネルギーが生じるためである．その巨視的な運動エネルギーが微視的運動エネルギーに散逸されて系に蓄積され，それが定圧膨張を引き起こし，温度上昇と体積膨張を生じると過程①の終状態と同じ状態が実現する．断熱なので散逸されたエネルギーを外部に放出できないため，このようなことが起こったのである．過程②についても同様の議論が可能であるが，ポアソンの式に従う断熱膨張と定圧膨張を2回考慮する必要があり，煩雑になるので省略する．しかし，終状態が過程③と異なるその本質は，内圧と外圧の差によって生じるおもりの巨視的な運動エネルギー → 微視的運動エネルギーへの散逸であることは理解されたい．また，理想気体の断熱真空膨張のようなおもりのない場合については，3.7節で考察する．

3.3 内部エネルギーが変化しない場合（理想気体では等温変化）の検討

本節では，変化の前後で内部エネルギーが変化しない場合を考えよう．断熱過程と異なり，等温変化では，熱を系と外界とでやりとりすることが可能である．

具体例として，単原子理想気体の等温変化を考えよう．前節と同じように，物質量 n モルの単原子理想気体が，今度は熱を通す壁でつくられたシリンダーに入れられている状況を考える．前節と異なるのは，壁が熱を通すことである．まず，気体の圧力は P_1，体積は V_1 とする．また，外界の温度を T として，気体が状態変化しているあいだも，外界はつねに温度 T を保つとする．つまり，最初の状態を状態1として，状態1は（物質量,圧力,体積,温度）$= (n, P_1, V_1, T)$ で与えられる．封入されているので，物質量 n は変化しないし，外界の温度 T はつねに一定なので，平衡状態における系の温度も T である．そのため，断熱過程と異なり，圧力，あるいは体積のどちらかが決まれば，状態が一意的に定められる．そのため，以下では圧力と体積のみで状態を表す．

状態1 (P_1, V_1) から，おもりを取り除いて圧力を半分の $P_1/2$，体積を倍にした状態2 $(P_2 = P_1/2, V_2 = 2V_1)$ へ変化させるときを考える（理想気体の状態方程式より，$P_1V_1 = P_2V_2 = nRT$ である）（**図3.7**）．状態1から状態2への変化のさせ方，つまりおもりの取り除き方は，一つだけではなく，さまざまな経路がある．ここでも，次の三つの経路を考えよう．

① 状態1 (P_1, V_1) から，外圧が $P_1/2$ になるように，必要量のおもりを1回で取

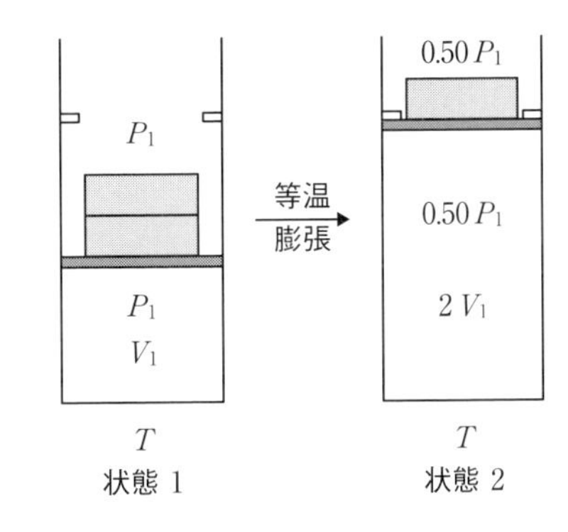

図 3.7 単原子理想気体の等温膨張

り除き状態 2 ($P_2 = P_1/2, V_2 = 2V_1$) にする．

② 状態 1 (P_1, V_1) から，まず外圧が $2P_1/3$ になるように，必要量のおもりを 1 回で取り除き状態 3 ($P_3 = 2P_1/3, V_3 = 3V_1/2$) にする．さらにその状態 3 から，外圧が $P_1/2$ になるように，必要量のおもりを 1 回で取り除き状態 2 ($P_2 = P_1/2, V_2 = 2V_1$) にする．

③ 状態 1 (P_1, V_1) から，外圧が $P_1 - \mathrm{d}P$ になるように，おもりをごくわずか取り除き ($P_1 - \mathrm{d}P, V_1 + \mathrm{d}V$) にする．このとき $\mathrm{d}P$ がわずかなので，外圧と内圧はほぼつり合っていると近似できる．さらに外圧が $\mathrm{d}P$ だけ下がるように，わずかにおもりを取り除き膨張させる．これを繰り返し，最終的に状態 2 ($P_2 = P_1/2, V_2 = 2V_1$) にする．

また前節と同様，シリンダーにはストッパーがついていて，内圧と外圧の差によって生じるおもりの運動エネルギーは，ストッパーによって微視的な運動エネルギーとして散逸されるとする．つまり，① と ② のプロセスでは，おもりを取り除くとすんなりと膨張して，内圧と外圧がつり合って状態 2 になるとする．② のプロセスは二段階に膨張するが毎回すんなり状態が達成されるとする．さて，それぞれのプロセスで，おもりが外界にした体積仕事とそれに伴って系と外界でやりとりした熱，そして内部エネルギー変化を見ていこう．ただし本節の等温膨張では実効内圧のした体積仕事は考えず，おもりが外界にした体積仕事のみを考える．

① 状態 1 ($\boldsymbol{P_1, V_1}$) → 状態 2 ($\boldsymbol{P_2 = P_1/2, V_2 = 2V_1}$)：1 回のおもりの取り除き

系は膨張するので，外界はおもりから体積仕事を受け取ることになる．おもりは一気に取り除かれるので，気体が膨張している間，外界から系にかかる外圧 $P_{外}$ はつねに $P_{外} = P_1/2$ である．そのため，外界がおもりから受け取る体積仕事 $-W_{①}$ は

$$-W_{①} = \int_{V_1}^{V_2} P_{外}\,\mathrm{d}V = \int_{V_1}^{V_2} \frac{P_1}{2}\,\mathrm{d}V = \frac{P_1}{2}\int_{V_1}^{2V_1} \mathrm{d}V = \frac{P_1 V_1}{2} = 0.50\,nRT \tag{3.3.1}$$

となる（等温膨張では行きつく状態がおもりの取り除き方によらず同じなので，右下付きで過程を表した）．つまり，外界はおもりから $0.50\,nRT$ の体積仕事を受け取ったことになる（**図 3.8**）．一方，理想気体の内部エネルギーは温度のみの関数な

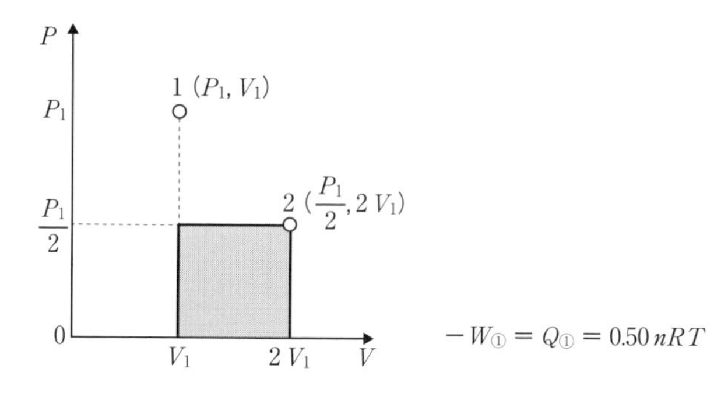

図 3.8　単原子理想気体の等温膨張　①1回でのおもりの取り除き

ので，$\Delta U_{①} = 0$ である．したがって，

$$Q_{①} = \Delta U_{①} - \int_{V_1}^{V_2} P_{\text{外界}}\,\mathrm{d}V = 0 + 0.50\,nRT = 0.50\,nRT \quad (3.3.2)$$

となり，$0.50\,nRT$ の熱量を外界から吸収する．内部エネルギーは変化しないので，系が熱 $Q_{①}$ を吸収して，それがそのまま外界がおもりから受け取る体積仕事 $-W_{①}$ に変換されている．

② 状態1 (P_1, V_1) → 状態3 $(P_3 = 2P_1/3, V_3 = 3V_1/2)$ → 状態2 $(P_2 = P_1/2, V_2 = 2V_1)$：2回のおもりの取り除き

二段階に分けて考える．まず，状態1 (P_1, V_1) から状態3 $(P_3 = 2P_1/3, V_3 = 3V_1/2)$ に膨張したときに，外界が受け取る体積仕事 $-W_{②,1\to3}$ は次式で求められる．

$$-W_{②,1\to3} = \int_{V_1}^{V_3} P_{\text{外}}\,\mathrm{d}V = \int_{V_1}^{V_3} \frac{2}{3}P_1\,\mathrm{d}V = \frac{2}{3}P_1\int_{V_1}^{\frac{3}{2}V_1}\mathrm{d}V = \frac{2}{3}P_1\left(\frac{3}{2}V_1 - V_1\right)$$
$$= \frac{P_1V_1}{3} = \frac{nRT}{3} \quad (3.3.3)$$

右下付きの「②,1→3」は，過程②で状態1から3への変化を考えていることを示す．このとき，系が吸収した熱 $Q_{②,1\to3}$ は，

$$Q_{②,1\to3} = \Delta U_{②,1\to3} - \int_{V_1}^{V_2} P_{\text{外}}\,\mathrm{d}V = 0 + \frac{P_1V_1}{3} = \frac{nRT}{3} \quad (3.3.4)$$

となる．引き続いて，状態3 $(P_3 = 2P_1/3, V_3 = 3V_1/2)$ から状態2 $(P_2 = P_1/2, V_2 = 2V_1)$ への変化に対して外界がおもりから受け取る体積仕事 $-W_{②,3\to2}$ と系が吸収する熱 $Q_{②,3\to2}$ は

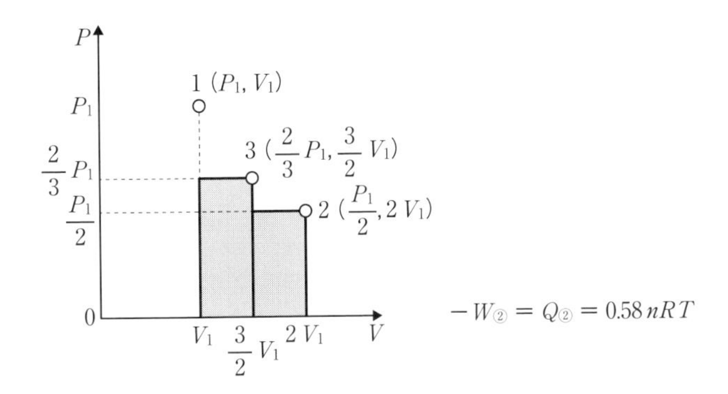

図 3.9　単原子理想気体の等温膨張　②2回でのおもりの取り除き

$$
-W_{②,3\to2} = \int_{V_3}^{V_2} P_{外}\,\mathrm{d}V = \int_{V_3}^{V_2} \frac{P_1}{2}\,\mathrm{d}V = \frac{P_1}{2}\int_{\frac{3}{2}V_1}^{2V_1} \mathrm{d}V = \frac{P_1}{2}\left(2V_1 - \frac{3}{2}V_1\right)
$$

$$
= \frac{P_1V_1}{4} = \frac{nRT}{4} \tag{3.3.5}
$$

$$
Q_{②,3\to2} = \Delta U - \int_{V_1}^{V_2} P_{外}\,\mathrm{d}V = 0 + \frac{P_1V_1}{4} = \frac{nRT}{4} \tag{3.3.6}
$$

となる．結局，トータルで外界が受け取る体積仕事 $-W_{②}$ と系が吸収する熱 $Q_{②}$ は

$$
-W_{②} = -W_{②,1\to3} - W_{②,3\to2} = \frac{nRT}{3} + \frac{nRT}{4} = \frac{7nRT}{12} = 0.58\,nRT \tag{3.3.7}
$$

$$
Q_{②} = Q_{②,1\to3} + Q_{②,3\to2} = \frac{P_1V_1}{3} + \frac{P_1V_1}{4} = \frac{7nRT}{12} = 0.58\,nRT \tag{3.3.8}
$$

となる（**図 3.9**）．一段階で膨張させた①と比べると

$$
-W_{②} = \frac{7\,nRT}{12}(= 0.58\,nRT) > -W_{①} = \frac{nRT}{2}(= 0.50\,nRT) \tag{3.3.9}
$$

$$
Q_{②} = \frac{7\,P_1V_1}{12}(= 0.58\,nRT) > Q_{①} = \frac{nRT}{2}(= 0.50\,nRT) \tag{3.3.10}
$$

となる．まず，膨張のさせ方によって，体積仕事と熱が異なることもわかる．そして，一段階で膨張させた①の場合よりも，二段階で膨張させた②の場合の方が，外界がおもりから受け取った体積仕事が大きいことがわかる．それに対して，内部エネルギー変化は変わらずゼロである．

③　状態 1 (P_1, V_1) → 状態 2 $(P_2 = P_1/2, V_2 = 2V_1)$：無限回のおもりの取り除き

この過程は，外圧と内圧がいつもほぼ等しいと近似してよい状況，すなわち準静的変化である．この過程では，少し膨張するたびに平衡状態を保つので，変化の過

程でつねに理想気体の状態方程式を満たすと近似できる．すなわち，

$$P_{外} \cong P_{系} = \frac{nRT}{V} \tag{3.3.11}$$

であるから，外界がおもりから受け取る体積仕事 $-W_{③}$ は，系がおもりに行う体積仕事 $-W_{③,内}$ に等しく，

$$-W_{③} = \int_{V_1}^{V_2} P_{外}\mathrm{d}V = \int_{V_1}^{V_2} P_{系}\mathrm{d}V = \int_{V_1}^{V_2} \frac{nRT}{V}\mathrm{d}V = nRT\int_{V_1}^{2V_1}\frac{\mathrm{d}V}{V}$$

$$= nRT[\ln V]_{V_1}^{2V_1} = nRT\ln\frac{2V_1}{V_1} = nRT\ln 2 = 0.69\,nRT \tag{3.3.12}$$

であり，系が吸収する熱 $Q_{③}$ は

$$Q_{③} = \Delta U_{③} - \int_{V_1}^{V_2} P_{外}\mathrm{d}V = 0 + 0.69\,P_1V_1 = 0.69\,nRT \tag{3.3.13}$$

となる（**図3.10**）．① および ② と比べると

$$-W_{③} = 0.69\,nRT > -W_{②} = \frac{7\,nRT}{12}(= 0.58\,nRT) > -W_{①}$$

$$= \frac{nRT}{2}(= 0.50\,nRT) \tag{3.3.14}$$

$$Q_{③} = 0.69\,nRT > Q_{②} = \frac{7\,nRT}{12}(= 0.58\,nRT) > Q_{①} = \frac{nRT}{2}(= 0.50\,nRT) \tag{3.3.15}$$

となる．

状態1から2への体積膨張変化に際して，等温膨張なので，理想気体の性質より，$PV =$ 一定 の線を越えて圧力が大きくなることはない．そして，膨張するためには，必ず外圧は内圧よりも小さくないといけない．そのため，縦軸に外圧をとった変化を表すプロットでは，**図3.10** の ③ の変化以上の面積が得られることは

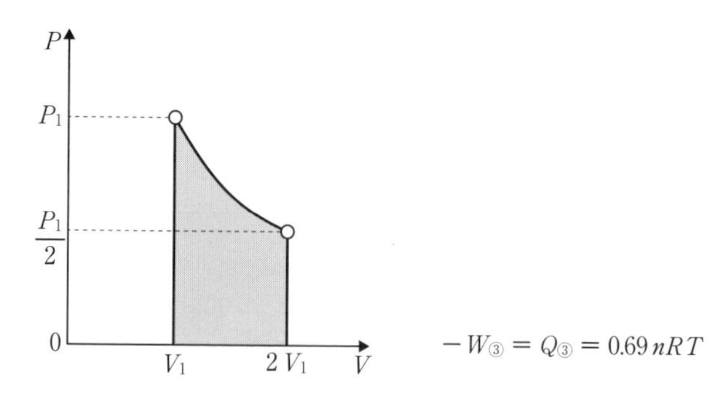

図3.10　単原子理想気体の等温膨張　③ 無限回でのおもりの取り除き

ない．つまり，膨張のためには外圧は内圧よりも小さくなくてはならないこと，および等温過程なので $PV=$ 一定 の線を越えられないことを合わせると，③の準静的変化の場合が，外界がおもりから受け取りうる最大の体積仕事を与えることがわかる．つまり，外圧をほぼ内圧と等しく保ち（まったく等しいと膨張しないのでごくわずか外圧を下げる），時間をかけてゆっくりと膨張させるときに，外界はおもりから最大の体積仕事を得ることができる．逆に言うと，状態1から2への等温変化に対して，系は $0.69\,nRT$ だけの体積仕事をなしうる能力を持っているといってよい．等温膨張において，理想気体の内部エネルギーは変化しないので，系は外界から熱を受け取って，それを体積仕事に変換している．言い換えると，理想気体の等温準静的変化の場合に，系が外界から熱を受け取って，それを外界に対して行う体積仕事に変えるその変換量が最大になるといってよい．

3.4 熱の仕事への継続的変換

本節では，継続的に力学的仕事を取り出すことを考えよう．仕事という物質の移動は，継続的に行ってこそ，われわれにとって有用である．そもそも熱力学第一法則が存在しているため，無から力学的仕事を取り出すことはできない．それを“第一種永久機関は存在しない”と表現することもある．(2.3.6) 式によれば，外界がおもりを通して，系から力学的仕事を受け取るためには，系の内部エネルギーを減少させて力学的仕事に変換するか（典型例が理想気体の断熱変化），熱を力学的仕事に変換させるか（典型例が理想気体の等温変化）しかない．内部エネルギーは状態量であるから，継続的に減少させ続けることはできない．状態を継続的にずっと変化させ続けなければならないためである．しかし，熱は作用量であるから，熱を継続的に力学的仕事に変換させることは，原理的に可能である [*4]．

熱の体積仕事への変換は，たとえば理想気体の等温変化で行われる．前節での詳細な考察により，準静的過程が，外界がおもりから受け取る体積仕事が最も大きく，それにともなって系が吸収する熱量も最も大きいことがわかった．しかし，これは量の話であって，効率の話ではない．理想気体の等温過程では，つねに

$$-W_{\text{力学}} = Q$$

＊4 もちろん，内燃機関は，化石燃料を連続的に燃焼させ，その内部エネルギーの減少を熱に変え，その熱を継続的に仕事に変換している．つまり大元は化石燃料の内部エネルギーの減少であるが，仕事に変換される直前だけ見ると，熱になっている．

が成立する．これは，等温であればどのような過程であろうと，系が外界から吸収した熱量Qは100％の効率で，外界がおもりから受け取る力学的仕事$-W_{力学}$に変換されることを示している．それでは，理想気体の等温過程であれば，熱を継続的に力学的仕事に変換できるのだろうか．「継続的に」ということが重要である．3.3節で取り扱った等温過程は，等温膨張にすぎない．膨張して，外界はおもりから体積仕事を受け取ったのはいいのだが，それは一回きりであって，「継続的に」受け取ってはいないのである．熱も力学的仕事も，系の状態量ではなく，系と外界のあいだでやりとりされる作用量である．つまり，熱と力学的仕事への変換は，系，たとえば理想気体を仲立ちとして，外界の熱溜めと外界の仕事溜めの間の変換を考えることに等しい．理想気体は仲立ちであって，熱を力学的仕事に変換する「作業をする物質」という意味で，**作業物質**と呼ばれる．外界の熱溜めと仕事溜めの間の変換であるので，作業物質に影響が残ってはならない．しかしながら，実際に熱を受け取って体積仕事をするのは，作業物質の体積膨張であり，それが継続的に変換されるためには，作業物質の状態はもとに戻っていなければならない．すなわち，膨張過程だけではなく，圧縮過程も必要となる．そこで，次節では，理想気体の等温圧縮過程を考えてみよう．

3.5 理想気体の等温圧縮過程

3.3節では，物質量nモルの理想気体を温度Tで，状態1(P_1, V_1)から状態2$(P_2 = P_1/2, V_2 = 2V_1)$へ膨張させた．本節では，状態2から1へ戻す圧縮過程を考えよう（**図3.11**）．圧縮過程では，ピストンにおもりを載せることになる．膨張させる際のおもりを取り外す回数は①は1回，②は2回，③は無限回であった．そこで，おもりを載せる回数も同じにしてもとに戻してみる．つまり，$①^{-1}$は1回，$②^{-1}$は2回，$③^{-1}$は無限回とする．おもりの取り除き方が膨張のときと同じなので，右上に-1をつけて過程を表すこととした．ただし①と$①^{-1}$は1回でおもりを取り除いたという意味で逆なだけで，これから見るように$①^{-1}$は①の経路を逆に変化するものではない．

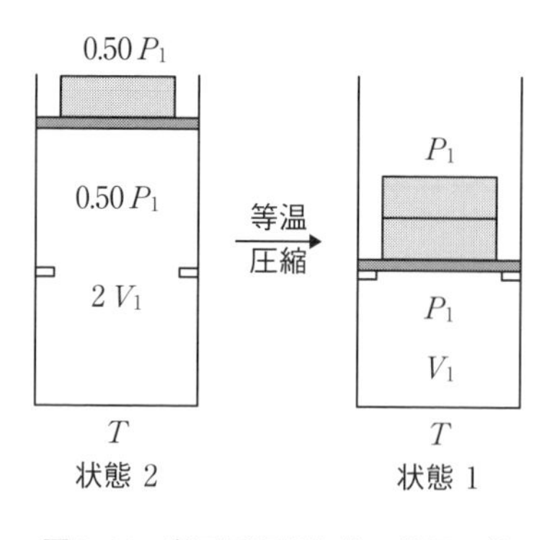

図3.11　単原子理想気体の等温圧縮

膨張する場合と異なるのは，膨張の際には内圧が外圧よりも大きいことが必要であるが，圧縮は外圧が内圧よりも大きくないと起こらない点である．そうすると，それぞれの経路は以下のようになる．

①$^{-1}$：状態2 $(P_2 = P_1/2, V_2 = 2V_1)$ から，外圧が P_1 になるように，必要量のおもりを1回で載せて，状態1 (P_1, V_1) にする．

②$^{-1}$：状態2 $(P_2 = P_1/2, V_2 = 2V_1)$ から，まず外圧が $2P_1/3$ になるように，必要量のおもりを1回で載せて状態3 $(P_3 = 2P_1/3, V_2 = 3V_1/2)$ にする．さらにその状態3から，外圧が P_1 になるように，必要量のおもりを1回で載せて，状態1 (P_1, V_1) にする．

③$^{-1}$：状態2 $(P_2 = P_1/2, V_2 = 2V_1)$ から，外圧が $P_2 + \mathrm{d}P$ になるように，おもりをごくわずか載せて $(P_2 + \mathrm{d}P, V_2 - \mathrm{d}V)$ にする．このとき $\mathrm{d}P$ がわずかなので，外圧と内圧はほぼつり合っていると近似できる．さらに外圧が $\mathrm{d}P$ だけ上がるように，わずかにおもりを載せて圧縮させる．これを繰り返し，最終的に状態1 (P_1, V_1) にする（準静的過程）．

ただし圧縮の場合も，膨張時と同じくシリンダーには体積 V_1 で静止するようにストッパーがついていて，内圧と外圧の差によって生じるおもりの巨視的な運動エネルギーは，ストッパーとの衝突によって，系を構成する原子や分子の微視的な運動エネルギーとして散逸されるとする．

まず①$^{-1}$を考えてみよう（**図3.12**）．外界がおもりに対して行った体積仕事 $W_{①^{-1}}$ は

$$W_{①^{-1}} = -\int_{V_2}^{V_1} P_{外}\,\mathrm{d}V = -\int_{V_2}^{V_1} P_1\,\mathrm{d}V = -P_1\int_{2V_1}^{V_1}\mathrm{d}V = P_1V_1 = nRT \tag{3.5.1}$$

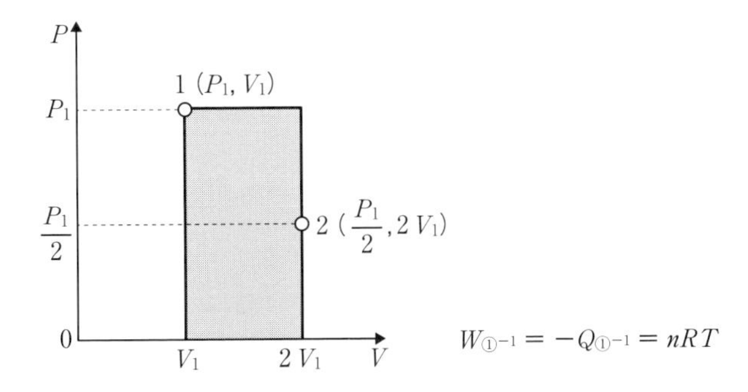

図3.12　単原子理想気体の等温圧縮　①1回でおもりを載せる

である．等温過程であるから，

$$\Delta U_{①^{-1}} = W_{①^{-1}} + Q_{①^{-1}} = 0 \tag{3.5.2}$$

なので（これはいずれの過程でも成り立つ），外界と系とのやりとりで系が外界から受け取った熱 $Q_{①^{-1}}$ は

$$Q_{①^{-1}} = \Delta U_{①^{-1}} - W_{①^{-1}} = 0 - nRT = -nRT \tag{3.5.3}$$

である．

次に②$^{-1}$を考えてみよう（**図3.13**）．二段階に分けて考える．まず，状態2 ($P_2 = P_1/2, V_2 = 2\,V_1$) から状態3 ($P_3 = 2\,P_1/3, V_2 = 3\,V_1/2$) に圧縮したときの，外界が系に行った体積仕事 $W_{②^{-1},2\to3}$ を考える．

$$\begin{aligned} W_{②^{-1},2\to3} &= -\int_{V_2}^{V_3} P_{外}\,\mathrm{d}V = -\int_{V_2}^{V_3} \frac{2}{3}P_1\,\mathrm{d}V = -\frac{2}{3}P_1\int_{2V_1}^{\frac{3}{2}V_1}\mathrm{d}V \\ &= -\frac{2}{3}P_1\left(\frac{3}{2}V_1 - 2V_1\right) = \frac{P_1V_1}{3} = \frac{nRT}{3} \end{aligned} \tag{3.5.4}$$

このとき，系が外界から受け取った熱 $Q_{②^{-1},2\to3}$ は，

$$Q_{②^{-1},2\to3} = \Delta U_{②^{-1},2\to3} - W_{②^{-1},2\to3} = 0 - \frac{P_1V_1}{3} = -\frac{nRT}{3} \tag{3.5.5}$$

となる．引き続いて，状態3 ($P_3 = 2P_1/3, V_2 = 3\,V_1/2$) から状態1 ($P_1, V_1$) への変化に対して外界が行った体積仕事 $W_{②^{-1},3\to1}$ と系が外界から受け取った熱 $Q_{②^{-1},3\to1}$ は

$$\begin{aligned} W_{②^{-1},3\to1} &= -\int_{V_3}^{V_1} P_{外}\,\mathrm{d}V = -\int_{V_3}^{V_1} P_1\,\mathrm{d}V = -P_1\int_{\frac{3}{2}V_1}^{V_1}\mathrm{d}V = -P_1\left(V_1 - \frac{3}{2}V_1\right) \\ &= \frac{P_1V_1}{2} = \frac{nRT}{2} \end{aligned} \tag{3.5.6}$$

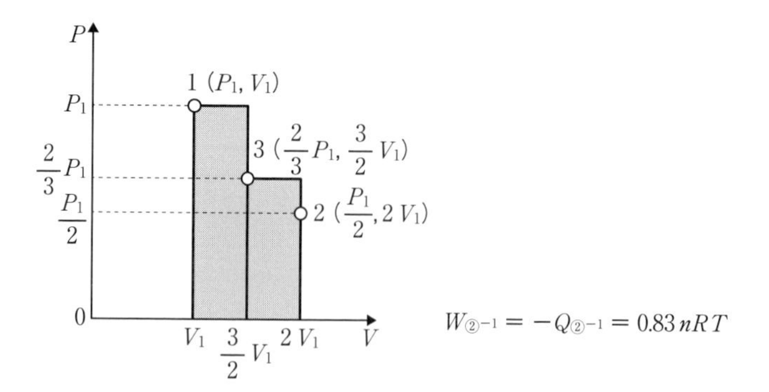

図3.13　単原子理想気体の等温圧縮　②2回でおもりを載せる

$$Q_{②^{-1},3\to1} = \Delta U_{②^{-1},3\to1} - W_{②^{-1},3\to1} = 0 - \frac{P_1V_1}{2} = -\frac{nRT}{2} \qquad (3.5.7)$$

となる．結局，トータルで外界が系に行った体積仕事 $W_{②^{-1}}$ と系が外界から受け取った熱 $Q_{②^{-1}}$ は

$$W_{②^{-1}} = W_{②^{-1},2\to3} + W_{②^{-1},3\to1} = \frac{nRT}{3} + \frac{nRT}{2} = \frac{5\,nRT}{6} = 0.83\,nRT \qquad (3.5.8)$$

$$Q_{②^{-1}} = Q_{②^{-1},2\to3} + Q_{②^{-1},3\to1} = -\frac{nRT}{3} - \frac{nRT}{2} = -\frac{5\,nRT}{6} = -0.83\,nRT \qquad (3.5.9)$$

となる．

一段階で膨張させた ① と比べると

$$W_{②^{-1}} = \frac{5\,nRT}{6}\,(= 0.83\,nRT) < W_{①^{-1}} = nRT \qquad (3.5.10)$$

$$Q_{②^{-1}} = -\frac{5\,nRT}{6}\,(= -0.83\,nRT) > Q_{①^{-1}} = -nRT \qquad (3.5.11)$$

となり，外界がおもりに行う体積仕事量は少なく，外界が系から受け取る熱量も少なくなっていることがわかる．これは回数を2回に増やしたので，状態2から1に変化させるために，外界がおもりに対して行う体積仕事が減ったことを示している．

③$^{-1}$ も同様に考えよう（**図3.14**）．外界がおもりに対して行った体積仕事 $W_{③^{-1}}$ は

$$\begin{aligned} W_{③^{-1}} &= -\int_{V_2}^{V_1} P_{外}\,\mathrm{d}V = -\int_{V_2}^{V_1} P_{系}\,\mathrm{d}V = -\int_{V_2}^{V_1} \frac{nRT}{V}\,\mathrm{d}V \\ &= -nRT\int_{2V_1}^{V_1} \frac{\mathrm{d}V}{V} = 0.69\,nRT \end{aligned} \qquad (3.5.12)$$

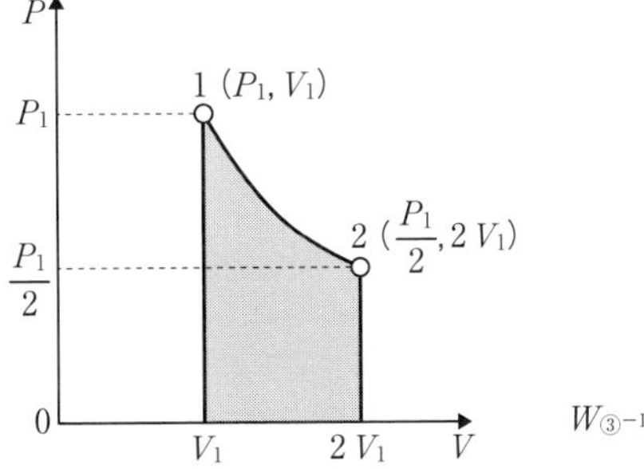

図3.14　単原子理想気体の等温圧縮　③ 無限回でおもりを載せる

であり，系が外界から受け取った熱 $Q_{③^{-1}}$ は

$$Q_{③^{-1}} = \Delta U_{③^{-1}} - W_{③^{-1}} = 0 - 0.69\,nRT = -0.69\,nRT \qquad (3.5.13)$$

となる．①$^{-1}$ および ②$^{-1}$ と比較すると，状態2から1へ戻すために必要な外界が与える仕事が，経路③$^{-1}$ で最も少なくなっていることがわかる．

また，この場合は，系がおもりから受けとった体積仕事 $W^{内}_{③^{-1}}$ は $0.69\,nRT$ であり，これは外界がおもりに対して行った体積仕事 $W_{③^{-1}}$ と等しく，$W_{③^{-1}}$ がすべて $W^{内}_{③^{-1}}$ になっている．そのため外圧と内圧の差が無限小になり，おもりは有限の速度では運動しないので，おもりの巨視的な運動エネルギーはゼロである．

$$W_{③^{-1}} - W^{内}_{③^{-1}} = Q_{散逸} = 0.69\,nRT - 0.69\,nRT = 0 \qquad (3.5.14)$$

つまり，エネルギーの散逸はなく，外圧がおもりに対してした体積仕事，すなわち系がおもりから受け取った体積仕事に等しい分の熱が，系から外界に移動するだけである．

ここで，経路①$^{-1}$ と経路③$^{-1}$ を比較して，なぜ①$^{-1}$ は③$^{-1}$ よりも体積仕事量が大きいのかを考察しておこう．言い換えると，①$^{-1}$ ではなぜ準静的過程の③$^{-1}$ で必要な最小の体積仕事 $W_{③^{-1}}$ 以上の仕事を与えなければならないのか，そしてその余分に与えた体積仕事はどうなったのかを考えることになる．本質は3.3節で説明した等温膨張と同じであり，それを圧縮という現象に適用すればよい．

圧縮なので，経路①$^{-1}$ では，外圧がつねに内圧よりも高い．つまり系側からピストンにかかる実効内圧 $P_{内}$ は，おもりからピストンにかかる外圧 $P_{外}$ よりも小さい．したがって，必ず $P_{内}\Delta V < -P_{外}\Delta V$ である．実効内圧がおもりからされる体積仕事 $P_{内}\Delta V$ と外圧がおもりにする体積仕事 $-P_{外}\Delta V$ の差は，摩擦および気体の慣性と粘性がなければおもりの巨視的な運動エネルギーになって現れるが，いまの条件では，最終的に微視的な運動エネルギーとして散逸され，運動のない状態1になる．すなわち，準静的過程③$^{-1}$ であれば，状態2から1に戻すために必要な体積仕事は $0.69\,nRT$ ですみ，系から外界に放出される熱量も同じ $0.69\,nRT$ ですむ．しかし経路①$^{-1}$ では，外圧と内圧に差を生じさせて圧縮したために，外界がおもりに対してした仕事とおもりが系に対してした仕事の間に差が生じた．その差は，摩擦および気体の慣性と粘性がなければおもりの巨視的な運動エネルギーに変換され，いまの場合は，おもりはストッパーで停止するので，最終的にすべて微視的な運動エネルギーとして散逸する．系が圧縮後に温度 T であるためには，この散逸したエネルギーを外界に放出する必要があるが，それは熱という形態になる．そして，系の圧力や温度が，圧縮過程のあいだ，どのような値になろうとも，散逸した

エネルギーを加えてトータル nRT を熱として外界に放出することになる．これが，経路①$^{-1}$ で外界がおもりに対して行う仕事が大きく，それにともなって系が放出する熱量が多くなる理由である．

3.6 理想気体の等温膨張-圧縮過程 — 準静的・可逆変化と不可逆変化

3.3節で理想気体の等温膨張を，3.5節で等温圧縮を考えてきた．本節では等温膨張と等温圧縮を合わせて考えてみよう．

まず，状態1 (P_1, V_1) にある物質量 n モルの理想気体を，温度 T で等温膨張させて状態2 $(P_2 = P_1/2, V_2 = 2\,V_1)$ にする．その方法として三つ考えた (3.3節参照)．

①：おもりを1回で取り除く．

②：おもりを2回に分けて取り除く．

③：おもりを無限回に分けて少しずつ取り除く．

状態2 $(P_2 = P_1/2, V_2 = 2\,V_1)$ から圧縮して状態1 (P_1, V_1) に戻す過程も三つ考えた (3.5節参照)．

①$^{-1}$：おもりを1回で載せる．

②$^{-1}$：おもりを2回に分けて載せる．

③$^{-1}$：おもりを無限回に分けて少しずつ載せる．

膨張と圧縮の組み合わせは9通りあるが，ここではまず，①→①$^{-1}$，②→②$^{-1}$，③→③$^{-1}$ の組み合わせでもとの状態に戻すことを考えよう．いずれの場合も，すでに体積仕事や外界とやりとりした熱を求めてあるので，それらを符号も含めて，**表3.2** にまとめた．ここで重要なのは，いずれも系 (気体) はもとの状態1に戻るということである．したがって，系に経路の違いの影響は残らない．

①→①$^{-1}$ の場合は，膨張過程① で外界はおもりから $0.50\,nRT$ の体積仕事を受け取り，外界から系に $0.50\,nRT$ の熱が移動している．そして，圧縮過程①$^{-1}$ で，外界は nRT の体積仕事を行い，外界は nRT の熱を受け取っている．全体を外界から見ると，① で外界はおもりから $0.50\,nRT$ の体積仕事を受け取ったのだが，もとに戻すために①$^{-1}$ で，おもりに nRT の体積仕事を行っている．つまり，正味 $0.50\,nRT$ 体積仕事を，外界はおもりに行っている．系はもとの状態に戻ったのだから，その体積仕事は系内に蓄積されたわけではない．それは熱の出入りに反映されており，① で外界から系に $0.50\,nRT$ の熱が移動したのだが，①$^{-1}$ では系から外界へそれ以上の nRT もの熱が移動している．つまり，トータルとして外界へは

表 3.2　単原子理想気体の等温膨張－圧縮過程の比較

等温膨張	W	Q	Q の ③ との差
①	$-0.50\,nRT$	$0.50\,nRT$	$0.19\,nRT$
②	$-0.58\,nRT$	$0.58\,nRT$	$0.11\,nRT$
③	$-0.69\,nRT$	$0.69\,nRT$	0

等温圧縮	W	Q	Q の ③ との差
$①^{-1}$	$1.00\,nRT$	$-1.00\,nRT$	$0.31\,nRT$
$②^{-1}$	$0.83\,nRT$	$-0.83\,nRT$	$0.14\,nRT$
$③^{-1}$	$0.69\,nRT$	$-0.69\,nRT$	0

膨張 → 圧縮	W	Q	Q の ③ との差の和
① → $①^{-1}$	$0.50\,nRT$	$-0.50\,nRT$	$0.50\,nRT$
② → $②^{-1}$	$0.25\,nRT$	$-0.25\,nRT$	$0.25\,nRT$
③ → $③^{-1}$	0	0	0

$0.50\,nRT$ の熱が移動したことになる．まとめてみると，圧縮過程 $①^{-1}$ で外界がおもりに行った体積仕事 nRT のうち，$0.50\,nRT$ 分が，熱になって戻ってきたということになる．この，いつのまにか増加したように見える $0.50\,nRT$ 分は，膨張過程と圧縮過程において，外圧と内圧の差によって生じたおもりの巨視的な運動エネルギーが，系を構成する微視的な運動エネルギーに散逸された合計に対応する．

② → $②^{-1}$ の場合は，膨張過程 ② で外界はおもりから $0.58\,nRT$ の体積仕事を受け取り，外界から系に $0.58\,nRT$ の熱が移動している．そして，圧縮過程 $②^{-1}$ で，外界はおもりに $0.83\,nRT$ の体積仕事を行い，外界は $0.83\,nRT$ の熱を受け取っている．全体を外界から見ると，② で外界はおもりから $0.58\,nRT$ の体積仕事を受け取ったのだが，もとに戻すために $②^{-1}$ で，$0.83\,nRT$ の体積仕事をおもりに対して行っている．つまり，その差にあたる正味 $0.25\,nRT$ の体積仕事を，外界はおもりに行ったことになる．この $0.25\,nRT$ の体積仕事が，おもりの巨視的な運動エネルギーとなり，それがストッパーで停止されることにより，微視的な運動エネルギーとして散逸され，熱として外界に戻ってくるのである．つまり，② → $②^{-1}$ で，気体（系）の状態はすべてもとに戻ったのであるが，外界には影響が残っており，外界が持っていた $0.25\,nRT$ の体積仕事をなしうる能力が，等量の熱に変換されてしまったのである．

③ → $③^{-1}$ の場合は，膨張過程 ③ で外界はおもりから $0.69\,nRT$ の体積仕事を受

け取り，外界から系に $0.69\,nRT$ の熱が移動している．そして，圧縮過程③$^{-1}$で，外界はおもりに $0.69\,nRT$ の体積仕事を行い，外界は $0.69\,nRT$ の熱を受け取っている．全体を外界から見ると，③で外界はおもりから $0.69\,nRT$ の体積仕事を受け取り，もとに戻すために③$^{-1}$で，$0.69\,nRT$ の体積仕事をおもりに与えている．つまり，膨張過程でおもりから受け取った体積仕事と同じ量の体積仕事を，圧縮過程でおもりに行っていることになる．そのため結果として，③→③$^{-1}$の場合は系も外界もすべてがもとの状態に戻ることになる．このように，**系と外界のいずれももとの状態に戻りうる変化を可逆変化という**．③で状態1から状態2に変化しても，③$^{-1}$で完全にもとに戻すことができるし，それは③$^{-1}$で状態2から状態1に変化しても同じだからである．

それに対して，①，②の膨張過程，および①$^{-1}$，②$^{-1}$の圧縮過程は，系はもとの状態に戻りうるが，外界に影響が残ってしまい，どうしても外界を完全にもとに戻すことはできない．たとえば，③で状態1から2に膨張して，①$^{-1}$で状態2から1に圧縮するサイクルを考えてみよう（③→①$^{-1}$）．このサイクルは教育的である．③の準静的膨張では，系のなしうる最大仕事（$0.69\,nRT$）を，少しもおもりの運動エネルギーに変えることなく，外界に取り出している．それに対して，①$^{-1}$では，もとの状態1に戻すために，状態1から2の膨張で取り出しうる最大仕事（$0.69\,nRT$）以上の，nRT もの仕事を外界からおもりに与えてもとに戻している．それは外圧と内圧の差がそれだけ大きかったことに起因している．結局，その差はおもりの運動エネルギーに変換され，最終的には熱に（正確には熱溜めの内部エネルギーの増加分に）なってしまっている（その代わりに，状態1に戻すための時間が短くてすむというメリットはある）．このように，**系と外界を合わせて，すべてをもとに戻せない変化を不可逆変化という**．①,②,①$^{-1}$および②$^{-1}$は不可逆変化である．

これらの議論は，系をブラックボックスとみて，おもりの運動エネルギーを考えなくても容易に理解できる．つまり準静的過程では，膨張過程③で外界はおもりから $0.69\,nRT$ の体積仕事を受け取り，圧縮過程③$^{-1}$でおもりに同量の仕事を与えているので，外界に変化はない．他の過程では，膨張過程で外界はおもりから $0.69\,nRT$ より少ない仕事を受け取り，圧縮過程で $0.69\,nRT$ より多い仕事をおもりに与えている．したがって，膨張−圧縮の結果として，外界はおもりに仕事を与えていることになる．しかし膨張−圧縮の結果，おもりはもとの状態に戻っているので（おもりがもとの状態に戻ったということは，気体ももとに戻ったので），内部エネルギーに変化はなく，外界から仕事を受け取って変化してはいない．今の場合，他のエネルギーの変化はなく，全宇宙のエネルギーは一定であるから，外界の内部エネルギーも変化していない．したがって，外界がおもりに与えた仕事は，トータルとして熱に変換されて外界に戻ってくるしかないことがわかる．

3.7 準静的変化と可逆変化

ある変化が，可逆なのか不可逆なのかは，変化後に，あらためて系を変化前の状態に戻すことによって判断できる．どのような方法でもかまわないのだが，系も外界も含めてすべてを完全に変化前の状態に戻せるのであれば，その対象とする変化は可逆変化である．前節での議論より，③ の膨張過程も，$③^{-1}$ の圧縮過程も，いずれも可逆変化であることがわかった．①，② の膨張過程，および $①^{-1}$，$②^{-1}$ の圧縮過程は不可逆過程であるが，その違いは外圧と内圧に差があるかどうかであった．

しかしここで，外圧と内圧に差があることが，不可逆性の本質ではないということに注意しておきたい．つまり，外圧と内圧の差によっておもりに巨視的な運動エネルギーが生じても，そのことが直接，不可逆性を発現することにはならないのである．不可逆性の本質は，そのおもりの巨視的な運動エネルギーが，摩擦や衝突で原子や分子の微視的な運動エネルギーとして散逸してしまうことにある．それを，典型的な不可逆現象として知られている，理想気体の断熱真空膨張で考察しておこう．この現象は，のちにエントロピー生成を考察する際にも有用である．

同じ体積 V の円筒形の断熱容器を，移動可能な質量 m の仕切り板をあいだに挟んで接続しておく（**図3.15 (a)**）．仕切り板の面積，すなわち容器の接続方向の断面積を S とする．片方に n モルの単原子理想気体を，温度 T で封入し，圧力 P になったとする．このとき，

$$PV = nRT \tag{3.7.1}$$

が成立する．最初は仕切り板が移動しないようにストッパーで固定し，もう片方は真空で気体のない状態にしておく．この状態を 1 とするが，ストッパーを外さない限りこの状態は続くので，状態 1 (P, V, T) は平衡状態である．このとき，仕切り板には気体から $f = P \cdot S$ の力が加わっており，もう片方は真空なので，気体からかかる力と同じ力がストッパーからかかって静止している．さて，ストッパーを一気に外そう．すると仕切り板はつねに気体から力を受ける．移動中の仕切り板には摩

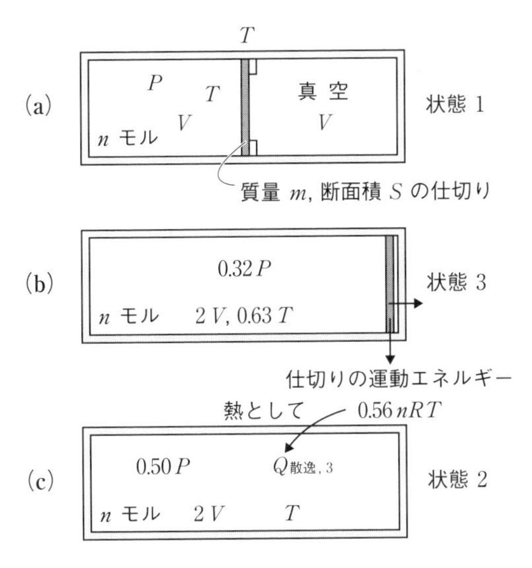

図 3.15　単原子理想気体の断熱真空膨張

擦がないとして，膨張している気体そのものの巨視的な運動は無視できるとすると，仕切り板は加速を続け，真空の方の容器の端にぶつかる直前に最大速度となる．仕切り板が容器の端にぶつかったとき，その巨視的な運動エネルギーは，すべて微視的な運動エネルギーに散逸されて止まる．その散逸したエネルギーをすべて気体が取り込んで，体積 $2V$ で平衡になった状態を 2 としよう．

気体は断熱膨張過程においても状態方程式を満たすと仮定すると，ポアソンの関係

$$PV^{\gamma} = \text{const.} \quad \text{または} \quad TV^{\gamma-1} = \text{const.} \quad \left(\gamma = \frac{5}{3}\right) \tag{3.7.2}$$

が成立する[*5]．そこで，断熱膨張して，仕切り板が端に当たる直前の状態を 3 とすると，状態 3 は $(0.32\,P, 2\,V, 0.63\,T)$ となる（**図 3.15 (b)**）．この状態 1 から状態 3 の膨張に際して，実効内圧（今の仮定では系の圧力に等しい）が仕切りにする体積仕事 $W_{1\to3}$ は，

$$W_{1\to3} = \frac{nR(T - 0.63\,T)}{\dfrac{5}{3} - 1} = 0.56\,nRT \tag{3.7.3}$$

となる．一方，もう片側は常に真空なので，気体を系とみなすと真空部分は外界に

＊5　繰り返しになるがこの仮定は，有限の速度の変化であっても，系は平衡状態を保ちながら変化したことになるので，実際には達成されないことはよく注意してほしい．

なり，外界はまったく仕事を受け取らない．つまり，外圧で定義される熱力学的仕事は0である．そのため，気体が仕切り板にする仕事は，すべて仕切り板の巨視的な運動エネルギー $mv^2/2$ に変化し，容器の端に衝突する寸前には

$$\frac{mv^2}{2} = 0.56\,nRT \tag{3.7.4}$$

となる（さきほどはおもりだったが，同じ役割を質量 m の仕切り板がするのである）．ストッパーで止められると，この巨視的な運動エネルギーがすべて原子や分子の微視的な運動エネルギーとして散逸されるが，それはあたかも系内で熱が発生したように観察されるので，これを $Q_{散逸,3}$ として，気体は

$$Q_{散逸,3} = 0.56\,nRT \tag{3.7.5}$$

の熱を状態3で受け取るとみなしてよい．この $Q_{散逸,3}$ を受け取る際に，体積は変化しないので，定積加熱に等しいとみなせる．定積加熱では $\Delta U = Q$ かつ，$\Delta U = (3/2)\,nR\Delta T$ より，

$$0.56\,nRT = \frac{3}{2}nR\Delta T \tag{3.7.6}$$

が成立するので，状態3からの温度変化分は $\Delta T = 0.37\,T$ となる．つまり，温度は $0.63\,T + 0.37\,T = T$ と，もとの状態1と同じ温度になり，体積は $2\,V$ で固定されているので，圧力は $0.50\,P$ となる．すなわち，状態2 $(0.50\,P, 2\,V, T)$ となる（**図3.15 (c)**）．これはいわゆるジュールの気体の真空膨張の実験と同じ結果となる．この一連の過程，状態1 (P, V, T) → 状態3 $(0.32\,P, 2\,V, 0.63\,T)$ → 状態2 $(0.50\,P, 2\,V, T)$ を，P-V 図で表すと**図3.16** となる．

いま考えた過程では，気体が真空の容器の方に膨張して体積 $2\,V$ になる直前で仕切り板の巨視的な運動エネルギーは最大になる．そして，$2\,V$ の状態2で容器の端に衝突して止まるために，微視的運動エネルギーに散逸されていた．その代わりに，その位置に，仕切り板と同じ質量 m で弾性衝突する物体Aを置いておこう（**図3.17 (a)**）．そうすると，ちょうど体積 $2\,V$ で，仕切り板は物体Aに衝突し，すべての巨視的な運動エネルギーを物体Aに与えて停止する．停止したら素早くストッパーで止めて，それ以上膨張しないようにしよう．その系の状態は状態3である．ここで，仕切り板の巨視的な運動エネルギーは，微視的な運動エネルギーとして散逸せず，その散逸したエネルギーを系に取り込んでいないので，状態2ではないことに注意しよう．重要なのは，仕切り板の巨視的な運動エネルギーが散逸されず，物体Aの巨視的な運動エネルギーになっていることである．

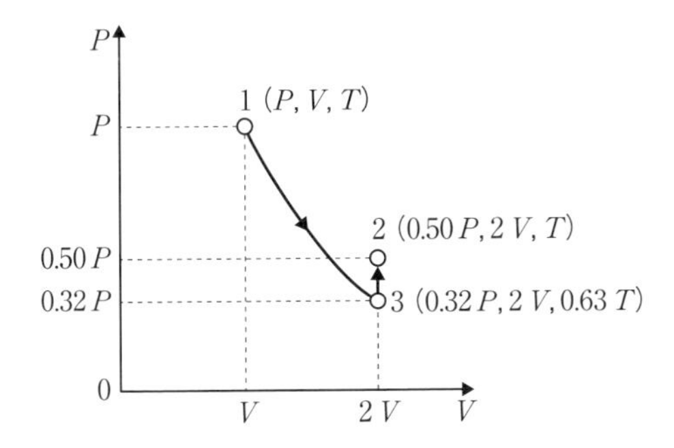

図 3.16　単原子理想気体の断熱真空膨張の仮想過程

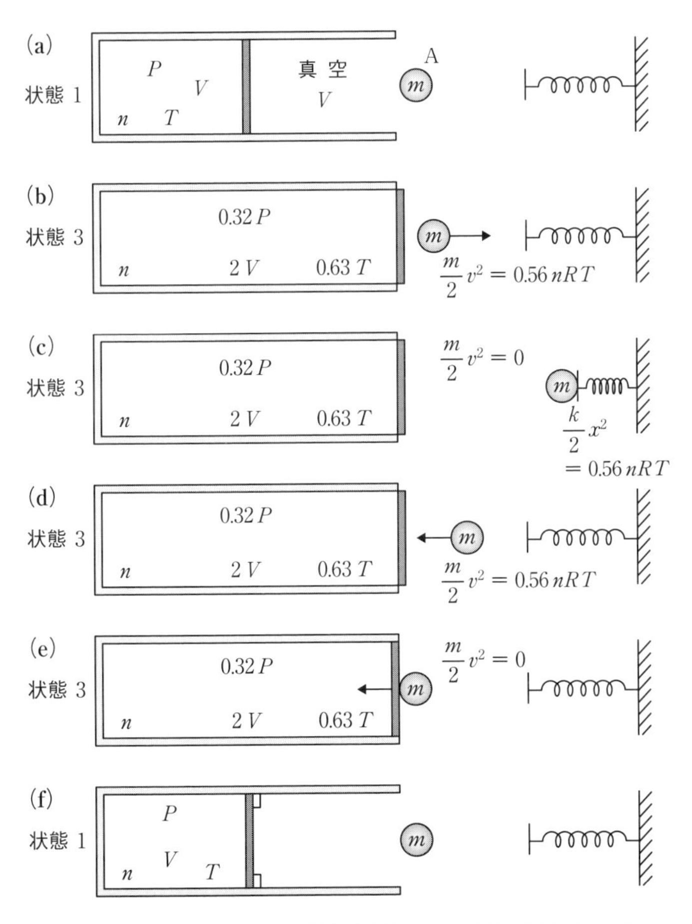

図 3.17　単原子理想気体の断熱真空膨張を可逆的に行わせる方法

そして，A は $2V$ の位置で $mv^2/2 = 0.56\,nRT$ の巨視的な運動エネルギーを持ち，仕切り板の代わりに同じ方向に等速で移動する（**図 3.17 (b)**）．その移動に際しても摩擦はないとして，それをバネに衝突させ，その巨視的な運動エネルギーをバネのポテンシャルエネルギーに変える．すると，いずれ巨視的な運動エネルギーがすべてバネのポテンシャルエネルギーに変換した位置で止まる（**図 3.17 (c)**）．そして次にバネは伸び始め，物体 A に巨視的な運動エネルギーを与えて逆方向に加速する．このバネとのやりとりでも摩擦がなければ，物体 A はバネに向かってきたときとまったく同じ速度で，方向だけ逆向きの運動を行う（**図 3.17 (d)**）．そして，容器の端で止まっている仕切り板に衝突して，仕切りは気体を圧縮していき（**図 3.17 (e)**），ちょうど体積 V で静止する．この一瞬静止する瞬間に仕切りをストッパーで固定し，状態を維持すれば，状態 1 に戻る（**図 3.17 (f)**）．このときは，仕切り板は一瞬静止している状態なので，巨視的な運動エネルギーは持っておらず，したがってエネルギーの散逸はない．

結局，系は状態 1 から状態 3 に変化し，もう一度状態 1 に戻ってきた．外圧と内圧に差があり，そのためにおもりに巨視的な運動エネルギーが生じたが，それは物体 A の巨視的な運動エネルギーに変換され，さらにいったん物体 A と衝突したバネのポテンシャルエネルギーに変わり，また物体 A の逆向きの巨視的な運動エネルギーに変わることになる．そして物体 A は膨張とは逆向きに仕切り板に衝突し，仕切り板が巨視的な運動エネルギーをもらい，状態 1 に至り，そこで止められる．この一連の変化では，エネルギーの散逸は起こらず，それがゆえに，すべてがもとに戻っている．つまり，理想気体の断熱真空膨張のように，仕切りの両側で圧力に差があるような変化であったとしても，それが不可逆性の原因になるとは限らないということがわかるだろう．準静的変化でなくても，原理的には可逆変化はありうるのだ．したがって，準静的過程，可逆過程と不可逆過程の関係は**図 3.18** のように表される．本書の定義では，準静的過程は必ず可逆過程になるが，可逆過程は準静的過程とは限らない．

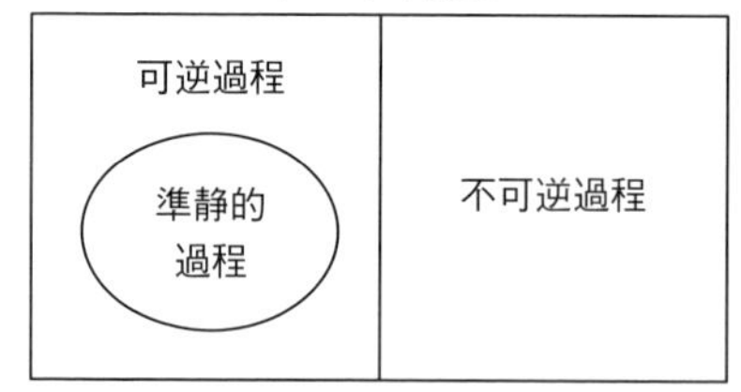

図 3.18　本書における準静的過程，可逆過程および不可逆過程の関係

ただし現実には，気体には慣性と粘性があり，膨張に際して気体の巨視的な運動エネルギーが生じ，それによって仕切り板の運動エネルギーは減少する．気体

の巨視的な運動エネルギーも，最終的には原子や分子の微視的な運動エネルギーとして散逸する．さらに物体の運動には，程度の差はあれ，必ず摩擦や非弾性衝突が生じる．すなわち，抵抗が存在する．まったく抵抗のない運動は地上には存在しない．したがって，仕切り板やおもりが有限の速さで運動すれば，それは必ず，微視的な運動エネルギーへの散逸をともなうことになる．微視的運動エネルギーとして散逸するということは，それが本質的な不可逆性をもたらしてしまうことにつながる．そのため，現実的に準静的でない可逆過程を，地上で実現することは極めて困難である．

また，化学熱力学は，平衡状態間の変化を対象とするので，準静的でない可逆過程を考察の対象とすることはほぼないといってよい．そのため，多くのテキストでは，「可逆過程」と「準静的過程」を等しいものとして扱っている．本書では，準静的過程は，系と外界の示強変数がほぼ等しく（$P_{外} \cong P_{系}$，$T_{外} \cong T_{系}$），かつ系が平衡状態を保ちながら変化する過程とする．それに対して，可逆過程は，とにかくすべてがもとに戻ればよい過程になるが，その中に，系と外界のパラメータはつり合っていないが，系は状態方程式を満たしながら変化する場合（本節で述べたような断熱過程でポアソンの式が成立する場合など）も含まれることとする[*6]．

3.8 カルノーサイクル

さて，理想気体の等温膨張−圧縮過程において，準静的な等温膨張が，外界がおもり（準静的なので系に等しい）から最大の体積仕事を得ることができ，準静的な等温圧縮が，外界がおもり（系）に与える仕事が最小となる．そして，その準静的な等温膨張−圧縮過程だけが，系にも外界にもまったく影響を残さないのであった．しかし，ある温度で準静的な膨張と圧縮を繰り返しても，その温度の等温線上を往復移動するのみで，系がもとの状態に戻ったときに，正味として熱が体積仕事に変換されることはない．われわれのそもそもの目的は，継続的な熱の力学的仕事への変換であるが，単一温度の膨張−圧縮では正味としての変換は起こしえないことがわかる．

＊6　系が状態方程式を満たしながら変化する場合は，系は平衡状態にあり，系自体は準静的変化を起こしていることになる．したがって，一般的には準静的過程と可逆過程を区別せず等しい過程として取り扱うのである．しかし本書では，不可逆過程を可逆過程で近似したいので，あえて準静的過程と可逆過程を区別して定義している．他書と混乱しないように，読者はよく注意していただきたい．

これに関して歴史的には，ワットの果たした役割が大きい．ワットは，蒸気機関の効率を向上させるためには，冷やすことが重要であることを見出した．つまり，継続的に熱を力学的仕事に変換するには，温度差が必要であることを，現実の熱機関の改良を通して見出したのである．

熱を体積仕事に変換したいので，等温過程は必須である．そのため，系（理想気体）を高温の熱源と接触させて，外界から熱を移動させ，それと当量の体積仕事を外界が受け取るようにする．このとき，変換量が最大になるように，準静的に行う．このまま同じ温度で圧縮しては意味がないので，より低温にしてから圧縮する．P-V 図と理想気体の状態方程式を思い出そう．等温変化では，$PV = 一定$ になり，さらに温度が高いほど，その温度に対応する P-V 曲線はより上方にくる．つまり，同じ体積変化をさせても，温度が高い方が圧力が高いので，外界はより多くの体積仕事を受け取る（圧縮の場合もより多くの体積仕事を必要とする）ことができる．この性質を利用する．

高温の熱源から熱を準静的に受け取り，それと同量の体積仕事をし，低温の熱源に熱を準静的に放出し，それと同量の体積仕事を受け取れば，それぞれの体積仕事の差が正味の体積仕事になる．ここで注意しておきたいのは，この段階ですでに圧縮するために，準静的ではあるが，等温で低温の熱源に熱を放出する過程を考慮していることである．高温の熱源から受け取った熱の一部を，低温の熱源に放出するプロセスを含むということは，すでに高温熱源から受け取った熱を 100 %仕事に変えることができないことを前提としている．つまり，これから**カルノーサイクル**の効率を求めるが，高温で受け取った熱を 100 %仕事に変換できないということは，証明されたのではなく，前提となるモデルに含まれている．

さて，サイクルを形成するためには，高温と低温を結ぶ必要がある．高温と低温のあいだを結ぶ変化は，原理的にはどのような過程でもかまわない．たとえば，P-V 図を一目見てわかりやすいのは，定積過程で結ぶことである（**図 3.19**）．しかし，定積過程を準静的に行うには，高温から低温までのあいだに，無限小の温度の異なる熱源を無限個考えないといけなくなり，複雑になる．そこで，準静的断熱過程で，高温と低温を結ぶことを考えよう．このとき，高温と低温はポアソンの関係で表される曲線によって結ばれる．P-V 図において，断熱線は等温線よりも傾きが急なため，必ず等温線を横切って通る．そのため，高温と低温の状態を結ぶことができる（**図 3.20**）．

ただし，断熱過程時にも体積変化をともなうので，系と外界は体積仕事のやりと

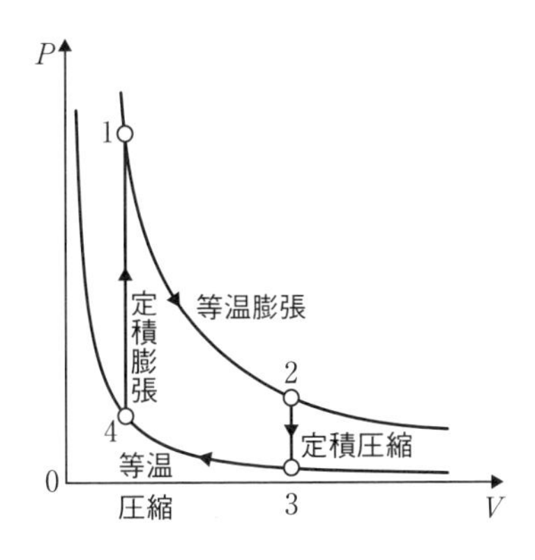

図 3.19 単原子理想気体の準静的等温過程と準静的定積過程からなるサイクル

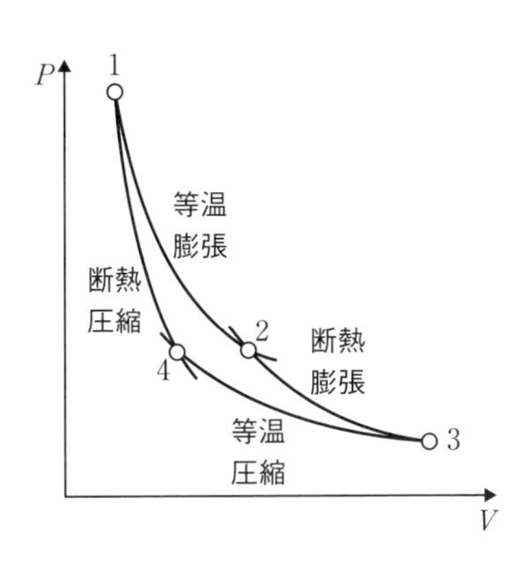

図 3.20 単原子理想気体の準静的等温過程と準静的断熱過程からなるサイクル

りをするため，定積よりも複雑になりそうである．しかし，実際には，断熱過程は $W_{力学} = \Delta U$ であり，理想気体の内部エネルギーは温度のみの関数であるから，準静的断熱膨張と準静的断熱圧縮にともなう体積仕事はちょうどキャンセルされ，結局，等温過程の熱と体積仕事のやりとりのみを考えればよいことになる（**図 3.21**）．

準静的等温過程と準静的断熱過程でつくられたプロセスは，**カルノーサイクル**と呼ばれている．カルノーサイクルは，次の四つの準静的過程からなる．状態 1 (P_1, V_1, T_H) → ［T_H（高温）での準静的等温膨張］→ 状態 2 (P_2, V_2, T_H) → ［$T_H \to T_L$（低温）への準静的断熱膨張］→ 状態 3 (P_3, V_3, T_L) → ［T_L での準静的等温圧縮］→ 状態 4 (P_4, V_4, T_L) → ［$T_L \to T_H$ への準静的断熱圧縮］→ 状態 1 (P_1, V_1, T_H) となり，もとの状態 1 に戻る（図 3.20 参照）．すべての過程が準静的なので，実効内圧と系の圧力

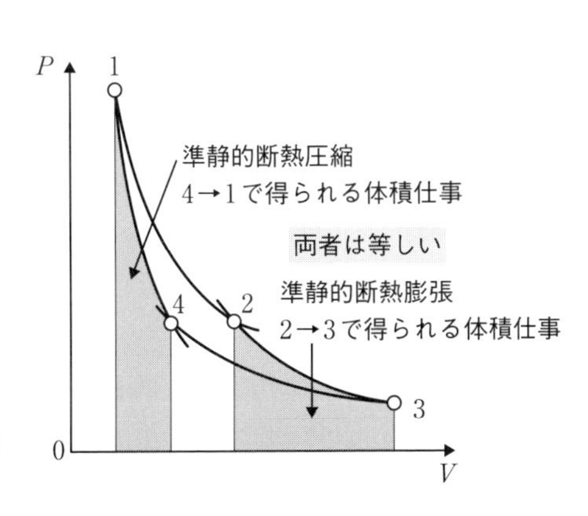

図 3.21 カルノーサイクルにおける準静的断熱過程の体積仕事の図示

は等しく，さらに実効内圧と外圧のした体積仕事は一致し，系内でエネルギーの散逸はいっさい生じない．そして，まったく逆向きの過程，状態 1 (P_1, V_1, T_H) → [T_H → T_L への準静的断熱膨張] → 状態 4 (P_4, V_4, T_L) → [T_L での準静的等温膨張] → 状態 3 (P_3, V_3, T_L) → [T_L → T_H への準静的断熱圧縮] → 状態 2 (P_2, V_2, T_H) → [T_H での準静的等温圧縮] → 状態 1 (P_1, V_1, T_H) によって，系も外界もすべてもとの状態に戻るので，カルノーサイクルは可逆サイクルである．それでは，カルノーサイクルの各過程での仕事や熱を求めてみよう．準静的過程なので，おもりを考えなくても，系がした（された）体積仕事は，外界がされた（した）体積仕事に等しいので，ここでは「おもりの」という表現を使わないことにする．

① 状態 1 ($\boldsymbol{P_1, V_1, T_H}$) → [$\boldsymbol{T_H}$ での準静的等温膨張] → 状態 2 ($\boldsymbol{P_2, V_2, T_H}$)

この過程で，系が受け取る体積仕事を $W_{1\to2}$（外界が受け取る体積仕事は $-W_{1\to2}$），系が受け取った熱量を $Q_{1\to2}$ とすると，

$$
\begin{aligned}
W_{1\to2} &= -\int_{V_1}^{V_2} P_{外}\,\mathrm{d}V = -\int_{V_1}^{V_2} P_{系}\,\mathrm{d}V = -\int_{V_1}^{V_2} \frac{nRT_H}{V}\,\mathrm{d}V \\
&= -nRT_H \ln\frac{V_2}{V_1} = -Q_{1\to2}
\end{aligned}
\tag{3.8.1}
$$

となる．

② 状態 2 ($\boldsymbol{P_2, V_2, T_H}$) → [$\boldsymbol{T_H \to T_L}$ への準静的断熱膨張] → 状態 3 ($\boldsymbol{P_3, V_3, T_L}$)

この過程で，系が受け取る体積仕事を $W_{2\to3}$（外界が受け取る体積仕事は $-W_{2\to3}$），系の内部エネルギーの変化量を $\Delta U_{2\to3}$ とすると，

$$
\Delta U_{2\to3} = \int_{T_H}^{T_L} C_V\,\mathrm{d}T = C_V(T_L - T_H) = W_{2\to3} \tag{3.8.2}
$$

となる．ここで C_V は定積熱容量である．

③ 状態 3 ($\boldsymbol{P_3, V_3, T_L}$) → [$\boldsymbol{T_L}$ での準静的等温圧縮] → 状態 4 ($\boldsymbol{P_4, V_4, T_L}$)

この過程で，系が受け取った体積仕事を $W_{3\to4}$，系が受け取った熱量を $Q_{3\to4}$ とすると，

$$
\begin{aligned}
W_{3\to4} &= -\int_{V_3}^{V_4} P_{外}\,\mathrm{d}V = -\int_{V_3}^{V_4} P_{系}\,\mathrm{d}V = -\int_{V_3}^{V_4} \frac{nRT_L}{V}\,\mathrm{d}V \\
&= -nRT_L \ln\frac{V_4}{V_3} = -Q_{3\to4}
\end{aligned}
\tag{3.8.3}
$$

となる．

④ 状態 4 ($\boldsymbol{P_4, V_4, T_L}$) → [$\boldsymbol{T_L \to T_H}$ への準静的断熱圧縮] → 状態 1 ($\boldsymbol{P_1, V_1, T_H}$)

この過程で，系が受け取る体積仕事を $W_{4\to1}$，系の内部エネルギーの変化量を

$\Delta U_{4\to1}$とすると，

$$\Delta U_{4\to1} = \int_{T_L}^{T_H} C_V \, dT = C_V (T_H - T_L) = W_{4\to1} \tag{3.8.4}$$

となる．

ここで，理想気体の場合には，ポアソンの関係(3.7.2)が成立するので，

$$T_H V_2^{\gamma-1} = T_L V_3^{\gamma-1} \tag{3.8.5}$$

$$T_H V_1^{\gamma-1} = T_L V_4^{\gamma-1} \tag{3.8.6}$$

より，

$$\frac{V_2}{V_1} = \frac{V_3}{V_4}$$

が成立することを確認しておこう．これは①と③の等温過程において，変化する体積比が等しいことを示している．ここで，等しいのは体積比(変化率)であって，変化量$V_2 - V_1$と$V_4 - V_3$は異なることに注意しておく．また体積は示量性状態量であるが，示強性状態量である圧力を用いると

$$\frac{P_1}{P_2} = \frac{P_4}{P_3}$$

と等価である．

さて，熱量の体積仕事への変換効率ηは，外界から系が受け取った熱量$Q_{外界\to系}$と，サイクルの間に外界に対して行った体積仕事$-W$の比で与えられる．

$$\eta = \frac{-W}{Q_{外界\to系}} \tag{3.8.7}$$

系と外界でやりとりする熱には，高温部で外界から系が受け取る熱量と，低温部で系が外界に放出する熱量があるが，変換効率は，高温部で外界から系が受け取る熱量を基準に定義される．

カルノーサイクルでは，系は温度T_Hで$Q_{1\to2}$の熱量を受け取っているので，$Q_{外界\to系} = Q_{1\to2}$である．一方，外界に対して行った正味の仕事$-W$は，

$$-W = -W_{1\to2} - W_{2\to3} - W_{3\to4} - W_{4\to1} = nRT_H \ln\frac{V_2}{V_1} + nRT_L \ln\frac{V_4}{V_3} \tag{3.8.8}$$

と求められる($-W = Q_{1\to2} + Q_{3\to4}$である)．したがって，

$$\eta = \frac{-W}{Q_{1\to2}} = \frac{nRT_H \ln\dfrac{V_2}{V_1} + nRT_L \ln\dfrac{V_4}{V_3}}{nRT_H \ln\dfrac{V_2}{V_1}} = \frac{T_H \ln\dfrac{V_2}{V_1} + T_L \ln\dfrac{V_4}{V_3}}{T_H \ln\dfrac{V_2}{V_1}}$$

と，極めてシンプルな形で求められる．ここで，$V_2/V_1 = V_3/V_4$ であるから，

$$\eta = \frac{T_{\mathrm{H}} \ln \dfrac{V_2}{V_1} + T_{\mathrm{L}} \ln \dfrac{V_4}{V_3}}{T_{\mathrm{H}} \ln \dfrac{V_2}{V_1}} = \frac{T_{\mathrm{H}} - T_{\mathrm{L}}}{T_{\mathrm{H}}} \tag{3.8.9}$$

となる．これは次の重要な内容を表している．

Ⅰ．理想気体を作業物質とするカルノーサイクルの変換効率は，高温熱源と低温熱源の温度 T_{H} および T_{L} のみで定まる．

Ⅱ．$T_{\mathrm{H}} \to$ 高，あるいは $T_{\mathrm{L}} \to$ 低 が，変換効率を上げることになる．すなわち，同じ熱量でも，より高温の熱源から熱を受け取り，より低温の熱源に放出する方が，変換効率は高くなる．

Ⅲ．T_{L} を 0 にすることは不可能なので，η を 100 %にすることはできない．つまり，高温熱源から受け取った熱を，継続的には 100 %体積仕事に変換することはできない（これを“第二種永久機関は存在しない”と表現する）．

継続的な，熱の体積仕事への変換を考えると，必ず低温熱源への熱の放出を必要とするので，変換効率が 100 %でないことは前提としてわかっている．最大効率を与える準静的過程からなるカルノーサイクルの効率を求めてみると，その効率が高温熱源の温度 T_{H} および温度差 $T_{\mathrm{H}} - T_{\mathrm{L}}$ のみで決まるということが，新しくわかった事実である．

ジュールの羽根車の実験（1.8節参照）により，熱と仕事は状態変化を引き起こす原因として等価であること，さらに，理想気体の等温変化などを用いればお互いに相互変換可能なことが示された．しかし，カルノーサイクルを用いた考察から，継続的に熱を仕事に変えようとすると，相互変換は無条件に成立するのではないことが明らかとなった．つまり，熱の普遍性に加えて，特殊性が明らかになったといえる．

また，熱機関の効率を議論する際には，カルノーサイクルが取り上げられ，その効率が最大であると説明される．しかし，すべてが準静的過程で形成される熱機関の効率は，つねに最大である．それは，準静的過程はエネルギーの散逸が生じず，まったく無駄がないからである．それなのに，なぜカルノーサイクルばかりが取り上げられるのだろうか．それは，準静的定圧過程や準静的定積過程では，系が，無限小の温度差に対して存在する熱源と熱をやりとりするためである．われわれはすでに，熱はその存在する温度（高温熱源）と，移動する先の温度（低温熱源）との温

度差によって，仕事として取り出しうる量が異なることを知っている．そのため，温度の異なる無限個の熱源から熱をもらう過程を含む熱機関の効率は，カルノーサイクルの場合のようにシンプルに表現できず，あまり有用でないため，議論しないのである．ただし，議論に有用であることと，最大効率を与えることとは別である．カルノーサイクルだけでなく，準静的過程からなる熱機関はすべて，つねに最大効率を与えることは理解しておこう．

3.9 カルノーサイクルからエントロピー概念へ

さて，カルノーサイクルでは，$V_2/V_1 = V_3/V_4$ が成立することがわかったが，これをもう一度よく考えてみよう．体積比は熱量と関係していた．

$$Q_{1\to 2} = nRT_{\mathrm{H}} \ln \frac{V_2}{V_1} \tag{3.9.1}$$

$$-Q_{3\to 4} = -nRT_{\mathrm{L}} \ln \frac{V_4}{V_3} \left(Q_{4\to 3} = nRT_{\mathrm{L}} \ln \frac{V_3}{V_4} \right) \tag{3.9.2}$$

したがって，

$$\frac{-Q_{3\to 4}}{Q_{1\to 2}} = \frac{-nRT_{\mathrm{L}} \ln \frac{V_4}{V_3}}{nRT_{\mathrm{H}} \ln \frac{V_2}{V_1}} = \frac{nRT_{\mathrm{L}} \ln \frac{V_3}{V_4}}{nRT_{\mathrm{H}} \ln \frac{V_2}{V_1}} = \frac{T_{\mathrm{L}}}{T_{\mathrm{H}}} \tag{3.9.3}$$

すなわち

$$\frac{Q_{4\to 3}}{Q_{1\to 2}} = \frac{T_{\mathrm{L}}}{T_{\mathrm{H}}} \tag{3.9.4}$$

が得られる．これより，

$$\frac{Q_{1\to 2}}{T_{\mathrm{H}}} = \frac{Q_{4\to 3}}{T_{\mathrm{L}}} \tag{3.9.5}$$

が得られる．これがエントロピー概念につながるのだが，この式は何を意味しているだろうか．

$Q_{1\to 2}$ は準静的等温過程で高温熱源 T_{H} から系が得た熱量であり，$-Q_{3\to 4}$ は低温熱源 T_{L} に系が放出した熱量（$Q_{4\to 3}$ は状態4から状態3への準静的等温膨張にともない，系が受け取った熱量になる）である．外界に体積仕事をしているので，当然，

$$Q_{1\to 2} > -Q_{3\to 4} \tag{3.9.6}$$

である．(3.9.5) 式は，

$$Q_{1\to 2} \neq Q_{4\to 3} \ (Q_{1\to 2} > Q_{4\to 3})$$

であるにもかかわらず，それらをそれぞれやりとりした熱源の温度で除した $Q_{1\to2}/T_H$ および $Q_{4\to3}/T_L$ は，それぞれ

$$\frac{Q_{1\to2}}{T_H} = nR\ln\frac{V_2}{V_1} \tag{3.9.7}$$

$$\frac{Q_{4\to3}}{T_L} = nR\ln\frac{V_3}{V_4} = nR\ln\frac{V_2}{V_1} \tag{3.9.8}$$

となり，変化の前後の状態を比較すると，Q/T は同じ体積変化率をもたらす要因として，等価であることを示している．いまの場合，体積変化率は圧力変化率と等価なので，同じ圧力変化率をもたらす要因として，等価であるといってもよい．

$$\frac{Q_{1\to2}}{T_H} = nR\ln\frac{P_1}{P_2} \tag{3.9.9}$$

$$\frac{Q_{4\to3}}{T_L} = nR\ln\frac{P_4}{P_3} = nR\ln\frac{P_1}{P_2} \tag{3.9.10}$$

3.10　クラウジウスの変換の当量と補償の考え方

カルノーサイクルに対する深い考察から，エントロピー概念を考え出したのはクラウジウスである．本節では，クラウジウスがカルノーサイクルに対する考察から見出した，「**変換の当量**」と「**補償**」という見方を考えておこう．それは，エントロピーの重要な側面である不可逆性の指標につながっていく．

とはいえ，そんなに難しいことを言っているわけではない．熱力学はわれわれの身の回りで起こる現象を対象としている．それらを注意深く観察し，実際に進行する現象には，二通りあると認識する．ある意味で，この認識が熱力学第二法則のすべてであり，核心であるといってよい．

① **それ単独で自発的に進行しうる現象**

A：高温部から低温部への熱の移動

B：力学的仕事や電気的仕事の熱への変換

② **それ単独では進行せず，つねに ① をともなう現象**

A^{-1}：低温部から高温部への熱の移動

B^{-1}：熱の力学的仕事や電気的仕事への変換

どれも身近な現象ばかりであり，言われてみれば，すべての熱的現象はこのどちらかに当てはまる．ローレンツという研究者が「誰もが見ていながら，誰も気づかなかったことに気づく，研究とはそういうものだ.」と述べているが，まさにその

通りである．技術も含めて，熱が関与するすべての自然現象をこの二種類の現象に分類できることを見出したのが，クラウジウスの偉大な点であり，炯眼（けいがん）である．

① のそれ単独で自発的に進行しうる現象は，身の回りにあふれている．低温と高温の物体を，熱が移動できる状態で接触させておくと，必ず高温の物体から低温の物体に熱が移動する．また，運動している物体は，摩擦熱を発生させて，いずれ必ず停止する．一方，② はクーラーや冷蔵庫，内燃機関など，われわれが技術として実際に使っている現象であるが，基本的に工夫しないと起こらない．工夫にも，具体的にはいろいろな方法があるが，その本質は，② の現象を進行させるためには，① の現象を必ずともなうようにしなければならないことである．たとえば，カルノーサイクルのように，熱を力学的仕事に継続的に変換し続けるという ② の現象を進行させるには，高温部から低温部への熱の移動という ① の現象をともなわなくてはならない．低温部から高温部への熱の移動という ② の現象を起こすクーラーや冷蔵庫は，電気的仕事を加えなければ動かない．クーラーや冷蔵庫は，電気的仕事が熱に変わるという ① の現象をともなっている．このように，② の現象を進行させるためには，必ず ① の現象をともなわなくてはならない．

また，逆の視点にも注意しよう．それは，① の現象が進行するのであれば，工夫すればそこから必ず，多少なりとも仕事を取り出すことができるというとらえ方である．つまり，① の現象は ② の現象をともなうことなく進行できるが，① の現象が進行する際に，工夫をすれば多少なりとも ② の現象も起こすことができると考えるのである．そして，実際にこれは正しい．

この考え方を基本にして，クラウジウスは，**① の現象が進行するとき，最大限どれだけ ② の現象を進行させられるかの定量化**を試みた．カルノーサイクルを例にとって考えよう．カルノーサイクルで起こっていることを，「熱の力学的仕事への変換」と，「高温部から低温部への熱の移動」という二種類の現象の〈変換〉とみなす．そして，「熱の力学的仕事への変換」という ② の変換は，「高温部から低温部への熱の移動」という ① の変換によって，補償されるときにのみ進行するととらえたのである．そして，クラウジウスはそれらの変換を定量化し，準静的過程の場合には補償を等号で関係づけられると考えた．ここではそれらの関係づけを試みよう．

① の A の現象に対して，高温と低温の温度をそれぞれ T_{H} および T_{L}，移動する熱量を Q として，変換の当量を

$$Q\left(\frac{1}{T_{\mathrm{L}}}-\frac{1}{T_{\mathrm{H}}}\right) \tag{3.10.1}$$

とする（なぜこのように当量を決めたのかについて，興味のある読者は，次節を参照いただきたい）．一方，Bでは，仕事から変換される熱量をQ，変換先の温度をTとして，変換の当量を

$$\frac{Q}{T} \tag{3.10.2}$$

とする．なお，(3.10.2)式の当量$\dfrac{Q}{T}$は$Q\left(\dfrac{1}{T}-\dfrac{1}{T_\infty}\right)$と表すことができる．(3.10.1)式からの類推によって，仕事の熱への変換を，温度無限大の熱源T_∞からTへの熱移動と考えるのである．仕事は摩擦によりつねに，あらゆる温度の熱源に変換できるという経験的事実がある．それに基づき，**力学的仕事を温度無限大の熱源に存在する熱と等価とみなす**のである．また，A^{-1}とB^{-1}の当量は，AとBの逆の変換であるから，(3.10.1)と(3.10.2)式の当量に負の符号をつけて，それぞれ，$-Q\left(\dfrac{1}{T_{\mathrm{L}}}-\dfrac{1}{T_{\mathrm{H}}}\right)$および$-\dfrac{Q}{T}$とする．

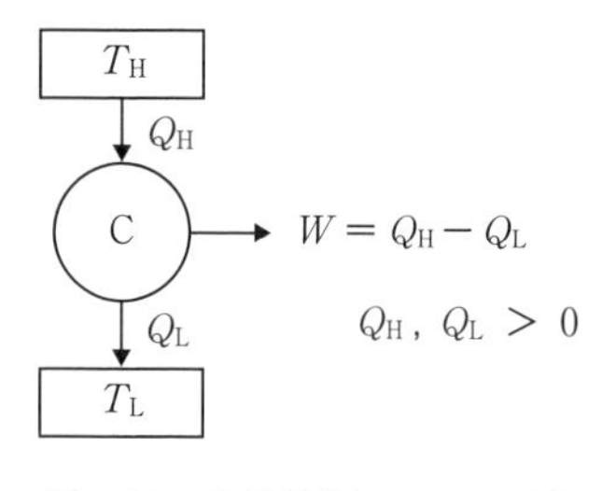

図 3.22　高温熱源T_{H}および低温熱源T_{L}の間で働くサイクルC（熱機関）

さて，高温熱源T_{H}および低温熱源T_{L}の間で働くサイクルC（**熱機関**）を考えよう（**図3.22**）．このサイクルでは，

B^{-1}：T_{H}からの熱$Q_{\mathrm{H}}-Q_{\mathrm{L}}$の仕事$W$への変換，

および

A：T_{H}からT_{L}への熱Q_{L}の移動

が生じているので，変換の当量の和Nは下式のように表せる．

$$N=-\frac{Q_{\mathrm{H}}-Q_{\mathrm{L}}}{T_{\mathrm{H}}}+Q_{\mathrm{L}}\left(\frac{1}{T_{\mathrm{L}}}-\frac{1}{T_{\mathrm{H}}}\right)=-\frac{Q_{\mathrm{H}}}{T_{\mathrm{H}}}+\frac{Q_{\mathrm{L}}}{T_{\mathrm{L}}} \tag{3.10.3}$$

①は②に優先して起こるので，②のB^{-1}の変換$\left(-\dfrac{Q_{\mathrm{H}}-Q_{\mathrm{L}}}{T_{\mathrm{H}}}<0\right)$は，必ず①のAの変換$\left\{Q_{\mathrm{L}}\left(\dfrac{1}{T_{\mathrm{L}}}-\dfrac{1}{T_{\mathrm{H}}}\right)>0\right\}$にともなって起こる．すなわち，前者は後者によって「補償」されて進行するので，$N\geq 0$でなければならない．これが現象の数式化である．実際，Cが一般のサイクル（**非準静的熱機関**）の場合，その仕事への変換

効率は，カルノーサイクル（**準静的熱機関**）の効率より小さいので，

$$\frac{W}{Q} = \frac{Q_H - Q_L}{Q_H} < \frac{T_H - T_L}{T_H} \tag{3.10.4}$$

となる．上式から $(Q_L/Q_H) > (T_L/T_H)$ となるから，(3.10.3) 式で $N > 0$ となる．一方，カルノーサイクルでは，(3.10.4) 式で等号が成立するから，$N = 0$ である．この結果は，カルノーサイクルでは，A で補償される熱の移動分をすべて仕事に変えているのに対し，一般のサイクルでは補償分の一部しか仕事として取り出していないことを意味している．つまり，**N は，仕事を取り出さない程度を表す指標になる**ことが予想されるだろう．このことはエントロピーの理解のために重要である．

次に (3.10.1) 式の高温部から低温部への熱 Q の移動の当量を

$$-\frac{Q}{T_H} + \frac{Q}{T_L} \tag{3.10.5}$$

と書き換えよう．この式の第 1 項は高温熱源 T_H の熱 Q の，仕事への変換の当量を，第 2 項は仕事の，低温熱源 T_L の熱 Q への変換の当量を表している（(3.10.2) 式参照）．そこで，高温熱源から低温熱源への熱の移動を，高温熱源から放出された熱がいったん仕事に変わり，その仕事があらためて熱に変わって低温熱源に供給される過程，と考えることができる．ここで，いくつかの熱源があるとき，温度 T の一つの熱源に着目すると，その熱源が熱 Q を放出するときの当量は，熱 Q がいったんすべて仕事に変わるときの当量と考えてよいので，その仕事が熱の形で他の熱源に移動するか，直接仕事に使われるかにかかわらず，$-(Q/T)$ となる．逆に温度 T の熱源が熱 Q を吸収するときの当量は (Q/T) である．

さて次に，n 個の熱源と接触したサイクル C を考えよう（**図 3.23**）．1 サイクルの間に，温度 $T_1, T_2, \cdots, T_n$ の熱源は C から $Q_1', Q_2', \cdots, Q_n'$ の熱を吸収して，C からは仕事 W が取り出されるものとする．ただし，$Q_1', Q_2', \cdots, Q_n'$ は正負の符号をとり，実質的には，符号が正のときは吸収，負のときは放出を意味することとする．また，熱力学第 1 法則により，$Q_1' + Q_2' + \cdots + Q_n' + W = 0$ が成立する．図 3.23 において，一つの熱源，たとえば，温度 T_i の熱源は Q_i' の熱を吸収

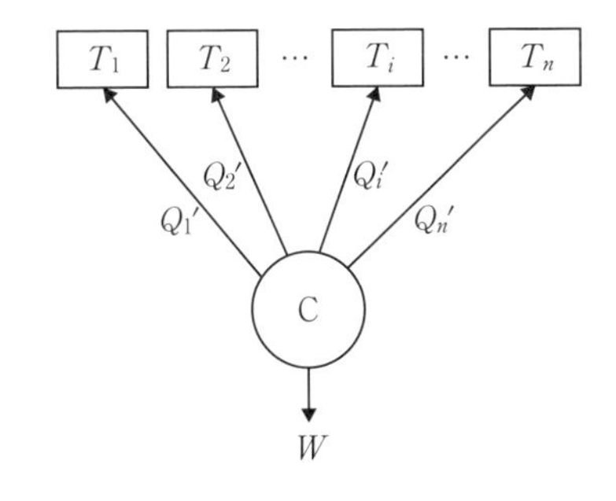

図 3.23 n 個の熱源と接触したサイクル C

しているので，その当量は Q_i'/T_i である．全当量は各熱源についての和をとって

$$N = \sum_{i=1}^{n} \frac{Q_i'}{T_i} \geq 0 \quad = : \text{準静的サイクル} \quad > : \text{不可逆サイクル} \qquad (3.10.6)$$

で与えられる．カルノーサイクルの場合，上式から $N = (-Q_{\rm H}/T_{\rm H}) + (Q_{\rm L}/T_{\rm L})$ が得られ，(3.10.3) 式の結果と一致している．

これをより一般化して，温度が連続的に変化する連続無限個の熱源がある場合を考えると，$\sum_{i=1}^{n}(Q_i'/T_i)$ は $\oint(\mathrm{d}'Q'/T)$ と表してよいので，一般の準静的サイクルに対して

$$N = \oint \frac{\mathrm{d}'Q'_{\rm rev}}{T_{\text{熱源}}} = 0 \quad (\text{準静的サイクル}) \qquad (3.10.7)$$

が成立する．一般のテキストでは，カルノーサイクルは可逆サイクルと表現されることが多く，そのときの熱の出入りを，rev を下付きで明記することが多いので，本書でもそれにならおう*7.

不可逆サイクルの場合は，① の現象が優先して生じるので，サイクル全体での変換の当量 N は補償されず正となる．すなわち，irr を不可逆の irreversible の略として

$$N = \oint \frac{\mathrm{d}'Q'_{\rm irr}}{T_{\text{熱源}}} > 0 \quad (\text{不可逆サイクル}) \qquad (3.10.8)$$

となる．分子の熱量 $\mathrm{d}'Q'_{\rm irr}$ は熱源が受け取る場合に正であることと，不等号の向きに注意しておこう．

準静的サイクルを考える場合は，作業物質を系として，系と熱源 (外界) の温度はほぼ等しく ($T_{\text{熱源}} \cong T_{\text{系}}$)，系が受け取る熱量を $\mathrm{d}'Q_{\rm rev}$ とすると，$\mathrm{d}'Q_{\rm rev} = -\mathrm{d}'Q'_{\rm rev}$ なので，

$$\oint \frac{\mathrm{d}'Q'_{\rm rev}}{T_{\text{熱源}}} = -\oint \frac{\mathrm{d}'Q_{\rm rev}}{T_{\text{系}}} = 0 \quad (\text{準静的サイクル})$$

すなわち，

$$\oint \frac{\mathrm{d}'Q_{\rm rev}}{T_{\text{系}}} = 0 \quad (\text{準静的サイクル}) \qquad (3.10.9)$$

となる．準静的サイクルのときに $T_{\text{熱源}} \cong T_{\text{系}}$ なので，分母は系の温度，分子は系が受け取った熱量になり，系のみの物理量で表されたことになる．(3.10.9) 式は，

＊7　rev は reversible を表す．本書では，準静的過程と可逆過程を厳密に区別して扱っているので，準静的サイクルに対して成立する (3.10.7) 式に rev を使うのは，本来は適切ではない．しかし，他のテキストを読むときのことを考慮して，この表記を用いることとした．

同じ経路を行き来するのではなく，別の経路でぐるっと一回りしても，差し引きゼロ，すなわち，もとの値に戻ることを意味している．状態がもとに戻れば，その値ももとに戻ることは，その状態だけで決まる物理量，すなわち，状態量の存在を示している．そこで，(3.10.9) 式をもとに，新しい状態量 S が次のように導入される．

ある状態 O を始状態として，そこから準静的に変化できるすべての状態 A に対して，

$$\boldsymbol{\Delta S_{\mathrm{O\to A}}} = \int_{\mathrm{O}}^{\mathrm{A}} \frac{\mathbf{d}'\boldsymbol{Q}_{\mathrm{rev}}}{\boldsymbol{T}_{\text{系}}} \quad \textbf{(準静的過程)} \tag{3.10.10}$$

で定義される状態量が存在する． この S を**エントロピー**と呼び，$\Delta S_{\mathrm{O\to A}}$ は，状態 O から状態 A への変化にともなう系のエントロピー変化となる．また，微小量を対象にすると，

$$\mathrm{d}S = \frac{\mathrm{d}'Q_{\mathrm{rev}}}{T_{\text{系}}} \quad (\text{準静的過程}) \tag{3.10.11}$$

となる．また，上式より，準静的断熱過程では，$\mathrm{d}'Q_{\mathrm{rev}} = 0$ であるから，エントロピー変化 $\mathrm{d}S$ はゼロとなることがわかる．これらは，3.12 節で具体的に確認する．

一方，不可逆サイクルの場合も，系が受け取る熱量を $\mathrm{d}'Q_{\mathrm{irr}}$ とすると，熱源が受け取る熱量 $\mathrm{d}'Q'_{\mathrm{irr}}$ とは $\mathrm{d}'Q'_{\mathrm{irr}} = -\mathrm{d}'Q_{\mathrm{irr}}$ の関係にあるので，

$$\oint \frac{\mathrm{d}'Q_{\mathrm{irr}}}{T_{\text{熱源}}} = -N < 0 \quad (\text{不可逆サイクル}) \tag{3.10.12}$$

と表される．不可逆サイクルの場合は系と熱源の温度は等しくないので，分母を系の温度で置き換えることはできない．N は不可逆性と密接に関わっているので，その物理的意味はあらためて考察する．

3.11　変換の当量についての補足

クラウジウスがなぜ当量を $Q\left(\dfrac{1}{T_{\mathrm{L}}} - \dfrac{1}{T_{\mathrm{H}}}\right)$ のように定量化したのか，その詳細はわからない．そこでここでは，“こうして気づいたのではないか” という仮説を述べてみたい．本節の内容は本文の論理展開と直接は関係ないので，前節の説明で納得できた読者は読み飛ばしていただいてかまわない．

まずカルノーサイクルの効率は以下のように与えられた．

$$\eta = \frac{-W}{Q_{1\to2}} = \frac{Q_{1\to2} + Q_{3\to4}}{Q_{1\to2}} = \frac{T_{\mathrm{H}} - T_{\mathrm{L}}}{T_{\mathrm{H}}} \tag{3.8.9}$$

これは当量と関係なく，効率を算出して得られた結果にすぎない．しかしそれを式変形することにより，次の関係が得られた．

$$\frac{Q_{1\to2}}{T_{\mathrm{H}}} = \frac{Q_{4\to3}}{T_{\mathrm{L}}} \tag{3.9.5}$$

もう一つ重要な事実は，どのような温度であっても，力学的仕事はつねに摩擦によって熱に変換可能であるということである．カルノーサイクルの効率と力学的仕事はつねに熱に 100 %変換可能であるというこの二つの事実を拠り所に，当量の定量化を進めよう．

(3.9.5) 式を変形していく．T_∞ は無限大の高温の熱源を表すとすると，$1/T_\infty \to 0$ であることから，(3.9.5) 式の左辺に $-Q_{1\to2}/T_\infty$ を，右辺に $-Q_{4\to3}/T_\infty$ を加える．いずれも 0 なので，等式は変わらない．

$$\frac{Q_{1\to2}}{T_{\mathrm{H}}} - \frac{Q_{1\to2}}{T_\infty} = \frac{Q_{4\to3}}{T_{\mathrm{L}}} - \frac{Q_{4\to3}}{T_\infty} \tag{3.11.1}$$

このあたりは恣意的になるのだが，符号を変えて $Q_{4\to3} = -Q_{3\to4}$ も考慮しながら移項して変形していく．要するに，(3.11.2) 式が求まるように式を変形していくのだ．

$$-\frac{Q_{1\to2}}{T_{\mathrm{H}}} + \frac{Q_{1\to2}}{T_\infty} + \frac{Q_{3\to4}}{T_\infty} = \frac{Q_{3\to4}}{T_{\mathrm{L}}}$$

ここで両辺に $-Q_{3\to4}/T_{\mathrm{H}}$ を加えて，変形を続けると

$$-\frac{Q_{1\to2}}{T_{\mathrm{H}}} + \frac{Q_{1\to2} + Q_{3\to4}}{T_\infty} - \frac{Q_{3\to4}}{T_{\mathrm{H}}} = \frac{Q_{3\to4}}{T_{\mathrm{L}}} - \frac{Q_{3\to4}}{T_{\mathrm{H}}}$$

$$-\frac{Q_{1\to2} + Q_{3\to4}}{T_{\mathrm{H}}} + \frac{Q_{1\to2} + Q_{3\to4}}{T_\infty} = Q_{3\to4}\left(\frac{1}{T_{\mathrm{L}}} - \frac{1}{T_{\mathrm{H}}}\right)$$

$$-(Q_{1\to2} + Q_{3\to4})\left(\frac{1}{T_{\mathrm{H}}} - \frac{1}{T_\infty}\right) = Q_{3\to4}\left(\frac{1}{T_{\mathrm{L}}} - \frac{1}{T_{\mathrm{H}}}\right) \tag{3.11.2}$$

となる．等式であるということは，何かがつり合っていると考えられる．これを〈変換の当量〉が補償していると考えようというのである．その観点に立って，右辺と左辺の項の意味づけを試みよう．

まず右辺からが考えやすいだろう．$Q_{3\to4}$ は状態 3 → 4 の準静的等温圧縮過程で低温熱源 T_{L} から受け取った熱量を意味するが，サイクル全体で考えると，高温部 T_{H} から低温部 T_{L} へ移動して，仕事に変換されなかった正味の熱量とみなせるだろう．そこで，高温から低温への熱の移動は自発的なので，① の変換の当量を

(3.11.2) 式の右辺が表していると考えよう．一般化すれば，正味の熱量 Q が，高温部 T_{H} から低温部 T_{L} へ移動したときその変換の当量を

$$Q\left(\frac{1}{T_{\mathrm{L}}}-\frac{1}{T_{\mathrm{H}}}\right) \tag{3.11.3}$$

のように表すということにする．これは，T_{H} から T_{L} へ熱が移動したときに符号が正になるようになっている．符号は任意なので正でも負でもかまわないのだが，クラウジウスは自発的に進行する方向を正とした（これで，自発的に進行する現象の全宇宙のエントロピー変化が正になることが決まった）．

次は左辺である．左辺は，$(Q_{1\to2}+Q_{3\to4})$ と $\left(\frac{1}{T_{\mathrm{H}}}-\frac{1}{T_{\infty}}\right)$ の積で与えられている（符号はあとで説明する）．そして，上述の熱の移動にともなう変換の当量から類推して考えれば，$(Q_{1\to2}+Q_{3\to4})$ の熱が高温部 T_{∞} から高温部 T_{H} へ移動したときの変換を表していることになる．高温部 T_{H} といっても，無限大に比べると必ず低い．そして $(Q_{1\to2}+Q_{3\to4})$ が，カルノーサイクルが行った正味の体積仕事であることを思い出そう．さらに，どんな温度であっても，力学的仕事はつねに摩擦によって熱に変換可能であることを思い出そう．このことを，大きさ Q の力学的仕事は，任意の温度 T_{A} の熱源に対して，熱量 Q として移動できるととらえるのである．そうすると，任意の温度 T_{A} の熱源に対して熱が移動できるためには，流れる元の熱源の温度は無限大でなければならない．すなわち，

$$Q\left(\frac{1}{T_{\mathrm{A}}}-\frac{1}{T_{\infty}}\right) \tag{3.11.4}$$

である必要がある．これは，力学的仕事というのは，絶対温度が無限大における熱量と等価であることを示している．(3.11.4) 式は，「力学的仕事 → 温度 T_{H} の熱源の熱」の変換になっているので，逆の「温度 T_{H} の熱源の熱 → 力学的仕事」の〈変換の当量〉は，符号を逆にした

$$-Q\left(\frac{1}{T_{\mathrm{A}}}-\frac{1}{T_{\infty}}\right) \tag{3.11.5}$$

とすればよいだろう（② の変換）．(3.11.4) 式のように，熱と力学的仕事との変換の当量を，温度差のある状態での熱の移動と同じように表現したことが重要である．クラウジウスはこのようにして当量を定式化したのではないかと思われる．

カルノーサイクルでは，正味，高温熱源 T_{H} の $(Q_{1\to2}+Q_{3\to4})$ の熱量が体積仕事に変換されたので，その変換の当量は

$$-(Q_{1\to2}+Q_{3\to4})\left(\frac{1}{T_{\mathrm{H}}}-\frac{1}{T_\infty}\right) \tag{3.11.6}$$

と表されることになる．そして，(3.11.2) 式の等号は，無駄のない準静的過程からなる可逆サイクル（前節では準静的サイクルと呼んだ）では，② の変換を ① の変換がちょうど等価に補償する，すなわち，変換の当量がつり合うと考えたのではないだろうか．

3.12 準静的過程におけるエントロピーの算出

系の状態を知ることが主目的の熱力学では，熱源は外界に含まれる．準静的等温過程においては，$T_{熱源}=T_{外界}\cong T_{系}=\mathrm{const.}$ であるから，状態 O から A へ準静的等温過程で変化した場合の系のエントロピー変化は

$$\Delta S_{\mathrm{O}\to\mathrm{A}}=\int_{\mathrm{O}}^{\mathrm{A}}\frac{d'Q_{\mathrm{rev}}}{T_{系}}=\frac{1}{T_{系}}\int_{\mathrm{O}}^{\mathrm{A}}d'Q_{\mathrm{rev}}=\frac{Q_{\mathrm{O}\to\mathrm{A,rev}}}{T_{系}}\quad(\text{準静的等温変化の場合}) \tag{3.12.1}$$

で与えられる．これを，カルノーサイクルに適用しよう．

状態 1 から 2 への準静的等温変化にともなう系のエントロピー変化 $\Delta S_{1\to2}$ は

$$\Delta S_{1\to2}=\frac{Q_{1\to2,\mathrm{rev}}}{T_{\mathrm{H}}}=nR\ln\frac{V_2}{V_1} \tag{3.12.2}$$

状態 2 から 3 へと，状態 4 から 1 への準静的断熱変化にともなう系のエントロピー変化 $\Delta S_{2\to3}$ および $\Delta S_{4\to1}$ は，断熱過程であるから，

$$\Delta S_{2\to3}=\Delta S_{4\to1}=0 \tag{3.12.3}$$

状態 3 から 4 への準静的等温変化にともなう系のエントロピー変化 $\Delta S_{3\to4}$ は

$$\Delta S_{3\to4}=\frac{Q_{3\to4,\mathrm{rev}}}{T_{\mathrm{L}}}=nR\ln\frac{V_4}{V_3} \tag{3.12.4}$$

である．つまり，カルノーサイクルを一周させたときの，トータルの系のエントロピー変化 $\Delta S_{1\to2\to3\to4\to1}$ は

$$\Delta S_{1\to2\to3\to4\to1}=\Delta S_{1\to2}+\Delta S_{2\to3}+\Delta S_{3\to4}+\Delta S_{4\to1}=nR\ln\frac{V_2}{V_1}+0-nR\ln\frac{V_3}{V_4}+0$$

ここで $V_2/V_1=V_3/V_4$ より

$$\Delta S_{1\to2\to3\to4\to1}=0 \tag{3.12.5}$$

となる．このように，エントロピーが状態量であることがあらためて確認された．

より一般的に表現すれば，理想気体の準静的等温体積変化に対して，

$$\Delta S_{始\to終} = \int_{T_{始}}^{T_{終}} \frac{\mathrm{d}'Q_{始\to終}}{T} = \frac{Q_{始\to終}}{T} = nR\ln\frac{V_{終}}{V_{始}} = nR\ln\frac{P_{始}}{P_{終}} \qquad (3.12.6)$$

となる．カルノーサイクルから得られる $\frac{Q_{1\to2}}{T_{\mathrm{H}}} = \frac{Q_{4\to3}}{T_{\mathrm{L}}}$ は，より温度の高い等温変化の方が，同じエントロピー変化をもたらすために，より多くの熱量を必要とすることを示している．

この性質は，系の内部の微視的状態と密接に関わっているため，非常に興味深い．しかし，巨視的な熱力学では，これ以上，中に立ち入ることはできない．エントロピーの微視的な意味は，統計力学によって取り扱われる．微視的な観点からは，エントロピーは，系を構成する粒子が，エネルギーに対してとりうる状態の数(の対数)になる．そして，温度が高い方が，そもそも絶対値としてとりうる状態の数が多く，その多い状態からさらに増加させるには，温度を低くとりうる場合の数が少ない状態から同じ割合だけ増加させるよりも，より多くの熱量を必要とすることを示している．

3.13 準静的定積変化に対するエントロピー変化の意味

次に，体積仕事を取り出さない場合，すなわち準静的な定積過程と断熱過程でつくられたプロセスを考え，エントロピー変化の持つ意味を考察しよう．このサイクルはあまり取り上げられることがないが，断熱過程と合わせて検討することにより，熱と仕事の関係を，内部エネルギーを仲立ちにして考察することができるため，教育的価値があると考えている．定積過程は $\Delta U = Q_V$ (Q_V は定積過程でやりとりした熱を意味する) で，熱と内部エネルギーのみの変換，断熱過程は $\Delta U = W$ (ここでの W は断熱過程でやりとりした仕事を意味する) で，仕事と内部エネルギーのみの変換である．そのため熱と仕事が直接変換されることがないのだが，それが逆に，熱と仕事が内部エネルギーに及ぼす変化を比較できることにつながっている．

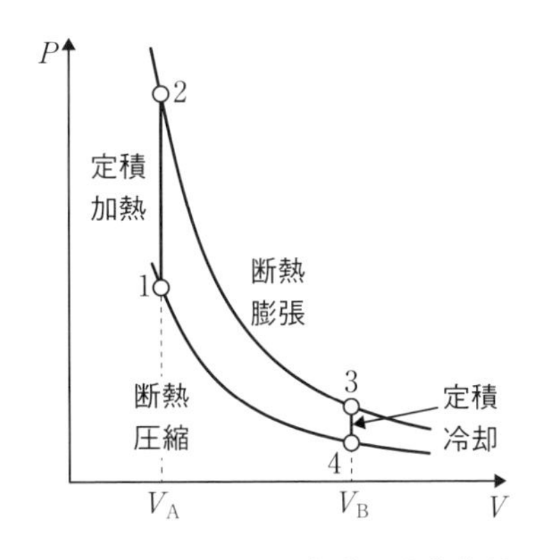

図 3.24　単原子理想気体の準静的断熱過程と準静的定積過程からなるサイクル

まず，単原子理想気体の準静的な定積過程

一断熱過程として，次の四つの準静的過程からなるサイクルを考える（**図3.24**）．状態1 (P_1, V_A, T_1) → ［V_A での準静的定積加熱］→ 状態2 (P_2, V_A, T_2) → ［$V_A \to V_B$ への準静的断熱膨張］→ 状態3 (P_3, V_B, T_3) → ［V_B での準静的定積冷却］→ 状態4 (P_4, V_B, T_4) → ［$V_B \to V_A$ への準静的断熱圧縮］→ 状態1 (P_1, V_A, T_1) となり，もとの状態1に戻る．それでは，それぞれの過程でやりとりされる熱と体積仕事を求めていこう．すべての過程が準静的なので，実効内圧は系の圧力と等しく，さらに実効圧力と外圧のした体積仕事は一致し，系内でエネルギーの散逸はいっさい生じない．

① 状態1 $(\boldsymbol{P_1}, \boldsymbol{V_A}, \boldsymbol{T_1})$ → ［$\boldsymbol{V_A}$ での準静的定積加熱］→ 状態2 $(\boldsymbol{P_2}, \boldsymbol{V_A}, \boldsymbol{T_2})$

この過程で，系の内部エネルギー変化量を $\Delta U_{1\to2}$，系が受け取った熱量を $Q_{1\to2,\mathrm{rev}}$ とすると，

$$\Delta U_{1\to2} = \int_{T_1}^{T_2} nC_V \mathrm{d}T = nC_V(T_2 - T_1) = Q_{1\to2,\mathrm{rev}} \tag{3.13.1}$$

となる．また，この過程でのエントロピー変化 $\Delta S_{1\to2}$ は

$$\Delta S_{1\to2} = \int_{T_1}^{T_2} \frac{nC_V \mathrm{d}T}{T} = nC_V \int_{T_1}^{T_2} \frac{\mathrm{d}T}{T} = nC_V \ln \frac{T_2}{T_1} \tag{3.13.2}$$

である．

② 状態2 $(\boldsymbol{P_2}, \boldsymbol{V_A}, \boldsymbol{T_2})$ → ［$\boldsymbol{V_A} \to \boldsymbol{V_B}$ への準静的断熱膨張］→ 状態3 $(\boldsymbol{P_3}, \boldsymbol{V_B}, \boldsymbol{T_3})$

この過程で，外界が受け取る体積仕事を $-W_{2\to3}$，系の内部エネルギーの変化量を $\Delta U_{2\to3}$ とすると，

$$\Delta U_{2\to3} = \int_{T_2}^{T_3} nC_V \mathrm{d}T = nC_V(T_3 - T_2) = W_{2\to3} \tag{3.13.3}$$

となる．この過程でのエントロピー変化 $\Delta S_{2\to3}$ は，準静的断熱過程であるから0である．

③ 状態3 $(\boldsymbol{P_3}, \boldsymbol{V_B}, \boldsymbol{T_3})$ → ［$\boldsymbol{V_B}$ での準静的定積冷却］→ 状態4 $(\boldsymbol{P_4}, \boldsymbol{V_B}, \boldsymbol{T_4})$

この過程で，系の内部エネルギー変化量を $\Delta U_{3\to4}$，系が受け取った熱量を $Q_{3\to4,\mathrm{rev}}$ とすると，

$$\Delta U_{3\to4} = \int_{T_3}^{T_4} nC_V \mathrm{d}T = nC_V(T_4 - T_3) = Q_{3\to4,\mathrm{rev}} \tag{3.13.4}$$

となる．この過程でのエントロピー変化 $\Delta S_{3\to4}$ は

$$\Delta S_{3\to4} = \int_{T_3}^{T_4} \frac{nC_V \mathrm{d}T}{T} = nC_V \int_{T_3}^{T_4} \frac{\mathrm{d}T}{T} = nC_V \ln \frac{T_4}{T_3} \tag{3.13.5}$$

である．

④ **状態4 ($\boldsymbol{P}_4, \boldsymbol{V}_B, \boldsymbol{T}_4$) → [$\boldsymbol{V}_B \to \boldsymbol{V}_A$ への準静的断熱圧縮] → 状態1 ($\boldsymbol{P}_1, \boldsymbol{V}_A, \boldsymbol{T}_1$)**

この過程で，系が受け取る体積仕事を $W_{4\to1}$，系の内部エネルギーの変化量を $\Delta U_{4\to1}$ とすると，

$$\Delta U_{4\to1} = \int_{T_4}^{T_1} nC_V \, \mathrm{d}T = nC_V(T_1 - T_4) = W_{4\to1} \qquad (3.13.6)$$

となる．この過程でのエントロピー変化 $\Delta S_{4\to1}$ は，準静的断熱過程であるから 0 である．

ここで，単原子理想気体の場合には，ポアソンの関係が成立するので，

$$T_2 V_A^{\gamma-1} = T_3 V_B^{\gamma-1} \qquad T_4 V_B^{\gamma-1} = T_1 V_A^{\gamma-1}$$

より，

$$\frac{T_4}{T_1} = \frac{T_3}{T_2} \quad \text{あるいは} \quad \frac{T_2}{T_1} = \frac{T_3}{T_4} \qquad (3.13.7)$$

が成立する．したがって，

$$\Delta S_{1\to2} = nC_V \ln\frac{T_2}{T_1} = -nC_V \ln\frac{T_4}{T_3} = -\Delta S_{3\to4}$$

となる．つまり，準静的な定積過程－断熱過程サイクルにおいても，

$$\begin{aligned}\Delta S_{1\to2\to3\to4\to1} &= \Delta S_{1\to2} + \Delta S_{2\to3} + \Delta S_{3\to4} + \Delta S_{4\to1} \\ &= nC_V \ln\frac{T_2}{T_1} + 0 + nC_V \ln\frac{T_4}{T_3} + 0 = 0 \end{aligned} \qquad (3.13.8)$$

が成立する．

また，当然，トータルの内部エネルギー変化量は，

$$\begin{aligned}\Delta U_{1\to2\to3\to4\to1} &= \Delta U_{1\to2} + \Delta U_{2\to3} + \Delta U_{3\to4} + \Delta U_{4\to1} \\ &= nC_V(T_2 - T_1) + nC_V(T_3 - T_2) \\ &\quad + nC_V(T_4 - T_3) + nC_V(T_1 - T_4) = 0 \end{aligned} \qquad (3.13.9)$$

となる．

さてここで見方を変えて，状態4から状態2への変化を考えてみよう．その変化のさせ方には，状態4→3→2という経路と，状態4→1→2という経路がある（**図 3.25**）．加熱してから断熱圧縮するのか，断熱圧縮してから加熱するのかという違いである．それぞれの経路に沿って，熱量，体積仕事，そしてエントロピー変化量を比較してみよう．

Ⓐ 状態4→3→2という経路：状態4 (P_4, V_B, T_4) → [V_B での準静的定積加熱] → 状態3 (P_3, V_B, T_3) → [$V_B \to V_A$ への準静的断熱圧縮] → 状態2 (P_2, V_A, T_2)

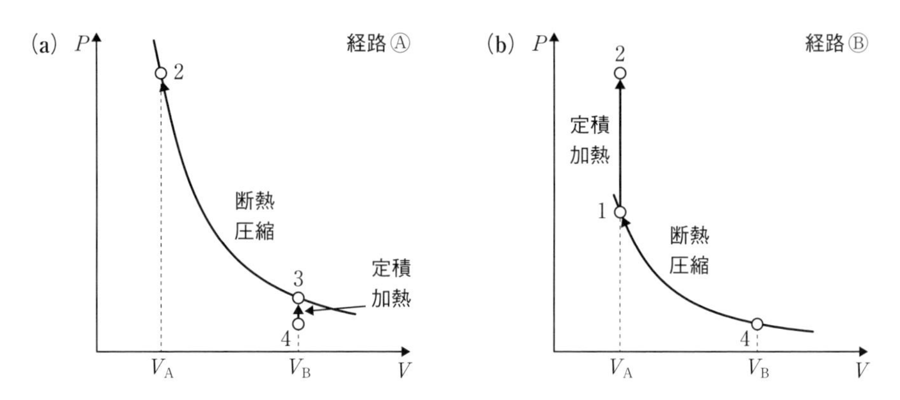

図 3.25　状態 4 から状態 2 への異なる経路による比較

$$\Delta U_{4\to3\to2} = \Delta U_{4\to3} + \Delta U_{3\to2} = \int_{T_4}^{T_3} nC_V\,\mathrm{d}T + \int_{T_3}^{T_2} nC_V\,\mathrm{d}T$$

$$= nC_V(T_3 - T_4) + nC_V(T_2 - T_3) = nC_V(T_2 - T_4) \qquad (3.13.10)$$

$$Q_{4\to3\to2,\mathrm{rev}} = Q_{4\to3,\mathrm{rev}} + Q_{3\to2,\mathrm{rev}} = nC_V(T_3 - T_4) + 0 = nC_V(T_3 - T_4) \qquad (3.13.11)$$

$$W_{4\to3\to2} = W_{4\to3} + W_{3\to2} = 0 + nC_V(T_2 - T_3) = nC_V(T_2 - T_3) \qquad (3.13.12)$$

$$(\Delta U_{4\to3\to2} = Q_{4\to3\to2,\mathrm{rev}} + W_{4\to3\to2})$$

$$\Delta S_{4\to3\to2} = \Delta S_{4\to3} + \Delta S_{3\to2} = \int_{T_4}^{T_3} \frac{nC_V\,\mathrm{d}T}{T} + 0 = nC_V \ln\frac{T_3}{T_4} \qquad (3.13.13)$$

Ⓑ 状態 4 → 1 → 2 という経路：状態 4 (P_4, V_B, T_4) → [$V_B \to V_A$ への準静的断熱圧縮] → 状態 1 (P_1, V_A, T_1) → [V_A での準静的定積加熱] → 状態 2 (P_2, V_A, T_2)

$$\Delta U_{4\to1\to2} = \Delta U_{4\to1} + \Delta U_{1\to2} = \int_{T_4}^{T_1} nC_V\,\mathrm{d}T + \int_{T_1}^{T_2} n\,C_V\,\mathrm{d}T$$

$$= nC_V(T_1 - T_4) + nC_V(T_2 - T_1) = nC_V(T_2 - T_4)\ (= \Delta U_{4\to3\to2}) \qquad (3.13.14)$$

$$Q_{4\to1\to2,\mathrm{rev}} = Q_{4\to1,\mathrm{rev}} + Q_{1\to2,\mathrm{rev}} = 0 + nC_V(T_2 - T_1) + 0 = nC_V(T_2 - T_1)\ (\neq Q_{4\to3\to2}) \qquad (3.13.15)$$

$$W_{4\to1\to2} = W_{4\to1} + W_{1\to2} = nC_V(T_1 - T_4) + 0 = nC_V(T_1 - T_4)\ (\neq W_{4\to3\to2}) \qquad (3.13.16)$$

$$(\Delta U_{4\to1\to2} = Q_{4\to1\to2,\mathrm{rev}} + W_{4\to1\to2})$$

$$\Delta S_{4\to1\to2} = \Delta S_{4\to1} + \Delta S_{1\to2} = 0 + \int_{T_1}^{T_2} \frac{nC_V\,\mathrm{d}T}{T} = nC_V \ln\frac{T_2}{T_1} \tag{3.13.17}$$

理想気体の場合，定積では，加える前のもとの状態の温度が何度であっても，同じ熱量を加えれば，同じだけの温度上昇を引き起こす．それは，$Q_V = \Delta U = nC_V\Delta T$ より明らかだろう．それを前提に，経路Ⓐ とⒷ を比較すると面白いことに気づく．経路Ⓐ ではまず，T_4 の温度の気体に $nC_V(T_3 - T_4)$ の熱を定積的に与えた．そのため，内部エネルギーが $nC_V(T_3 - T_4)$ 増加し，T_4 が T_3 に上昇した．その状態から，$nC_V(T_2 - T_3)$ の体積仕事を準静的に断熱的に加えれば T_2 にできる．一方，経路Ⓑ ではまず T_4 の温度の気体に準静的に断熱的に $nC_V(T_1 - T_4)$ の体積仕事を加えて，状態2と同じ体積で温度を T_1 にする．その後，T_2 にするために外界から系に $nC_V(T_2 - T_1)$ の熱量を与えた．

経路Ⓐ のように先に定積で熱を加えておいて，その状態から断熱圧縮する場合と，経路Ⓑ のように先に断熱圧縮しておいて，あとから定積で熱を加えるのでは，いずれも最終的には状態2に到達するのだが，当然，系に与える熱量は異なる．ここで注目すべきは，熱を加える直前の状態の温度が異なっているという点である．その結果，準静的な定積過程における $\int \frac{\mathrm{d}'Q_{\text{外界}\to\text{系},\mathrm{rev}}}{T_{\text{系}}}$ は，経路に依存せず等しくなる．準静的な定積過程では，

$$\Delta S_{\text{始}\to\text{終}} = \int_{T_{\text{始}}}^{T_{\text{終}}} \frac{nC_V\,\mathrm{d}T}{T} = nC_V \ln\frac{T_{\text{終}}}{T_{\text{始}}} \tag{3.13.18}$$

となり，単原子理想気体のエントロピー変化は，変化する前の状態（定積過程では温度）を基準として，どれだけ変化したかという温度変化率を反映する物理量となる．いまの場合，$T_2/T_1 = T_3/T_4$ なので，

$$\Delta S_{4\to3\to2} = \Delta S_{4\to1\to2} \tag{3.13.19}$$

となる．

ここで，体積は V_1 で等しいが，温度が T_A と T_B で異なる（$T_\mathrm{A} < T_\mathrm{B}$）二つの始状態 $(P_{1,\mathrm{A}}, V_1, T_\mathrm{A})$ と $(P_{1,\mathrm{B}}, V_1, T_\mathrm{B})$ から，同じ体積変化量 ΔV（いま $V_1 \to 2V_1$ とする）となる終状態 $(P_{2,\mathrm{A}}, 2V_1, T_\mathrm{A})$ と $(P_{2,\mathrm{B}}, 2V_1, T_\mathrm{B})$ への変化を比較しよう．

まず，初期状態，$(P_{1,\mathrm{A}}, V_1, T_\mathrm{A})$ と $(P_{1,\mathrm{B}}, V_1, T_\mathrm{B})$ を比較すると，これは定積加熱変化になるので，$(P_{1,\mathrm{B}}, V_1, T_\mathrm{B})$ の方がエントロピーの大きな状態である．体積変化量は $\Delta V = V_1$ で共通であり，初期状態の体積が等しいので，体積変化率も $2V_1/V_1 = 2$ と等しい．すなわち，それぞれの過程における系のエントロピー変化は，

$$\Delta S_{\mathrm{A}} = \int_1^2 \frac{\mathrm{d}Q_{\mathrm{rev,A,1\to2}}}{T_{\mathrm{A}}} = \frac{1}{T_{\mathrm{A}}}\int_1^2 \mathrm{d}Q_{\mathrm{rev,A,1\to2}} = \frac{1}{T_{\mathrm{A}}} RT_{\mathrm{A}} \ln\frac{2V_1}{V_1} = R\ln 2$$

$$\Delta S_{\mathrm{B}} = \int_1^2 \frac{\mathrm{d}Q_{\mathrm{rev,B,1\to2}}}{T_{\mathrm{B}}} = \frac{1}{T_{\mathrm{B}}}\int_1^2 \mathrm{d}Q_{\mathrm{rev,B,1\to2}} = \frac{1}{T_{\mathrm{B}}} RT_{\mathrm{B}} \ln\frac{2V_1}{V_1} = R\ln 2$$

と等しい．しかし，温度の高い始状態から始めた方は，同じエントロピー変化をもたらすために必要な熱量が大きくなる．

これらの例からわかるように，一般的に，エントロピーの大きな状態から始めた方が，同じエントロピー変化を引き起こすために変化する物理量（等温膨張の場合は体積あるいは熱量，定積変化の場合は温度）の，より大きな変化を必要とするといえる．

3.14　準静的断熱過程が等エントロピー変化である理由

前節までの議論により，単原子理想気体において，準静的等温体積変化の場合のエントロピー変化は，

$$\Delta S_{始\to終} = \int_{T_{始}}^{T_{終}} \frac{\mathrm{d}'Q_{始\to終}}{T} = \frac{Q_{始\to終}}{T} = nR\ln\frac{V_{終}}{V_{始}} \tag{3.12.6}$$

となり，準静的定積温度変化の場合は

$$\Delta S_{始\to終} = \int_{T_{始}}^{T_{終}} \frac{nC_V\,\mathrm{d}T}{T} = nC_V \ln\frac{T_{終}}{T_{始}} \tag{3.13.18}$$

となることがわかった．これらをもとに，準静的断熱過程を見直してみよう．準静的断熱過程は $\mathrm{d}'Q_{\mathrm{rev}}=0$ であるから，エントロピー変化の定義により，系のエントロピーは変化しない．それは，定義から明らかではあるが，なぜ変化しないのかということを，状態の変化率という観点で考えてみよう．

理想気体の一般的な準静的過程の第一法則は，微分形では

$$\mathrm{d}U = \mathrm{d}'Q_{\mathrm{rev}} + \mathrm{d}'W = \mathrm{d}'Q_{\mathrm{rev}} - P\mathrm{d}V = \mathrm{d}'Q_{\mathrm{rev}} - \frac{nRT}{V}\mathrm{d}V \tag{3.14.1}$$

で表されるので，

$$\mathrm{d}'Q_{\mathrm{rev}} = \mathrm{d}U + \frac{nRT}{V}\mathrm{d}V = nC_V\mathrm{d}T + \frac{nRT}{V}\mathrm{d}V \tag{3.14.2}$$

となる．したがって，系のエントロピー変化は

$$\mathrm{d}S = \frac{\mathrm{d}'Q_{\mathrm{rev}}}{T} = \frac{1}{T}\left(nC_V\mathrm{d}T + \frac{nRT}{V}\mathrm{d}V\right) = nC_V\frac{\mathrm{d}T}{T} + nR\frac{\mathrm{d}V}{V} \tag{3.14.3}$$

となる．準静的断熱過程では，$\mathrm{d}'Q_{\mathrm{rev}}=0$ なので，

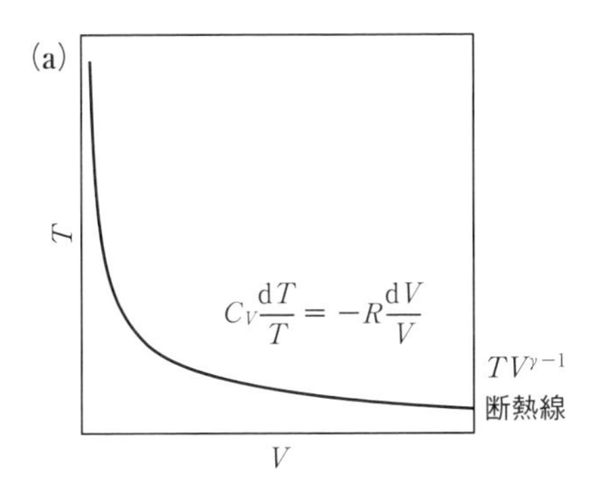

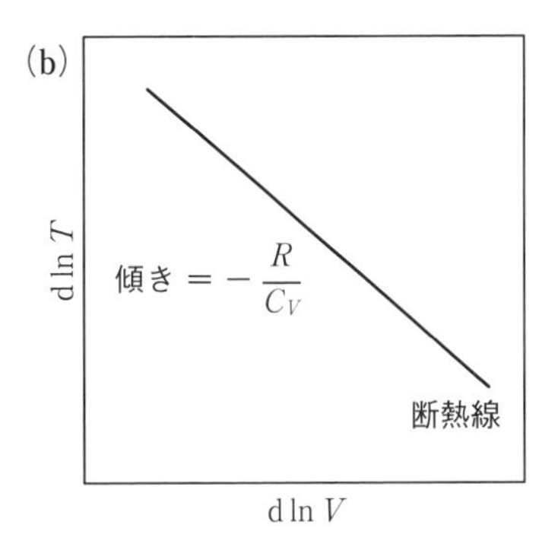

図 3.26　準静的断熱過程が等エントロピーである理由

$$C_V\frac{\mathrm{d}T}{T}+R\frac{\mathrm{d}V}{V}=0 \quad あるいは \quad C_V\frac{\mathrm{d}T}{T}=-R\frac{\mathrm{d}V}{V} \tag{3.14.4}$$

が成立する．つまり，準静的断熱過程とは，ちょうど，温度変化率と体積変化率が互いに補償するように変化することにより，エントロピーを変化させずに状態変化を起こすプロセスであることがわかる．言い換えると，温度変化率と体積変化率がつり合うように変化することにより，熱の出入りをともなわずに状態変化を起こすことができるのである．(3.14.4) 式より，自然対数をとると

$$C_V\,\mathrm{d}\ln T=-R\,\mathrm{d}\ln V \quad あるいは \quad \frac{\mathrm{d}\ln T}{\mathrm{d}\ln V}=-\frac{R}{C_V} \tag{3.14.5}$$

となる．T-V 図を**図 3.26 (a)** に，両軸の自然対数をとったものを**図 3.26 (b)** に示した．断熱線は等エントロピー線になるが，断熱線で左上に変化することは，体積減少率と温度上昇率がつり合って変化しており，右下に変化することは，体積膨張率と温度低下率がつり合って変化していると解釈できる．

3.15　絶対温度について

本章の最後に，**絶対温度**について述べておこう．トムソン（のちのケルヴィン卿）は，カルノーサイクルの効率をもとに，1854 年に絶対温度を定義した．当時，温度は摂氏で測られることが多く，大気圧下での水の氷点を 0 ℃，水の沸点を 100 ℃，つまり氷点と沸点の温度差を 100 としていた（氷点とは，空気が水に溶けている状態で凍る温度で，厳密には水の融点と異なる）．しかし，温度も温度差もまったく任意であり，何の根拠もない．そこで，長さや時間などの他の物理量と同じように，基準の0と単位量をつくるために，トムソンはカルノーサイクルに注目した．カルノーサイクルは，作業物質によらず，二つの温度の熱源間で最大効率を与える．そして，3.10節で述べたように，同量の熱でもより多くの仕事が取り出せるという意味で，熱には価値がある．そしてその価値を決める指標が温度であった．つまり，熱から仕事への変換という普遍的性質を表すために必要となる物理指標，それが温度であり，その観点で温度を定義すべきとトムソンは考えたのである．逆に言うと，そのような熱の価値を決める指標になるために，温度はどのように定義されるべきかを考えたのである．

1 atm 下での水の融点を θ_{mp}，沸点を θ_{bp} として，θ_{bp} を高温熱源，θ_{mp} を低温熱源として作動するカルノーサイクルを考えよう．今の段階では，θ_{bp} と θ_{mp} を数値のない記号として使っている．融点と沸点の値が与えられていなくても，1 atm のもとで，水の融点と沸点は一意的に定まるので，そのあいだでカルノーサイクルを作動させることができる．そして，その効率は実際に0.268と求められる．どのような温度目盛りを持っている世界に行っても，この効率は変わらない．一方，(3.8.9) 式より効率は $\eta = (\theta_{\mathrm{bp}} - \theta_{\mathrm{mp}})/\theta_{\mathrm{bp}}$ で与えられるので，

$$\eta = \frac{\theta_{\mathrm{bp}} - \theta_{\mathrm{mp}}}{\theta_{\mathrm{bp}}} = 0.268 \tag{3.15.1}$$

となる．もちろん摂氏の $\theta_{\mathrm{mp}} = 0$ ℃，$\theta_{\mathrm{bp}} = 100$ ℃ という値では上式を満たさない．つまり，摂氏温度という体系は，経験的には便利かもしれないが，熱から仕事へ最大効率の変換を与える指標のための温度単位として適していないのである．

(3.15.1) 式を満たす温度単位をつければよいのであるが，変数が二つなのでその組み合わせは無限にある．そこで，経験的に決められた摂氏での θ_{bp} と θ_{mp} のあいだの温度差を用いることとして，$\theta_{\mathrm{bp}} - \theta_{\mathrm{mp}} = 100$ とすることにする．これは，単位温度を摂氏目盛りと等しくすることと同義である．(3.15.1) 式に代入して

$$\theta_{\mathrm{bp}} = \frac{\theta_{\mathrm{bp}} - \theta_{\mathrm{mp}}}{0.268} = \frac{100}{0.268} = 373 \tag{3.15.2}$$

であり，さらに，$\theta_{\mathrm{mp}} = \theta_{\mathrm{bp}} - 100 = 373 - 100 = 273$ となる．この新しい温度の単位を**ケルビン** [K] として，絶対温度と呼んで θ ではなく T で表す．つまり $\theta_{\mathrm{bp}} = 373$ K，$\theta_{\mathrm{mp}} = 273$ K とすれば，単位温度は摂氏目盛りと同じままで絶対温度を定義できることになる．摂氏 θ ℃ と絶対温度 T K の関係を正確に表すと

$$T/\mathrm{K} = \theta/℃ + 273.15 \tag{3.15.3}$$

となる．これまでの議論で扱ってきた絶対温度はこの T であり，**熱力学的温度**に

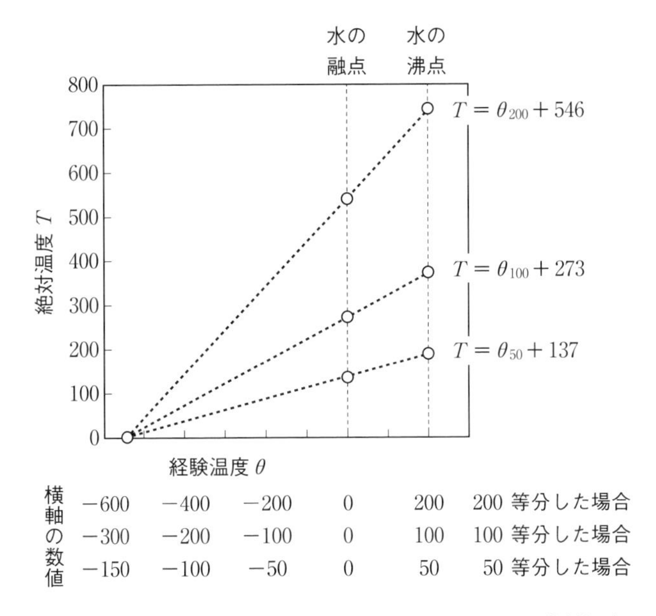

図 3.27 水の融点と沸点を 50, 100, 200 等分したときの絶対温度

等しい．

ちなみに，水の沸点と融点のあいだの温度差を 100 とすることも任意なので，水の融点を経験温度の 0 とすることにして，たとえば，温度差を 50 としたときは $\theta_{\mathrm{bp}} = 187\ \mathrm{K}$，$\theta_{\mathrm{mp}} = 137\ \mathrm{K}$ となり，200 としたときは $\theta_{\mathrm{bp}} = 746\ \mathrm{K}$，$\theta_{\mathrm{mp}} = 546\ \mathrm{K}$ となる（**図 3.27**）．しかしいずれの単位温度を採用しても，水の沸点と融点で作動させたカルノーサイクルの効率は 0.268 となる．

$$\eta = \frac{\theta_{\mathrm{bp}} - \theta_{\mathrm{mp}}}{\theta_{\mathrm{bp}}} = \frac{373 - 273}{373} = \frac{187 - 137}{187} = \frac{746 - 546}{746} = 0.268 \qquad (3.15.4)$$

そして，絶対零度は共通となる．

1990 年以来，国際度量衡総会で国際単位系として，温度の単位はケルビン（記号 K）と定められており，「ケルビンは水の三重点（0.01 ℃）の熱力学温度の 1/273.16 という大きさである」と定義されていた．しかし 2019 年 5 月以降は，ボルツマン定数を用いて「ボルツマン定数の値を $1.380649 \times 10^{-23}\ \mathrm{kg\,m^2/(s^2\,K)}$ と定めることによって温度の単位，ケルビン（K）を定義する」とされている．

4. エントロピーをどのように理解するか

4.1 エントロピーの物理的意味

前章で，準静的過程における**エントロピー**の物理的意味を考察してきた．その結果，単原子理想気体の準静的過程においては，体積（等温過程）や温度（定積過程）の変化率を反映した状態量となることが理解された．エントロピーは，物質の微視的性質と密接に結びついており，物性とも深い関係がある．物性に基づく量は，本質的に状態量であることが多いため，物性を議論することは，平衡状態にある物質の性質を議論することになる．したがって，エントロピーを物性と関係づけて議論する場合は，変化の方向性はあまり深く意識されない．エントロピーと物性の関係を微視的に議論することは，巨視的な熱力学の範囲ではできない．興味のある読者は，ぜひ**化学統計熱力学**の学習に進まれることを期待する．

一方，エントロピーは物性と関わって意味があるだけではない．そもそも，エントロピーは，熱の仕事への変換効率という問題設定から生まれてきた概念である．変換効率を追い求めているうちに，熱の特殊性が明らかとなり，それが変化の不可逆性と結びついたのである．本章では，不可逆過程におけるエントロピー変化を多面的に理解しよう．

系のエントロピー変化は，厳密に準静的過程で出入りした熱と系の温度を用いて求められるものであり，不可逆過程でやりとりした熱や外界温度を用いてエントロピーを計算してはならない．そして，実際の過程が不可逆的に変化した場合は，仮想的にその状態変化を準静的に行わせたとして，その準静的経路に沿ってやりとりした熱を用いてエントロピーを計算する．エントロピーは状態量であるから，どのような経路を通っても，その変化量は変わらない．このことを念頭において，不可逆過程のエントロピー変化を考えてみよう．

本章では，典型的な不可逆過程として，理想気体の断熱不可逆膨張（4.2節）と，高温部から低温部への熱の移動（4.5節）を取り上げる．まず，断熱不可逆膨張を考えよう．

4.2 理想気体の断熱不可逆過程とエントロピー変化

3.7節で，単原子理想気体の真空膨張について述べた．それを，エントロピーの観点から見直してみよう．3.7節では，同じ体積 V の円筒形の容器を仕切りで分けて接続し，片方の容器のみに n モルの単原子理想気体を封入し，温度 T，圧力 P とした．もう一方の容器は真空にした．そして，体積 $2V$ になるまで気体を膨張させ，圧力差によって生じる仕切り板の巨視的な運動エネルギーを散逸させ，それを系に取り込むとした．その結果，最終的に到達する状態は $2\,(0.50\,P, 2\,V, T)$ となった．これはつまり，系の状態 $1\,(P, V, T)$ から状態 $2\,(0.50\,P, 2\,V, T)$ への変化であり，外界はその真空膨張のあいだ，まったく系と相互作用していない．この過程のエントロピー変化を求めよう．

エントロピー変化は，状態 $1\,(P, V, T)$ から状態 $2\,(0.50\,P, 2\,V, T)$ への変化を準静的に行わせた過程で求める必要がある．断熱真空膨張は圧力がつり合っていない不可逆過程なので，この過程に沿ってエントロピー変化を求めることはできない．状態 $1\,(P, V, T)$ から状態 $2\,(0.50\,P, 2\,V, T)$ への変化を準静的に行わせるには，どのような過程をとればよいだろうか．状態変化に注目すれば，これはちょうど，3.3節で取り上げた，理想気体の等温変化になっていることがわかるだろう．そして，準静的に行わせるには，外圧と内圧をほぼ等しくし，系の平衡状態を保ちつつ変化させればよい．3.3節の記載を参考にその記号を用いれば，準静的等温膨張③で外界が受け取る体積仕事 $-W_{③}$ は，系が行う体積仕事 $-W_{③\text{-}1}^{内}$ に等しく，

$$-W_{③} = \int_{V_1}^{V_2} P_{外}\,\mathrm{d}V = \int_{V_1}^{V_2} P_{系}\,\mathrm{d}V = \int_{V_1}^{V_2} \frac{nRT}{V}\,\mathrm{d}V = nRT\int_{V_1}^{2V_1} \frac{\mathrm{d}V}{V}$$

$$= nRT\,[\ln V]_{V_1}^{2V_1} = nRT\ln\frac{2\,V_1}{V_1} = nRT\ln 2 = 0.69\,nRT \qquad (3.3.12)$$

であり，系が吸収する熱 $Q_{③}$ は

$$Q_{③} = \Delta U_{③} - \left(-\int_{V_1}^{V_2} P_{外}\,\mathrm{d}V\right) = 0 + nRT\ln 2 = 0.69\,nRT \qquad (3.3.13)$$

となる．したがって，系のエントロピー変化 $\Delta S_{1\to2}$ は

$$\Delta S_{1\to2} = \frac{Q_{1\to2,\mathrm{rev}}}{T} = nR\ln\frac{2\,V}{V} = nR\ln 2 = 0.69\,nR \qquad (4.2.1)$$

となる．エントロピーは状態量であるから，断熱真空膨張にともなう状態変化 1→2 に対しても，そのエントロピー変化 $\Delta S_{1\to2}$ は $0.69\,nR$ となる．

ここで，二つのことを考えたい．まず，準静的等温膨張と断熱不可逆膨張の違いはどこにあるかということである．エントロピーは状態量であるから，変化の過程は異なっても，系の始状態と終状態が同じであれば，準静的過程と不可逆過程の違いは系のエントロピー変化には現れない．そこで，外界のエントロピー変化と，さらに，全宇宙のエントロピー変化を考えよう．そのことから，不可逆過程では，エントロピーが系内で生成していることがわかるだろう．系内でのエントロピー生成が，全宇宙のエントロピーを増大させるのだ．そして，もう一つは，そのエントロピー生成の原因である．断熱不可逆膨張の過程で生じる，系内でのエントロピー生成の原因は何なのかを考察しよう．

まず，準静的過程と不可逆過程の違いを調べよう．準静的等温膨張と断熱不可逆膨張の違いは，系と外界との熱のやりとりの有無である．準静的等温膨張の場合は系と外界で熱のやりとりをしているが，断熱不可逆膨張の場合は系と外界との熱のやりとりはない．

違いは外界のエントロピー変化にありそうである．熱のやりとりは系と外界である熱溜めのあいだで行われる．熱溜めは，系と熱のやりとりをしても，温度が変わらないほど十分に熱容量が大きいと考えた．系の設定は本質的に任意であるから，ここでは熱溜めを系とみなし，温度 $T_{熱溜}$ の熱溜めに熱 $Q_{熱溜}$ が流入する場合を考えよう．このとき，着目している熱溜めの他に，外界としてさらに別の熱溜めを考えることになる．着目している熱溜めの熱の流入前の状態を 1，流入後の状態を 2 とする．まず状態 $1 \to 2$ を準静的に行ってみよう．熱 $Q_{熱溜}$ を準静的に外界から流入させるためには，温度 $T = T_{熱溜} + \mathrm{d}T$ の別の熱溜めに接触させて，無限に長い時間をかけて熱を送り込めばよい．このとき着目している熱溜めの温度 $T_{熱溜}$ は，他の熱溜めである外界の温度 T にほぼ等しく，$T_{熱溜} \cong T = \mathrm{const.}$ での変化としてよい．したがって，熱溜めのエントロピー変化 $\Delta S_{熱溜}$ は，

$$\Delta S_{熱溜} = \int_1^2 \frac{\mathrm{d}'Q_{熱溜}}{T} = \frac{1}{T_{熱溜}} \int_1^2 \mathrm{d}'Q_{熱溜} = \frac{Q_{熱溜}}{T_{熱溜}} \quad (準静的過程) \qquad (4.2.2)$$

で与えられる．$\mathrm{d}'Q_{熱溜}$ および $Q_{熱溜}$ は，熱溜めに流入した微小量および有限量の熱である．

次に，熱溜めとそれに接している別の熱溜めとの間で温度差が生じて，準静的ではなく，状態1から状態2へ不可逆的に熱をやりとりする場合を考えよう．ポイントは，熱溜めの始状態と終状態が同じであれば，そのエントロピー変化も等しくなることである．別の熱溜めの温度を $T = T_{熱溜} + \Delta T$ とする．有限の温度差に基づ

いて熱が流入している際には，熱溜めの境界で不可逆性が生じているだろう．しかし，注目している熱溜めだけを見ると，熱の流入前後の状態1と状態2は，準静的に変化させた場合とまったく同一である．熱溜めの熱容量は十分大きいので，有限量の熱が流入しても $T_{熱溜}$ のままである．状態1と2は任意であるから，不可逆過程での状態1から状態2の変化に対応する，熱溜めのエントロピー変化 $\Delta S_{熱溜}$ は

$$\Delta S_{熱溜} = \frac{Q_{熱溜}}{T_{熱溜}} = \frac{1}{T_{熱溜}}\int_1^2 \mathrm{d}'Q_{熱溜} = \int_1^2 \frac{\mathrm{d}'Q_{熱溜}}{T_{熱溜}} \quad （不可逆過程） \tag{4.2.3}$$

となる．ここに別の熱溜めの温度 $T = T_{熱溜} + \Delta T$ は入ってこない．

したがって，**外界が熱溜めとみなせる場合には，任意の過程においてエントロピー変化は次式で与えられる．**

$$\boldsymbol{\Delta S_{外界} = \int_1^2 \frac{\mathrm{d}'Q_{外界}}{T_{外}}} \quad \textbf{（任意の過程）} \tag{4.2.4}$$

さて，外界のエントロピー変化が求められるようになったので，これを用いて，準静的等温膨張③にともなう外界のエントロピー変化を考えてみよう．③の場合，準静的変化なので，

$$\Delta S_{外界③} = \int_1^2 \frac{\mathrm{d}'Q_{外界③}}{T_{外}} = \int_1^2 \frac{-\mathrm{d}'Q_{系③}}{T_{外(系)}} = \frac{1}{T}\int_1^2 (-\mathrm{d}'Q_{系③})$$
$$= \frac{1}{T}(-0.69\,nRT) = -0.69\,nR \tag{4.2.5}$$

となる．系のエントロピーと外界のエントロピーを加えたものは，全宇宙のエントロピーになる．そのため，変化量に関しても，系のエントロピー変化 $\Delta S_{系}$ と外界のエントロピー変化 $\Delta S_{外界}$ を加えたものが，全宇宙のエントロピー変化 $\Delta S_{全宇宙}$ になる．すなわち，下式のように表せる．

$$\Delta S_{全宇宙} = \Delta S_{系} + \Delta S_{外界} \tag{4.2.6}$$

(4.2.1) 式と (4.2.5) 式より，過程③における全宇宙のエントロピー変化 $\Delta S_{全宇宙③}$ は

$$\Delta S_{全宇宙③} = \Delta S_{系③} + \Delta S_{外界③} = 0.69\,nR - 0.69\,nR = 0 \tag{4.2.7}$$

となる．準静的過程の場合には，やりとりする熱とともに外界から系にエントロピーが移動しただけであることがわかる．したがって，全宇宙のエントロピーは変化しない．

次に断熱不可逆膨張を考えてみよう．まず外界のエントロピー変化 $\Delta S_{外界,\mathrm{irr}}$ は，(4.2.4) 式を用いて，

$$\Delta S_{外界,\mathrm{irr}} = \int_1^2 \frac{\mathrm{d}'Q_{外界\mathrm{irr}}}{T_{外}} = \int_1^2 \frac{-\mathrm{d}'Q_{系,\mathrm{irr}}}{T_{外}} = \frac{1}{T}\int_1^2 (-\mathrm{d}'Q_{系,\mathrm{irr}}) = \frac{1}{T}(0) = 0 \tag{4.2.8}$$

となり，エントロピー変化はない．断熱過程では，外界は系と熱的なやりとりをしないので，当然の結果である．そのため，断熱不可逆膨張における全宇宙のエントロピー変化 $\Delta S_{全宇宙,\mathrm{irr}}$ は

$$\Delta S_{全宇宙,\mathrm{irr}} = \Delta S_{系,\mathrm{irr}} + \Delta S_{外界,\mathrm{irr}} = 0.69\,nR + 0 = 0.69\,nR > 0 \tag{4.2.9}$$

となる．すなわち，断熱不可逆膨張では，全宇宙のエントロピーが増大していることがわかる．このように，準静的過程と不可逆過程の違いは，全宇宙のエントロピーを考えることによってはじめて認識できる．

《熱力学第二法則》

孤立系のエントロピーは，不可逆過程で増大する．

外界のエントロピーも状態量であるから，外界の状態変化が同じであれば，そのエントロピー変化量も同じになる．準静的等温膨張と断熱不可逆膨張で外界のエントロピー変化量が異なるのは，外界の状態変化が異なっていることを示している．断熱過程では，系と熱のやりとりをしていないので，外界はまったく熱を移動させていない．つまりエントロピーも移動しない．一方，準静的等温過程では熱の移動とともに $0.69\,nR$ だけエントロピーを減少させている．熱溜めは，系と熱をやりとりしてもその温度は変化させないが，熱量の移動は考えなければならない．以上のことから，断熱不可逆膨張では，系内で $0.69\,nR$ のエントロピーが生成したと考えるのである．この系内でのエントロピー生成が，全宇宙のエントロピー増大をもたらすのだ．次は，この系内でのエントロピー生成の原因を考察しよう．

3.7節では，状態1から状態2への断熱不可逆膨張を，状態1 (P, V, T) → [系は断熱可逆的に膨張] → 状態3 $(0.32\,P, 2\,V, 0.63\,T)$ → [散逸したエネルギーの蓄積により定積加熱] → 状態2 $(0.5\,P, 2\,V, T)$ という過程をとると仮定した．不可逆膨張でのエントロピー生成を求めるために，断熱不可逆膨張を，[断熱可逆膨張*1 → 準静的定積加熱] とみなしてエントロピーを求めることになる．繰り返しになるが，そもそも不可逆過程を，可逆過程と準静的過程で近似することが矛盾である．しかし，矛盾であることを認識したうえで考察すれば，得られるものは大きい．

＊1　系はポアソンの式に従って変化すると仮定しているが，$P_{系} \cong P_{外}$ ではなく，$P_{系} > P_{外}$ なので，本書の定義ではこの過程は準静的ではない．

それぞれの過程における系のエントロピー変化を求めてみよう．まず，状態1 (P, V, T) から状態3 $(0.32\,P, 2\,V, 0.63\,T)$ への変化であるが，系はポアソンの式に従い膨張すると仮定した．状態3では仕切り板が運動しており，熱力学で取り扱う平衡状態ではないが，系のみに着目すれば平衡状態であるとして，系のエントロピー変化 $\Delta S_{1\to3}$ は，可逆過程と近似して求めることができる．

$$\Delta S_{1\to3} = \int_{T}^{0.63T} \frac{\mathrm{d}'Q_{1\to3,\mathrm{rev}}}{T} = 0 \tag{4.2.10}$$

$\mathrm{d}'Q_{1\to3,\mathrm{rev}}$ は状態1から状態3へ可逆的に変化させたときに出入りする熱を表しており，断熱であるから $\mathrm{d}'Q_{1\to3,\mathrm{rev}} = 0$ である．

今の場合，状態3（の直前）において気体の実効内圧が仕切り板に対して行った体積仕事が，すべて仕切り板の巨視的な運動エネルギー $mv^2/2$ に変換されている（**図4.1**）．そして，最終的に仕切り板が止まることにより，仕切り板の巨視的な運動エネルギー $mv^2/2$ が微視的な運動エネルギー $Q_{散逸,3}$ として散逸し，状態3 $(0.32\,P, 2\,V, 0.63\,T)$ から状態2 $(0.50\,P, 2\,V, T)$ への変化が引き起こされたと考えた．

$$\frac{mv^2}{2} = 0.56\,nRT = Q_{散逸,3} \tag{4.2.11}$$

散逸したエネルギーは系内の気体に供給され，定積加熱を行った．この過程にともなうエントロピー変化を求めるには，定積で準静的に熱を加えた過程を考える必要がある．実際には散逸したエネルギーの蓄積であるが，準静的な経路で考えるためには，状態3の系を定積で熱をやりとりできる状態で外界と接触させ，温度 T になるまで準静的に加熱すればよい（定積加熱の準静的過程と不可逆過程に関しては

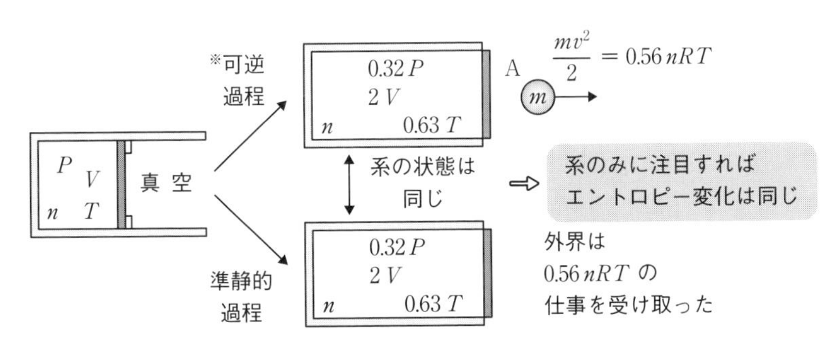

図4.1　単原子理想気体の断熱膨張：本書における可逆過程と準静的過程の比較
※ 真空中へ膨張するとき，気体が仕切り板に及ぼす実効圧力がポアソンの式に従い，かつ，仕切り板の得た運動エネルギーがすべて物体Aの運動エネルギーに変わると仮定すると，上の過程が可逆的となる．

次節で詳細に取り扱う）．したがって，この過程の系のエントロピー変化 $\Delta S_{3\to2}$ は

$$\Delta S_{3\to2}=\int_{0.63T}^{T}\frac{nC_V\,\mathrm{d}T}{T}=nC_V\int_{0.63T}^{T}\frac{\mathrm{d}T}{T}=\frac{3}{2}nR\ln\frac{1}{0.63}=0.69\,nR \tag{4.2.12}$$

と求められる*2.

結局，状態1 (P,V,T) → 状態3 $(0.32\,P,2\,V,0.63\,T)$ → 状態2 $(0.50\,P,2\,V,T)$ にともなうエントロピー変化 $\Delta S_{1\to2}$ は

$$\Delta S_{1\to2}=\Delta S_{1\to3}+\Delta S_{3\to2}=0+0.69\,nR=0.69\,nR \tag{4.2.13}$$

となる．当たり前のことだが，エントロピーは状態量なので，準静的等温過程で求めた状態1 → 2のエントロピー変化と等しいことが確認された．

ここまでの考察によって，断熱不可逆膨張で，エントロピーが生成した原因が理解できる．先ほどの考察から $\Delta S_{3\to2}$，つまり，定積加熱過程においてエントロピーが増加していることがわかる．この熱は，実際の過程では，仕切り板の巨視的な運動エネルギーが，衝突によって散逸され，原子や分子の微視的な運動エネルギーに変換されたものであった．エネルギーの散逸は系内で生じているので，外界は系と熱のやりとりはいっさい行っていない．すなわち，外界のエントロピーは，状態3 $(0.32\,P,2\,V,0.63\,T)$ → 状態2 $(0.50\,P,2\,V,T)$ の変化にともなって変化しない．そのため，系内でのエントロピーの増加が，エントロピーの生成に対応することになる．つまり，この**エネルギーの散逸，すなわち巨視的な運動エネルギー → 微視的な運動エネルギーの系内への蓄積（そのため系の温度上昇が生じる）こそが，エントロピー生成の原因なのである．**

巨視的な運動エネルギーは，100％仕事に変換しうる．一方，微視的な運動エネルギーになってしまうと，3.8節のカルノーサイクルで述べたように，100％仕事に変換することができなくなる．すなわち，潜在的に仕事をする能力が減少する．これが原因で，エネルギーの散逸にともなって，エントロピーが生成してしまうのである．これは重要な示唆を与えている．すなわち，熱に注目すれば，取り出せなかった仕事を定量化できる可能性があるということを示している．そこで，系から取り出せなかった仕事に注目して，エントロピー生成と熱との関係を考察しよう．

理想気体の断熱真空不可逆膨張は，状態1 (P,V,T) から状態2 $(0.50\,P,2\,V,T)$ へ

---

*2　系のエントロピー変化 $\Delta S_{3\to2}$ は，定積可逆過程で求めたが，定積可逆過程では $\Delta S_{3\to2}$ に対応する $-0.69\,nR$ が外界のエントロピー変化になっている．可逆過程の場合は，外界から系にエントロピーが移動するだけである．

の変化であった．つまり，状態変化だけに注目すると，変化前後で系の温度が等しいので，系のエントロピー変化 $\Delta S_{1\to2}$ は，準静的等温過程より求めることができる．その結果は

$$\Delta S_{1\to2} = \int_1^2 \frac{d'Q_{③,\mathrm{rev}}}{T} = 0.69\,nR \tag{4.2.1}$$

であった．一方，真空膨張させるときは，外界に取り出した仕事 $-W_{\mathrm{irr}}$ は 0 であり，出入りした Q_{irr} も 0 である．不可逆過程では，系のエントロピー変化は次式のように，不等号で表される．

$$\Delta S_{1\to2} > \int_1^2 \frac{d'Q_{\mathrm{irr}}}{T_{外}} \tag{4.2.14}$$

この式はたとえば，不可逆的に熱を受け取る場合（$d'Q_{\mathrm{irr}} > 0$ の場合），系が外界から受け取った熱量から予想される $\int_1^2 \frac{d'Q_{\mathrm{irr}}}{T_{外}}$ よりも，系のエントロピー変化が大きいことを示している．そこで，その差はエントロピーが生成したと解釈して，右辺の足りない分をエントロピー生成 $\Delta S_{生成}$ として加えて収支を合わせる．すなわち，生成したエントロピーを $\Delta S_{生成}$ とすると，エントロピー収支式は，

$$\Delta S_{1\to2} = \int_1^2 \frac{d'Q_{\mathrm{irr}}}{T_{外}} + \Delta S_{生成} = 0.69\,nR \tag{4.2.15}$$

となる．真空膨張では $d'Q_{\mathrm{irr}} = 0$ より，

$$\Delta S_{生成} = 0.69\,nR \tag{4.2.16}$$

である．

エントロピー収支式を導入したので，エネルギー収支式と合わせて，エントロピー生成 $\Delta S_{生成}$ とエネルギー散逸量 $Q_{散逸}$ の関係が求められる．

一般的に，状態 1 から状態 2 への変化を，可逆的に起こした場合と不可逆的に起こした場合との違いを考える．可逆的および不可逆的に変化させた場合に，系と外界に出入りする仕事を W_{rev} および W_{irr}，熱を Q_{rev} および Q_{irr} と表す．

変化のさせ方が異なっても，状態 1 と変化後の状態 2 が同じであれば，それにともなう内部エネルギー変化 $\Delta U_{1\to2}$ は経路によらないので，

$$\Delta U_{1\to2} = W_{\mathrm{rev}} + Q_{\mathrm{rev}} = W_{\mathrm{irr}} + Q_{\mathrm{irr}} \tag{4.2.17}$$

となる．微分形で表現すれば

$$\Delta U_{1\to2} = \int_1^2 d'W_{\mathrm{rev}} + \int_1^2 d'Q_{\mathrm{rev}} = \int_1^2 d'W_{\mathrm{irr}} + \int_1^2 d'Q_{\mathrm{irr}} \tag{4.2.18}$$

である．取り出しうる最大仕事 $-\int_1^2 d'W_{\mathrm{rev}}$ と実際に取り出した仕事 $-\int_1^2 d'W_{\mathrm{irr}}$

の差が，散逸したエネルギー $\int_1^2 \mathrm{d}'Q_{散逸}$ と定義されるので

$$-\int_1^2 \mathrm{d}'W_{\mathrm{rev}} - \left(-\int_1^2 \mathrm{d}'W_{\mathrm{irr}}\right) = \int_1^2 \mathrm{d}'Q_{\mathrm{rev}} - \int_1^2 \mathrm{d}'Q_{\mathrm{irr}} \equiv \int_1^2 \mathrm{d}'Q_{散逸} \tag{4.2.19}$$

となる．一方，エントロピー収支式は，状態1から状態2への変化に伴う系のエントロピー変化を ΔS，エントロピー生成量を $\Delta S_{生成}$ として，

$$\Delta S = \int_1^2 \frac{\mathrm{d}'Q_{\mathrm{irr}}}{T_{外}} + \Delta S_{生成} \tag{4.2.20}$$

ここで

$$\Delta S = \int_1^2 \frac{\mathrm{d}'Q_{\mathrm{rev}}}{T} \tag{3.10.10}$$

なので，

$$\Delta S_{生成} = \int_1^2 \frac{\mathrm{d}'Q_{\mathrm{rev}}}{T} - \int_1^2 \frac{\mathrm{d}'Q_{\mathrm{irr}}}{T_{外}} \tag{4.2.21}$$

であるが，可逆過程では $T = T_{外}$ なので，

$$\Delta S_{生成} = \int_1^2 \frac{\mathrm{d}'Q_{\mathrm{rev}}}{T} - \int_1^2 \frac{\mathrm{d}'Q_{\mathrm{irr}}}{T_{外}} = \int_1^2 \frac{\mathrm{d}'Q_{\mathrm{rev}}}{T_{外}} - \int_1^2 \frac{\mathrm{d}'Q_{\mathrm{irr}}}{T_{外}} = \int_1^2 \frac{\mathrm{d}'Q_{散逸}}{T_{外}} \tag{4.2.22}$$

が得られる．この式から，取り出せなかった仕事が，微視的な運動エネルギーとして散逸し，その系内で散逸したエネルギーが，エントロピー生成の原因となることが理解されるだろう．

これまで議論してきた状態1 (P, V, T) から状態2 $(0.50\,P, 2\,V, T)$ への変化も，断熱真空膨張から準静的等温変化まで，途中の過程はさまざまにとりうる．ここでは，典型例として断熱真空膨張としたが，実際に生じる現象としては，断熱でなく，外界との熱のやりとりが可能な場合が多い．また，断熱真空膨張の場合に，エントロピーを計算したいので，系は平衡状態を保ち可逆的に変化すると仮定したが，実際には，系内で圧力分布があるので可逆ではない．つまり，気体の慣性と粘性による内部摩擦が生じるし，仕切りと容器にもさまざまな程度の摩擦が存在する．そのような，系が可逆的に変化しないような場合でも，それぞれの場合に応じたエントロピー生成を求めることができる．それを模式的に示してみよう．

まず，状態1 (P, V, T) から状態2 $(0.50\,P, 2\,V, T)$ への変化としよう．その状態変化に対して，二つの極端な場合として，**断熱真空膨張**と**準静的等温膨張**がある．**図4.2 (a)** および **(b)** に，それぞれの場合の，系のエントロピー変化，外界のエント

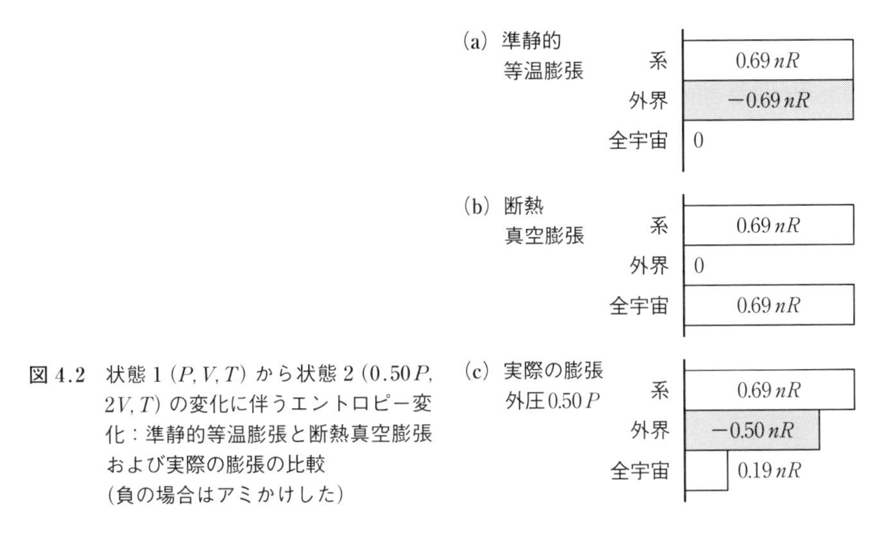

図 4.2 状態 1 (P, V, T) から状態 2 $(0.50P, 2V, T)$ の変化に伴うエントロピー変化：準静的等温膨張と断熱真空膨張および実際の膨張の比較
(負の場合はアミかけした)

ロピー変化，全宇宙のエントロピー変化を，横棒の長さで示した．まず，系のエントロピー変化は準静的過程で求められ，状態量であるから，いったん準静的過程で求めてしまえば，経路によらず値は確定する．一方，外界のエントロピー変化は，系がどのような変化をしても，つねに可逆的に変化するとみなせるので，外界を測定しておけば，そのエントロピー変化は変化した過程に応じて求められる．必要な情報はこれだけである．<u>両者の差が，系内で生成したエントロピーとして求められる</u>！

たとえば，系と外界で熱がやりとりできる状況で，実際に，状態1 (P, V, T) から状態2 $(0.50\,P, 2\,V, T)$ へ変化させたとしよう．具体的に，外界の温度は T に保っておいて ($T_{外界} = T$)，外界の圧力を $0.50\,P$ にした場合を考えよう．そのとき，系は準静的でなく有限の速さで膨張するだろう．それにともない，系は仕切り板に仕事をするが，外界から系への熱の移動は通常は，膨張に追いつくほど速くは起こらないので，系は断熱的になり，温度が低下するだろう．しかし，外界の温度を T に，外界の圧力を $0.50\,P$ に保っておけば，系と外界の温度差によって外界から系に熱が移動し，最終的には状態2 $(0.50\,P, 2\,V, T)$ に到達する．そして，外界の圧力は $0.50\,P$ に保たれていたので，外界は $0.50\,PV = 0.50\,nRT$ の体積仕事を受け取った．状態変化前後で温度は変わらないので，外界から系には，トータルで $0.50\,nRT$ の熱が移動した．このとき系と外界に温度差があって熱が移動しているが，外界の温度は常に T であった．そのため，外界のエントロピー変化は求めることができ，$-0.50\,nR$ である．一方，系のエントロピー変化は，$0.69\,nR$ である．両者の差，$0.19\,nR$ が，系内で生成したエントロピーであり，全宇宙のエントロピー変化になる（**図 4.2 (c)**）．このエントロピーは，気体の慣性と粘性による内部摩擦で生じたのかもしれないし，仕切り板と容器の間の摩擦で生じたのかもしれない．またそれらが異なれば，系の温度の下がり幅も異なるだろう．そうすると，熱の移動の仕方も異なるに違いない．しかし，である．系内がどのように変化したかにかかわらず，この場合のトータルのエントロピー生成は必ず，$0.19\,nR$ になる．状態 1 から状態 2 への不可逆過程の詳細がわからなくても，トータルでのエントロピー生成量は求められる．これが，熱力学の威力である．

4.3　サイクル全体の変換の当量とエントロピー

ここで，前章でサイクルを考えたときの，サイクル全体での変換の当量 N の物理的意味を考察しておこう．前章で，不可逆サイクルに関して，次式を得た．

$$\oint \frac{\mathrm{d}'Q_{\mathrm{irr}}}{T_{\text{熱源}}} = -N = <0 \quad (\text{不可逆サイクル}) \tag{3.10.12}$$

ここで，N は，サイクル全体での変換の当量を表していた．上式を利用して，状態 1 から状態 2 への不可逆変化に伴う N の意味を考える．まず，状態 1 から状態 2 へ不可逆的に変化させ，状態 2 から状態 1 へは準静的に変化させる．不可逆過程を含むので，サイクル全体としては不可逆である．サイクルは，不可逆過程と準静的過程に分割できるので，

$$-N = \oint \frac{\mathrm{d}'Q_{\mathrm{irr}}}{T_{\text{熱源}}} = \int_{1,\mathrm{irr}}^{2} \frac{\mathrm{d}'Q_{\mathrm{irr}}}{T_{\text{熱源}}} + \int_{2,\mathrm{rev}}^{1} \frac{\mathrm{d}'Q_{\mathrm{rev}}}{T_{\text{系}}} = \int_{1,\mathrm{irr}}^{2} \frac{\mathrm{d}'Q_{\mathrm{irr}}}{T_{\text{熱源}}} - \int_{1,\mathrm{rev}}^{2} \frac{\mathrm{d}'Q_{\mathrm{rev}}}{T_{\text{系}}} \tag{4.3.1}$$

となる．最右辺第 2 項は，状態 1 から状態 2 への系のエントロピー変化に等しい，すなわち，

$$\int_{1,\mathrm{rev}}^{2} \frac{\mathrm{d}'Q_{\mathrm{rev}}}{T_{\text{系}}} = \Delta S_{\text{系},1\to 2} \tag{4.3.2}$$

であるから，

$$-N = \oint \frac{\mathrm{d}'Q_{\mathrm{irr}}}{T_{\text{熱源}}} = \int_{1,\mathrm{irr}}^{2} \frac{\mathrm{d}'Q_{\mathrm{irr}}}{T_{\text{熱源}}} - \Delta S_{\text{系},1\to 2} \tag{4.3.3}$$

つまり，

$$N = \Delta S_{\text{系},1\to 2} - \int_{1,\mathrm{irr}}^{2} \frac{\mathrm{d}'Q_{\mathrm{irr}}}{T_{\text{熱源}}} \tag{4.3.4}$$

である．ここで，上式右辺第２項は，

$$-\int_{1,\mathrm{irr}}^{2}\frac{\mathrm{d}'Q_{\mathrm{irr}}}{T_{熱源}}=\int_{1,\mathrm{irr}}^{2}\frac{\mathrm{d}'Q_{\mathrm{irr},熱源}}{T_{熱源}}=\Delta S_{外界,1\to2} \tag{4.3.5}$$

であり，不可逆的に状態１から状態２へ変化したときの，外界のエントロピー変化 $\Delta S_{外界,1\to2}$ に等しい．不可逆過程での系と外界との熱の出入りが，外界のエントロピー変化に対応することが重要である．したがって，

$$N=\Delta S_{系,1\to2}+\Delta S_{外界,1\to2} \tag{4.3.6}$$

となる．右辺は，系が状態１から状態２に変化したときの，全宇宙のエントロピー変化に相当する．

$$N=\Delta S_{系,1\to2}+\Delta S_{外界,1\to2}=\Delta S_{全宇宙,1\to2} \tag{4.3.7}$$

つまり，**クラウジウスが考えた，サイクル全体の変換の当量 N は，任意の状態１から状態２に対する全宇宙のエントロピー変化を表していたのである．**したがって，準静的過程においては $N=\Delta S_{全宇宙,1\to2}=0$ であり，不可逆過程に対しては $N=\Delta S_{全宇宙,1\to2}>0$ となる．前節でみたように，エントロピー生成は，系から取り出せなかった仕事に関係する．そもそも，それがクラウジウスの目的意識であったのだが，サイクル全体の変換の当量 N を通したエントロピーの発見によって，その目的は達せられたのである．

また，(3.10.12) 式と (4.3.3) 式より，

$$\Delta S_{系,1\to2}>\int_{1,\mathrm{irr}}^{2}\frac{\mathrm{d}'Q_{\mathrm{irr}}}{T_{熱源}} \tag{4.3.8}$$

となり，可逆過程の (4.3.2) 式も組み込むと，よく使われる

$$\boldsymbol{\Delta S_{系,1\to2}\geq\int_{1}^{2}\frac{\mathrm{d}'Q_{系}}{T_{熱源}}} \tag{4.3.9}$$

を得る．**これが熱力学第二法則の数学的表現である．**

4.4 理想気体の定積不可逆過程とエントロピー変化

本節では，理想気体の定積加熱過程における，準静的過程と不可逆過程の違いを検討しよう．これは高温から低温への熱の移動を考える前準備として有用である．この検討によって，熱にとって，それが存在する温度が極めて重要であることが理解されるだろう．そして，エントロピーの定義に温度が含まれている理由を理解しよう．

次のような，物質量 n モルの単原子理想気体からなる閉鎖系の準静的定積加熱

過程①と不可逆定積加熱過程②を考えよう．ただし，$T_2 > T_1$ とする．

① 状態1 (P_1, V_1, T_1) から，系と外界の温度をほぼ等しく保ちながら，体積一定で，状態2 (P_2, V_1, T_2) へ準静的に変化させる．

② 状態1 (P_1, V_1, T_1) から，温度 T_2 の外界に接触させ，体積一定で，状態2 (P_2, V_1, T_2) へ不可逆的に変化させる．

まず①の準静的過程では，系が外界から受け取る熱 $Q_{①,\mathrm{rev}}$ は

$$Q_{①,\mathrm{rev}} = \int_{T_1}^{T_2} nC_V\,\mathrm{d}T = nC_V(T_2 - T_1) \tag{4.4.1}$$

となる．ただし，これは状態1から状態2への変化にともなうトータルの熱量であり，T_1 から T_2 へ温度変化している間にやりとりした熱である．一方，不可逆過程②でも，系が外界から受け取る熱 $Q_{②,\mathrm{irr}}$ は

$$Q_{②,\mathrm{irr}} = \int_{T_1}^{T_2} nC_V\,\mathrm{d}T = nC_V(T_2 - T_1) \tag{4.4.2}$$

で与えられ，総量は $Q_{①,\mathrm{rev}}$ と等しい．ただし，②では，この熱は，温度 T_2 の外界から系に供給されている．つまり，過程①も②も，熱力学第一法則を用いて内部エネルギーを比較すると

$$\Delta U_{①,\mathrm{rev}} = \Delta U_{②,\mathrm{irr}} = nC_V(T_2 - T_1) \tag{4.4.3}$$

となり，準静的過程と不可逆過程の違いは現れない．

それでは，違いはどこにあるかというと，それは，系に与えられる熱の熱源の温度である．過程①では，T_1 から T_2 へ無限小の温度差で変化するとともに，微小量の熱も，それぞれの温度の外界から系に供給される．そのトータルの熱量として，$C_V(T_2 - T_1)$ になる．一方，過程②では，外界の温度は常に T_2 であり，熱量 $C_V(T_2 - T_1)$ はすべて T_2 の熱源から供給された．熱力学第一法則は，量的関係を示すだけなので，その熱がどのような熱源から供給されたかということが反映されない．つまり，第一法則だけでは，定積過程の準静的過程と不可逆過程の違いを表すことはできない[*3]．

そこで，エントロピーが必要になる．準静的過程①での系のエントロピー変化 $\Delta S_①$ は，

$$\Delta S_① = \int_{T_1}^{T_2} \frac{\mathrm{d}'Q_{①,\mathrm{rev}}}{T_{系}} = \int_{T_1}^{T_2} \frac{\mathrm{d}U_①}{T} = \int_{T_1}^{T_2} \frac{nC_V\,\mathrm{d}T}{T} = nC_V \int_{T_1}^{T_2} \frac{\mathrm{d}T}{T} = nC_V \ln\left(\frac{T_2}{T_1}\right) \tag{4.4.4}$$

＊3　これが等温膨張過程と異なる点である．等温膨張過程では，準静的過程と不可逆過程で，取り出しうる仕事の量や，外界とやりとりする熱量が異なっていた．

で求められる．この式から明らかなように，エントロピーは状態量なので，変化量は定積過程の場合，はじめの温度 T_1 と変化後の温度 T_2 のみで決まる．したがって，不可逆過程②においても，系のエントロピー変化 $\Delta S_{②}$ は，

$$\Delta S_{②} = \Delta S_{①} = nC_V \ln\left(\frac{T_2}{T_1}\right) \tag{4.4.5}$$

となる．定積過程においても，系のエントロピー変化だけでは，準静的過程と不可逆過程の違いは認識できない．

そこで，外界と全宇宙のエントロピー変化を考えてみよう．準静的過程①においては，$T_{系} \approx T_{外界}$ で変化している．したがって，準静的過程①での外界のエントロピー変化 $\Delta S_{外界①}$ は

$$\Delta S_{外界①} = \int_1^2 \frac{\mathrm{d}'Q_{外界①}}{T_{外界}} = \int_1^2 \frac{-\mathrm{d}'Q_{系①}}{T_{系}} = -\int_{T_1}^{T_2} \frac{\mathrm{d}U_{①}}{T} = -\int_{T_1}^{T_2} \frac{nC_V\,\mathrm{d}T}{T}$$
$$= -nC_V \int_{T_1}^{T_2} \frac{\mathrm{d}T}{T} = -nC_V \ln\left(\frac{T_2}{T_1}\right) \tag{4.4.6}$$

となる．したがって，全宇宙のエントロピー変化 $\Delta S_{全宇宙①}$ は

$$\Delta S_{全宇宙①} = \Delta S_{系①} + \Delta S_{外界①} = nC_V \ln\left(\frac{T_2}{T_1}\right) - nC_V \ln\left(\frac{T_2}{T_1}\right) = 0 \tag{4.4.7}$$

となる．準静的過程では，等温過程と同様，外界から熱とともにエントロピーが系に移動しただけで，全体での増減はない．

一方，不可逆過程②での外界のエントロピー変化 $\Delta S_{外界②}$ は，熱溜めの温度が T_2 であることに注意して

$$\Delta S_{外界②} = \int_1^2 \frac{\mathrm{d}'Q_{外界②}}{T_{外界}} = \int_1^2 \frac{-\mathrm{d}'Q_{系②}}{T_2} = -\frac{1}{T_2}\int_{T_1}^{T_2} \mathrm{d}U_{①}$$
$$= -\frac{1}{T_2}\int_{T_1}^{T_2} nC_V\,\mathrm{d}T = -\frac{nC_V}{T_2}(T_2 - T_1) \tag{4.4.8}$$

となる．したがって不可逆過程②における全宇宙のエントロピー変化 $\Delta S_{全宇宙②}$ は

$$\Delta S_{全宇宙②} = \Delta S_{系②} + \Delta S_{外界②} = nC_V \ln\left(\frac{T_2}{T_1}\right) - \frac{nC_V}{T_2}(T_2 - T_1)$$
$$= nC_V\left\{\ln\left(\frac{T_2}{T_1}\right) - \frac{T_2 - T_1}{T_2}\right\} > 0 \tag{4.4.9}$$

となり，全宇宙のエントロピーが増大していることがわかる[*4]（脚注次ページ）．すなわち，定積不可逆過程において，全宇宙のエントロピーは増大する．定積過程では，熱の移動量は同じであるが，その移動した熱が存在していた熱源の温度が異なっていることが不可逆性の本質であるといえる．エントロピーの定義式で，分母

に絶対温度が入っているため，熱が存在していた熱源の温度の影響を含めて議論できるのである．

定積不可逆過程で，不可逆性がどこで生じたかを考えよう．重要な点は，準静的変化ではないということである．過程②では，系の温度は T_1 から T_2 へ変化するが，その間，外界の温度が常に T_2 になっている．つまり，系と外界に，常に温度差が生じている．

前節で学んだように，系と外界に圧力差が生じている状態で変化すると，不可逆性を生じる．同様に，温度差が存在する状況で，熱が移動すると，それは不可逆性を生じるのである．これは，熱は温度の高い方から，低い方へ流れるという経験に基づいている．なぜ不可逆なのかは，過程②で状態1から状態2へ変化した系をもとの状態1に戻すことを考えればわかるだろう．過程②では，外界の温度を T_2（$> T_1$）に保って，温度差によって熱を移動させた．これで，状態2から状態1に戻すのに，外界の温度を T_2 に保って，同じだけの熱を系から移動できれば，可逆過程になるだろう．しかし，今度は温度を下げる（$T_2 \to T_1$）のに外界の温度を T_2 に保っていては，温度は下がらない．過程②と同様に一つの熱源でもとの状態1まで戻すためには，外界の温度を T_1 にする必要がある．このとき，系から外界に放出する熱量は，$nC_V(T_2 - T_1)$ で，絶対値は $Q_{②,\mathrm{irr}}$ と等しい．しかし，その熱は，温度 T_1 の外界の熱溜めに放出されている．結局，不可逆的に状態1→（過程②）

＊4　この証明は図示した方がよいだろう．まず変化の設定条件より，$T_2 > T_1$，すなわち，$\dfrac{T_2}{T_1} > 1$ である．$\ln\left(\dfrac{T_2}{T_1}\right) - \dfrac{T_2 - T_1}{T_2} > 0$ は $\ln\left(\dfrac{T_2}{T_1}\right) > \dfrac{T_2 - T_1}{T_2} = 1 - \dfrac{T_1}{T_2}$ となる．$\dfrac{T_1}{T_2}$ を変数として $y = \ln\left(\dfrac{T_2}{T_1}\right)$ と $y = 1 - \dfrac{T_1}{T_2}$ を $\dfrac{T_2}{T_1} > 1$ の領域で描くと**図**のようになる．これから明らかに $\dfrac{T_2}{T_1} > 1$ では $\ln\left(\dfrac{T_2}{T_1}\right) > 1 - \dfrac{T_1}{T_2}$ なので，$\ln\left(\dfrac{T_2}{T_1}\right) - \dfrac{T_2 - T_1}{T_2} > 0$ が成立する．

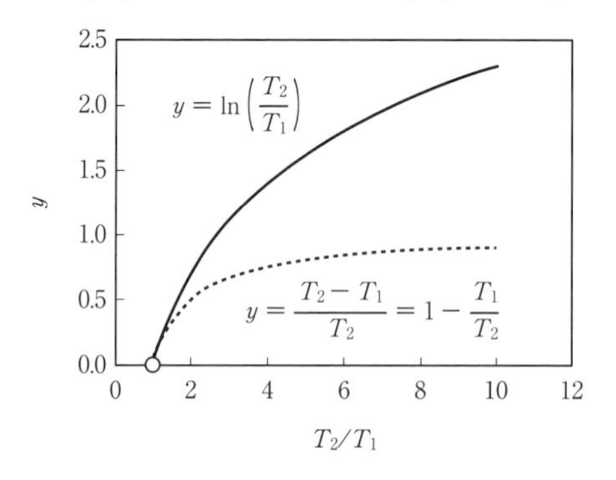

→2→（外界の温度 T_1）→1でもとに戻したとき，系はもとの状態に戻っているが，外界は状態1→2で，温度 T_2 の熱源から $nC_V(T_2-T_1)$ の熱を供給し，状態2→1で，温度 T_1 の熱源が $nC_V(T_2-T_1)$ の熱を受け取ったことになる．外界だけみると，$nC_V(T_2-T_1)$ の熱が，温度 T_2 の熱源から温度 T_1 の熱源に移動しており，これは，高温 T_2 から低温 T_1 への熱の移動に他ならない．移動した熱量は等しくても，その存在する温度が異なることが状態の違いをもたらし，それが不可逆性の原因となっている．

また，どんなに微小量の熱の移動であっても，有限の温度差に基づく熱の移動は不可逆になることに注意しておこう．可逆と不可逆の本質的な違いは，変化量にあるのではない．

さらに圧力に差がある場合は，その差が生み出す仕事の差を物体の巨視的な運動エネルギーに変換して，可逆的に変化させることが原理的には可能であった．しかし，温度差の場合にはそれはできない．温度差に基づいて移動した熱を，別のエネルギー形態に変換して，可逆的に戻すことはできない．これも熱の特殊性を表している．

4.5　温度差に基づく熱の移動現象とエントロピー変化

本節では，不可逆現象の典型例の一つである，温度差に基づく熱の移動現象を考察しておこう．理想気体の定積変化と本質的には同じなのだが，身近にイメージしやすい，温度が変化しても体積仕事をほとんど伴わない固体で考えよう．いま，同じ大きさの熱容量 C を持つ固体の物体Aを二つ用意し，それぞれ高温 T_{H} と低温 T_{L} に保っておく．二つの物体を合わせて，系とする．状態1では，それぞれを断熱壁で覆っておいて，熱が移動できない状態に保っておく．次にそれらを接触させ，接触させた部分だけ，断熱壁を取り外し，高温 T_{H} の物体から低温 T_{L} の物体に熱が移動できるようにする．また，必要に応じて断熱壁を入れて，熱の移動を止められるようにしよう．それぞれの熱容量は十分に大きく，ある程度の有限の熱が移動してもそれぞれの温度は変わらないとしよう．つまり，それぞれの温度は変わらないまま，熱量 Q が高温 T_{H} の物体から低温 T_{L} の物体に移動した状態を状態2とする（**図4.3**）．この状態1から状態2への変化にともなうエントロピー変化を求めよう．

実際の過程としては，日常でよく体験するように，直接，高温 T_{H} の物体から低

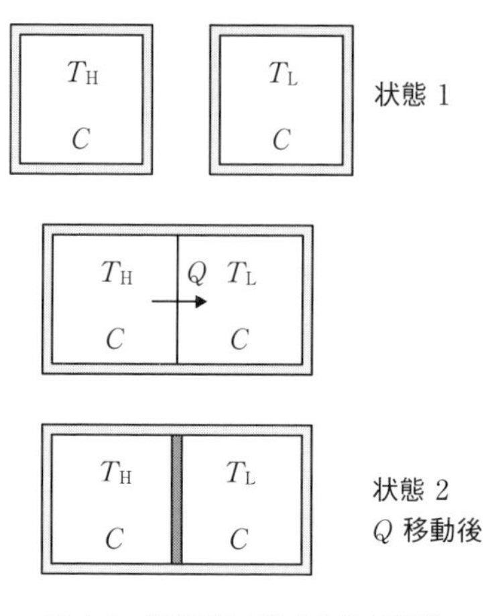

図 4.3　温度差に基づく熱の移動

温 T_L の物体に熱が移動する．しかし，それは可逆的ではないので，この過程で系のエントロピー変化を求めることはできない．状態1から状態2に準静的に変化させるには，次のように考える．

まず，高温 T_H の物体のエントロピー変化 ΔS_H と，低温 T_L の物体のエントロピー変化 ΔS_L を別々に求める．つまり，状態1から状態2への変化を，高温 T_H の物体から低温 T_L の物体への，直接の熱量 Q の移動とはとらえず，高温 T_H の物体から熱量 Q が外部に移動し，またそれとは別に，低温 T_L の物体へ外部から熱量 Q が移動した現象ととらえる．状態1と状態2を比較して，高温 T_H の物体のみに注目すれば，熱量 Q が外部へ移動しただけであり，逆に低温 T_L の物体のみに注目すれば，外部から熱量 Q が移動してきただけで，それぞれどのような外部と相互作用したかは関係がない．そこで，準静的に行うには，次のようにすればよい．

高温 T_H の物体のエントロピー変化 ΔS_H は，この物体を T_L に接触させるのでなく，同じ温度 T_H の熱溜めに接触させて，熱的平衡状態にする．そして，無限小だけ温度の低い，ほぼ温度 T_H の熱溜めに接触させ，ほとんど等温で熱量 Q_{rev} を物体から取り出す．このようにすれば，T_H の物体と外界の温度がほぼつり合った状態で熱量 Q_{rev} を熱溜めに移動させることができる（**図 4.4**）．これは準静的過程であるので下付き rev をつけた．したがって，

$$\Delta S_H = -\frac{Q_{rev}}{T_H} \tag{4.5.1}$$

と求められる．このとき，外界である T_H の熱溜めのエントロピー変化 $\Delta S_{H,外界}$ は

$$\Delta S_{H,外界} = \frac{Q_{rev}}{T_H} \tag{4.5.2}$$

となる．準静的過程なので，エントロピーは物体から熱溜めに移動しただけである．

低温 T_L の物体のエントロピー変化 ΔS_L も同様に，ほぼ同じ温度の熱溜めに接触させて，そこから熱量 Q_{rev}（この熱量 Q_{rev} は T_H で高温の物体から熱溜めに移動し

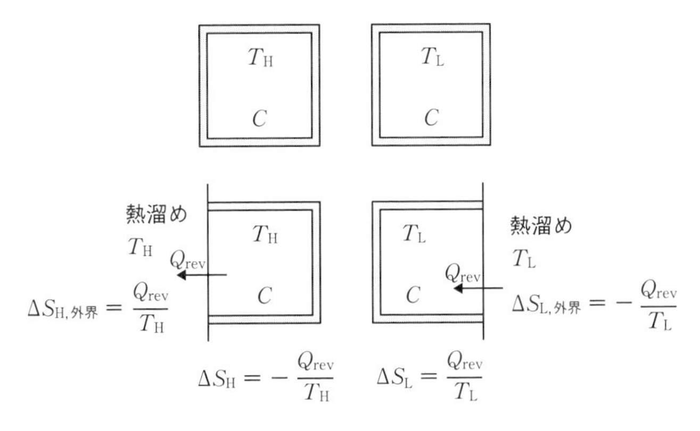

図 4.4　温度差に基づく熱の移動を準静的に行う過程

た熱量に等しい）を移動させれば準静的過程になるので，

$$\Delta S_L = \frac{Q_{rev}}{T_L} \tag{4.5.3}$$

と求められる．このときの外界である T_L の熱溜めのエントロピー変化 $\Delta S_{L,外界}$ は

$$\Delta S_{L,外界} = -\frac{Q_{rev}}{T_L} \tag{4.5.4}$$

となる．したがって，二つの物体を合わせた系のエントロピー変化 $\Delta S_系$ は

$$\Delta S_系 = \Delta S_H + \Delta S_L = -\frac{Q_{rev}}{T_H} + \frac{Q_{rev}}{T_L} = Q_{rev}\left(\frac{1}{T_L} - \frac{1}{T_H}\right) \tag{4.5.5}$$

と求められる．これは変化の経路によらないから，状態1から状態2への変化にともなう系のエントロピー変化はすべてこの値となる．

一方，準静的過程で，状態1から状態2へ変化させたときの外界のエントロピー変化 $\Delta S_{外界}$ は当然，

$$\Delta S_{外界} = \Delta S_{H,外界} + \Delta S_{L,外界} = \frac{Q_{rev}}{T_H} - \frac{Q_{rev}}{T_L} = Q_{rev}\left(\frac{1}{T_H} - \frac{1}{T_L}\right) \tag{4.5.6}$$

となる．したがって，全宇宙のエントロピー変化は，

$$\Delta S_{全宇宙} = \Delta S_系 + \Delta S_{外界} = Q_{rev}\left(\frac{1}{T_L} - \frac{1}{T_H}\right) + Q_{rev}\left(\frac{1}{T_H} - \frac{1}{T_L}\right) = 0 \tag{4.5.7}$$

となる．このように準静的過程では全宇宙のエントロピーは変化しない．

一方，高温の物体から低温の物体に，直接，熱量 Q が移動した場合は，外界は系と熱のやりとりをしないので，

$$\Delta S_{外界} = 0 \tag{4.5.8}$$

である．したがって，

$$\Delta S_{全宇宙} = \Delta S_{系} + \Delta S_{外界} = Q\left(\frac{1}{T_L} - \frac{1}{T_H}\right) + 0 = Q\left(\frac{1}{T_L} - \frac{1}{T_H}\right) > 0 \tag{4.5.9}$$

となり，全宇宙のエントロピーは増大することがわかる．つまり，高温から低温への直接の熱の移動は不可逆現象であり，エントロピーの生成をともなうことがわかった．

この熱の移動にともなうエントロピー生成の原因は，物体の巨視的な運動エネルギー → 原子や分子の微視的な運動エネルギーへの散逸のように，系内での不可逆的な熱の発生としては理解できない．そうではなく，エントロピーの定義で，分母が熱源の温度になっていることからわかるように，外界に仕事を取り出すことなく，高温部から低温部に熱が移動するとエントロピーが増加するように定義されているのである．本来，カルノーサイクルでわかるように，高温部から低温部へ熱が移動するとき，工夫をすれば，必ずその一部を仕事として取り出すことができる．しかし，単なる熱の移動ではまったく仕事を取り出せていない．そこで，熱の移動に際しての，エントロピー生成と取り出せなかった仕事の関係を調べよう．

カルノーサイクルにみられるように，温度差がある場合の熱の移動では，気体の膨張・圧縮などを準静的に行えば，必ずいくらかの仕事を取り出しうる．しかし，単なる熱の移動では，まったく仕事を取り出すことがない．ここでカルノーサイクルを考えて，高温 T_H で熱量 Q_H を系 (理想気体) が受け取り，外部に $-W_{rev}$ の仕事をして，低温 T_L に熱量 Q_L を捨てたとしよう．熱力学第一法則より，$-W_{rev} = Q_H - Q_L$ であり，さらにすでに求めたように，カルノーサイクルのエントロピー変化 ΔS_{rev} は

$$\Delta S_{rev} = -\frac{Q_H}{T_H} + \frac{Q_L}{T_L} = 0 \tag{4.5.10}$$

である．

さて，高温部から低温部に熱が移動するということは，外部に仕事を取り出さないこと，つまり $W_{irr} = 0$ に等しい．したがって，$Q_H = Q_L$ であるから，そのときのエントロピー変化 ΔS_{irr} は，

$$\Delta S_{irr} = Q_H\left(\frac{1}{T_L} - \frac{1}{T_H}\right) > 0 \tag{4.5.11}$$

となる．これがエントロピー生成 $\Delta S_{生成}$ になるが，それは ΔS_{irr} と ΔS_{rev} の差でもあ

る．つまり，

$$\Delta S_{\text{irr}} - \Delta S_{\text{rev}} = Q_{\text{H}}\left(\frac{1}{T_{\text{L}}} - \frac{1}{T_{\text{H}}}\right) - \left(-\frac{Q_{\text{H}}}{T_{\text{H}}} + \frac{Q_{\text{L}}}{T_{\text{L}}}\right) = \frac{Q_{\text{H}}}{T_{\text{L}}} - \frac{Q_{\text{H}}}{T_{\text{H}}} + \frac{Q_{\text{H}}}{T_{\text{H}}} - \frac{Q_{\text{L}}}{T_{\text{L}}}$$
$$= \frac{Q_{\text{H}} - Q_{\text{L}}}{T_{\text{L}}} = \Delta S_{\text{生成}} \qquad (4.5.12)$$

となる．取り出さなかった仕事は，

$$-W_{\text{rev}} - (-W_{\text{irr}}) = (Q_{\text{H}} - Q_{\text{L}}) - 0 = Q_{\text{H}} - Q_{\text{L}} \qquad (4.5.13)$$

なので，(4.5.12) 式より，

$$-W_{\text{rev}} - (-W_{\text{irr}}) = Q_{\text{H}} - Q_{\text{L}} = T_{\text{L}}\Delta S_{\text{生成}} \qquad (4.5.14)$$

となる．この式は，単に熱が移動しただけのときの系のエントロピー生成が，取り出せなかった仕事と直接関係していることを示している．

補足しておこう．それは準静的に T_{H} から熱量 Q_{rev} を取り出し，T_{L} に熱量 Q_{rev} を与えた場合，仕事を取り出していないのに，全宇宙のエントロピーが増加していないことである．この場合，状態1と状態2を考えると，状態2においても，状態1において系が持っていた仕事をする能力が，外界に保存されているのである．エントロピー生成がゼロということは，仕事をする能力に変化がなかったことを意味している．その証拠に，状態2は，準静的に状態1に戻すことができる．このように，温度差のある状況での熱の移動は，準静的に行っても，系のみに注目していると，一見，仕事をする能力が減少したように見える．しかし実は，その能力は外界に移動しているのであって，またどこにも影響を残すことなく，その能力を系に戻すことができるのである．

4.6　エントロピーをどのように理解するか

熱力学では，状態変化にともなってどれだけ仕事を取り出しうるかが，実用上の主たる問題であった．それに対する定量的な解答が，**エントロピー生成**である．気体の膨張過程と，高温から低温への熱の移動の二つの例からも明らかなように，系のエントロピー生成は，系の状態変化において取り出せなかった仕事と深く関係している．系のエントロピー生成が大きいほど，取り出さなかった (取り出せなかった) 仕事が多い．したがって，エネルギーの有効利用のためには，エントロピーを生成させないことが重要であることがわかる．これがエントロピーの有用性の一つであることが理解されるだろう．

熱力学が明らかにしたことは，まず，熱を継続的に100％の効率で仕事に変換することは，原理的にできないということである．原理的にというのは，人類の技術が未熟だからなしえないということではなく，“まったく無駄のない準静的過程を用いてでさえ”できないということである．つまり，自然現象にそもそも備わっている本質であり，いかに科学技術が発達しようと，カルノー効率を超える熱機関はつくれない．

自然現象には，そのもの単独で自発的に進行する方向がある．圧力差は物質移動の駆動力となり，温度差は熱の移動の駆動力となる．そして，圧力差のある状態での物質移動とそれに続く微視的運動エネルギーとしての散逸や，温度差のある状態での熱の移動は，系が潜在的に持つ，仕事をなしうる能力を発現させることなく，消失させることになる．そのことによって，実際の効率は，準静的過程よりも低くなることになる．その消失した潜在的仕事を定量的に表現するパラメータとして，エントロピー生成がある．

エントロピーが理解しにくいのは，自発的変化から仕事として取り出せなかった分を用いて，エントロピー生成として定量化するためである．理想的に（準静的に）仕事を取り出した場合には，全宇宙のエントロピー変化はゼロとなる．それを基準とする．ある状態ではなくて，準静的過程という「変化の経路」が基準なのである．そしてエントロピーは，取り出せる分を定量化したのではなくて（変化に条件をつけた場合，定量化できるのだが，それはエントロピーそのものではない），準静的過程と比較して，取り出せない分を定量化している．

さらに，系だけ見ていては，定量化できず，全宇宙で考えないといけない．われわれの興味の対象は系なので，ほとんどの場合，系の物理量だけを考えればよい[*5]．それに対して，エントロピーは，外界を含めた全宇宙を考えてはじめて，消失した潜在的仕事を定量化できる．これもエントロピーを理解しにくい原因の一つであると思われる．

ここで，不可逆過程をもう一度考えておこう．ある状態変化に対して，どんな経路を使っても，系と外界を合わせた全宇宙がもとに戻らないことが，不可逆過程の定義であった．不可逆性をもたらす要因は，圧力差による物体の運動の場合には，巨視的な運動エネルギーが微視的な運動エネルギーとして散逸されることであり，

＊5　実際に化学熱力学では，すべての場合に全宇宙を考えなくてもよいように，等温・等圧変化の場合には，系のギブズエネルギーという物理量を定義し，それだけで議論できるようにする．しかし，本質は全宇宙にある．

温度差による熱の移動の場合では，仕事を取り出さない単なる熱の移動であった．これらはいずれも，取り出しうる仕事を取り出さなかったことに対応する．つまり，不可逆性は，準静的（あるいは可逆的）に行えば原理的には取り出しうる仕事を，取り出さなかったことによって生じるといえる．一方，もともとのクラウジウスの問題設定にあったように，世の中には，それ単独で自発的に進行しうる現象と，単独で進行する現象をともなわないと進行しない現象がある．単独で自発的に進行しうる現象は，たいていは仕事を取り出さない現象ばかりである．単独で自発的に進行しうる現象に対して，工夫をしてその現象から可能な限り多くの仕事を取り出そうとすると**準静的過程**になる．そして，その準静的過程において，全宇宙のエントロピー変化がゼロになるように議論を組み立てたのである．そのため，仕事を取り出さない場合に，全宇宙のエントロピーが増大することになり，それが自発的変化の方向性を示すこととなった．仕事を取り出さないことと自発的変化の方向性の関係，そして準静的過程を基準に，そこからどれだけ仕事を取り出していないかをエントロピー生成が定量的に表すことを理解することが重要である．

不可逆過程を理解したあとで，あらためて可逆過程を考えてみることにも意味があるだろう．可逆過程のみが進行する仮想的な世界（**可逆的世界**）があったとしよう．可逆的世界においても，サイクルを用いて熱を 100 %仕事に変換することは不可能である．そして，その制限のもとで，可逆的世界においては，サイクルに限らないすべての過程において，系が外界に仕事をするとき最大の仕事を与え，逆に，系が外界から仕事をもらうとき最小の仕事となる．また，熱が仕事に変換しない場合もある．たとえば，4.5節で取り上げた熱の移動がそれである．系のみに注目した場合，高温の物体から低温の物体に熱が移動したように見える．しかし可逆的世界では，それはそれらと同じ温度の熱溜めとの間の熱のやりとりの結果であって，仕事をする能力は外界に移動したにすぎず，決して消滅してはいない．仕事をする能力が移動するだけで消滅しない，それがエントロピー生成のない可逆的世界なのである．

また，すでに何度も強調しているが，エントロピーは自然現象に内在する変化の方向性を表すために定義された物理量である．化学熱力学を少し学習すると，「なぜ，自発的変化の進行にともなって，全宇宙のエントロピーが増大するのかわからない」という疑問を持つことがある．しかしこれまで述べてきたように，自然に変化する場合に全エントロピーが増大するように，エントロピーを定義したのであるから，「なぜ全宇宙のエントロピーが増大するのか」という疑問そのものに意味がないことがわかるだろう．世の中で実際に進行するすべての現象に対して，全宇宙のエントロピーは増大するように理論立てられているのである．

巨視的に定義されたエントロピーは，仕事と関係した物理量であるが，同時に，平衡状態において系に一意的に存在する状態量となる．系の状態量であることから，系の微視的な性質と関係付けることが，ボルツマンの目指したことであった．そしてそれは，**量子力学**とも結びつき，**統計熱力学**という学問として結実することになり，全宇宙のエントロピーがなぜ増大するのかをミクロな観点から理解できるようになった．

一方，巨視的な取り扱いのままで，系からどれだけ仕事を取り出せるかという，熱力学本来の問題意識をさらに発展させたのはギブズである．特に，化学現象に熱力学を適用した場合，等温・定圧でどれだけ仕事を取り出しうるか，閉鎖系で化学反応が進行した場合どこまで進んで平衡状態に到達するかなどを，前もって集められたデータを利用すれば，実験しなくても正確に予測できるという，極めて実用的な側面を示すこととなった．次章では，それらの理論的側面について解説しよう．

5. エンタルピー

5.1 便利で使いやすくするための工夫

前章までで原理的な内容は終わった．熱力学が明らかにした，自然現象の本質を表現するために必要な状態量は，**内部エネルギー**と**エントロピー**だけである．変化の方向性を議論するのであれば，内部エネルギーとエントロピーを用いれば，原理的にすべて判断して答えを出すことができる．ただし答えを出せることと，便利で使いやすいかどうかは，まったく別問題である．

自然現象を根本から理解するためには，内部エネルギーとエントロピーを用いて，根本から議論することが必須である．そのための知識はすでにある．一方で，工学的な目的のために，いちいち根本の原理に立ち返らずに手早く答えを知りたい場合もたくさんある．そしてある条件のもとでは，簡単な四則演算で，反応にともなって出入りする熱や電気的仕事，平衡定数を求めることが可能となる．本章以降では，化学の立場から，熱力学の原理をいかに使いやすい形にするかを理解しよう．まずは**定圧反応熱**から始めよう．

5.2 エンタルピーと熱化学反応の定圧反応熱

系内で化学反応が自発的に進行する状況を考えよう．ただし系としては，仕事や熱は外界とやりとりできるが物質のやりとりはできない閉鎖系を考える．つまり，物質に関しては閉じていて，系内で化学反応が進行すると反応物が消費され，生成物が増加し，いずれそれ以上変化しない状態，すなわち平衡状態に到達する系を考えるということである．前章までで取り扱ってきた，内部で化学反応が起こらない系では，外部から仕事や熱を加えないと状態変化は起こらなかった．しかし内部で化学反応が進行する系は，外部から仕事や熱を加えなくても，化学反応が自発的に進行し，系の状態が変化するようになる．

さらに，系と外界でやりとりする仕事として，体積仕事だけを考えるのか，それ

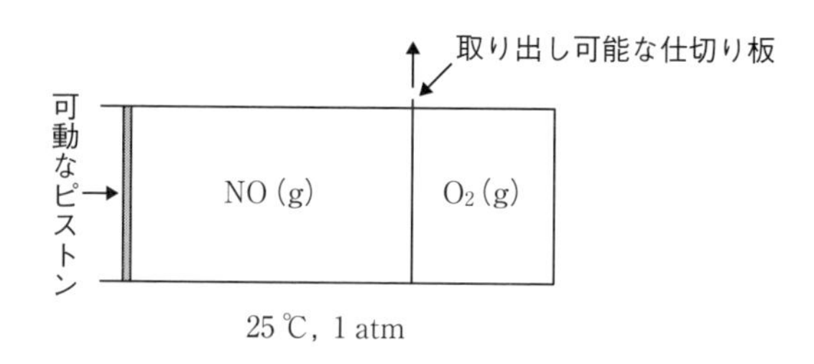

図 5.1　体積比 2：1 の NO (g) と O_2 (g) が別々に存在する始状態

とも電気的仕事も含めて考えるのかで，内容が異なってくる．化学熱力学の入門書的なテキストでは，最初は電気的仕事を含ませず体積仕事だけを考える場合が多い．それは，電気的仕事を扱うのは，電池に代表される電気化学系に限られるためであり，たいていは電気化学系ではない化学反応を取り扱う場合が多いためである．ただし，理論的には電気化学系を対象とした方がより一般性がある．本節では，まず電気的仕事を考えない場合を取り扱う．そして次に，より一般性の高い議論を行うために，体積仕事に電気的仕事を加えて取り扱うことにする．

化学反応として，一酸化窒素の酸化反応を取り上げよう．

$$2\,NO(g) + O_2(g) = 2\,NO_2(g) \quad (g\text{ は気体であることを表す}) \qquad (5.2.1)$$

まず，体積比 2：1 の NO(g) と O_2(g) を，取り出し可能な仕切り板で区切られた容器のそれぞれの空間に入れておく．温度は 25℃，圧力は 1 atm とする (**図 5.1**)．仕切り板を動かさない限り，この温度，圧力では，それぞれの気体は単独ではどんな変化も起こさないので，平衡状態である．これを**反応系**と呼ぶ．一方，一般的に，反応式の右辺の物質が反応せずに個々に存在している系を**生成系**と呼ぶ．

さてここで，仕切り板をとってみよう．仕切り板をとるということは，なんらかの仕事を反応系に及ぼすことになるのだが，その仕事量は小さくて無視できると考えよう．仕切り板をとると，NO と O_2 は直接接触し，(5.2.1) 式の反応が自発的に進行する．具体的には，無色透明な NO と O_2 から，茶色い NO_2 が生成する．体積も減少するが，容器そのものに可動なピストンがついているとして，反応の進行中も，外部はつねに 1 atm で系を押しているとする．

いまの条件では，(5.2.1) 式の反応の進行にともない，外界とやりとりしている仕事は体積仕事のみを考えればよく，電気的仕事など他の仕事は実際にやりとりしていないので，考慮する必要がない．このような反応を，**熱化学反応**と呼ぶことがある．あまり馴染みのない呼び方であるが，外界と電気的仕事のやりとりを行える

電気化学反応に対する用語である．われわれが取り扱う反応としては，電気化学反応よりも圧倒的に熱化学反応の方が多いので，通常，わざわざ熱化学反応などと呼ばずに，単に**化学反応**と呼んでいる．しかし，本節では，電気化学反応との違いを強調しておきたいので，あえて熱化学反応と呼ぶことにする．この熱化学反応の進行にともなう反応熱を考えてみよう．それには熱力学第一法則だけで十分である．

すでに述べたように，容器そのものに可動なピストンがついているので，外圧はつねに1 atmである．一方，系内の圧力は，反応の進行の状況によって圧力分布が生じるであろうから，反応の進行中に系内の圧力は原理的に定義できない*1．このことを念頭において，熱力学第一法則を適用してみよう．系内で熱化学反応が進行し自発的に変化するような場合にも，もちろん，第一法則は適用できる．

状態1：反応系 (P, V_1, T) から始めて，そこで仕切り板をとって自発的に熱化学反応が進行し，状態2：生成系 (P, V_2, T) に変化したとしよう（**図5.2**）．状態1と状態2において，系は外界と平衡にあるので，系の圧力は外界の圧力に等しいから，

$$P = P_{外} \tag{5.2.2}$$

であることに注意しておこう．ここで重要なのは，変化の間，外界の圧力が常に1 atmで一定に保たれていることである．系が体積変化をしていても，外圧は一定

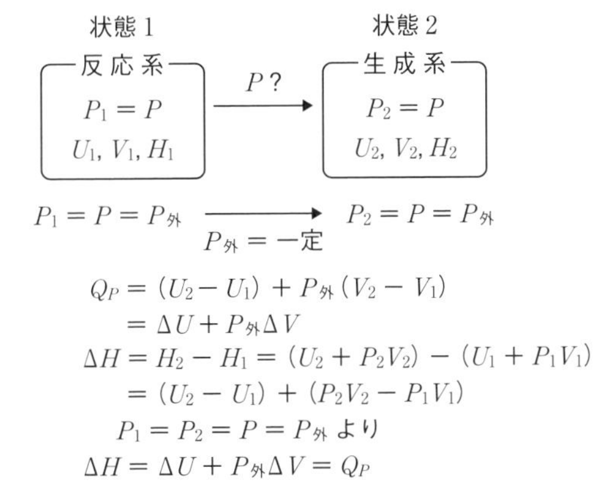

図5.2 外界の圧力一定の元での化学反応の進行にともなう反応熱（定圧反応熱）とエンタルピー変化の関係

*1 温度に関しても同じである．外界の温度は，系の温度にかかわらず25℃に保っている．しかし系内では反応の進行とともに温度分布ができるので，そもそも状態量である温度を定義できない．

であるから，それに注意して

$$\Delta U = \int_1^2 \mathrm{d}U = \int_1^2 (\mathrm{d}'Q + \mathrm{d}'W) = \int_1^2 \mathrm{d}'Q + \int_1^2 \mathrm{d}'W = \int_1^2 \mathrm{d}'Q - \int_1^2 P_{外} \mathrm{d}V$$

$$= Q_P - P_{外} \int_1^2 \mathrm{d}V = Q_P - P_{外} \Delta V \tag{5.2.3}$$

となる．ただし，仕事として体積仕事だけを考えている．ここで Q_P は外圧一定での変化における熱の出入りを示すために下付きの P としてある．

外圧一定のもとでの熱化学反応の進行にともなって出入りする熱を，**定圧反応熱**と呼ぶ．しばしば定圧変化とは，変化の間，系の圧力が一定であることと誤解されているが，系内で反応が進行しているときは，状態量である圧力がそもそも定義されない．そのため熱化学反応を準静的に行わせているような極めて特殊な場合を除いて，系の圧力が一定の化学変化など，厳密には存在しない．しかし，外界の圧力が一定ということであれば，われわれが実験室で行うような実験においては，つねに満たされていると考えてよいだろう（要するにビーカーなどを使って実験しているあいだ，周囲の気圧はほぼ一定としてよいということである）．(5.2.3) 式を移行して

$$Q_P = \Delta U + P_{外} \Delta V \tag{5.2.4}$$

となる．特に右辺第 2 項は，系が外界から受け取った仕事という，明確な物理的意味がある．(5.2.1) 式の量論に従って，単位物質量（1 モル）分の反応が 1 atm，25 ℃で起こったとき，-114 kJ の熱量が系から外界に放出される．つまり，-114 kJ の**発熱反応**ということになり，$Q_P = -114$ [kJ mol^{-1}] である．

さて定圧反応熱は，ある熱化学反応を進行させるための工学的装置の設計などで極めて重要になる．そして世の中にはいろいろな目的があって，誰も実験したことがないような熱化学反応を考えたときに，その反応にともなってどれくらい反応熱が出るのかを知りたいときもある．そんなときに毎回，実際に実験を行って測定するのは大変である．すでにデータベースになっていて，簡単な四則演算で見積もることができれば，とても便利だろう．その目的のために，新しい熱力学的状態量として，**エンタルピー**を導入しよう．**エンタルピーは $\boldsymbol{H}$ で表され，次の式で定義される．**

$$\boldsymbol{H \equiv U + PV} \tag{5.2.5}$$

$\boldsymbol{U, P, V}$ **いずれも状態量なので，$\boldsymbol{H}$ も状態量になる．**そして，U と V は示量性，P は示強性なので，H は示量性である（2.7 節参照）．実は，この定義の物理的意味を考えて，悩んでしまうことが多いのだが，このエンタルピーの定義そのものに

物理的意味はないし，無理やり物理的意味をつける必要もない．それならなぜエンタルピーを定義する必要があるのだろうか．それは，先ほど考えた状態1から状態2への定圧下での熱化学反応の進行を考えるとわかる．

状態1および状態2における内部エネルギーおよびエンタルピーをそれぞれ U_1, U_2 および H_1, H_2 とする．定義より

$$H_1 \equiv U_1 + PV_1 \quad \text{および} \quad H_2 \equiv U_2 + PV_2 \tag{5.2.6}$$

となる．したがって，状態1と状態2のエンタルピーの差 ΔH は

$$\begin{aligned}\Delta H &= H_2 - H_1 = (U_2 + PV_2) - (U_1 + PV_1) = (U_2 - U_1) + (PV_2 - PV_1) \\ &= \Delta U + P\Delta V \end{aligned} \tag{5.2.7}$$

となる．

このエンタルピー差は，熱化学反応によって生じた「変化」という意味で，エンタルピー変化と呼ばれることが多い．しかし，実際に反応が進行するかどうかにかかわらず ΔH は存在するため，「差」の方が適切ではないかと思うので，本書では「差」を用いることにする．微妙なニュアンスの違いを感じ取っていただきたい．右辺第2項 $P\Delta V$ は，状態1と状態2の系の圧力 P に体積変化 ΔV を掛けただけで，体積仕事という物理的意味はない．しかしここで，(5.2.2) と (5.2.4) 式を合わせてみれば，

$$Q_P = \Delta U + P_{外}\Delta V = \Delta U + P\Delta V = \Delta H \tag{5.2.8}$$

すなわち，

$$\boldsymbol{Q_P = \Delta H} \tag{5.2.9}$$

となる．この式は，**定圧過程における閉鎖系のエンタルピーの差 ΔH は，系と外界でやりとりされる熱 Q_P に数値が等しいことを意味している**．エンタルピーは状態量だから，(5.2.7) 式の P はもちろん系の内圧である．ただし，変化の途中の系の圧力ではなく，平衡にある状態1と状態2における系の圧力である．変化の途中では系の圧力は定義できないから，これを系の内圧のした体積仕事と結びつけることはできない．しかし，変化の前後では外圧と値は等しいので，$P_{外}\Delta V = P\Delta V$ となり，結局，数値として定圧反応熱に等しいことになる．

定圧でない，すなわち，状態1から状態2への変化のあいだに外界の圧力が一定でないような変化においても，任意の状態間の差に対して，エンタルピーの差は求まる．エンタルピーは状態量なので，状態1と状態2の系の圧力が異なっても，それぞれの圧力を P_1 および P_2 とすれば，エンタルピーの差 ΔH は

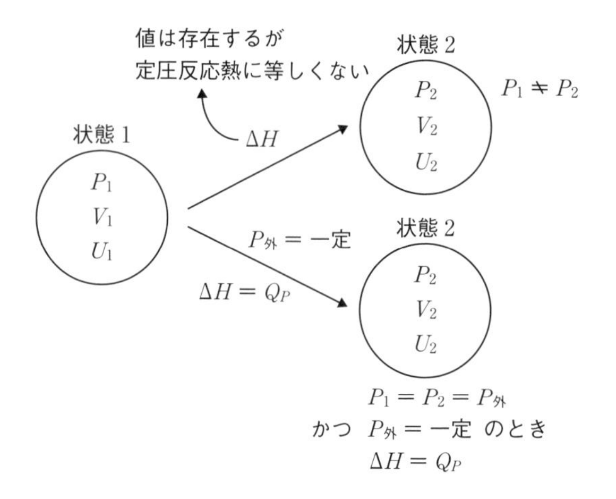

図 5.3　エンタルピー変化は定圧変化のときは反応熱に等しい

$$\Delta H = H_2 - H_1 = (U_2 + P_2V_2) - (U_1 + P_1V_1) = (U_2 - U_1) + (P_2V_2 - P_1V_1)$$
$$= \Delta U + (P_2V_2 - P_1V_1) \qquad (5.2.10)$$

となり，その値は求まる（**図 5.3**）．しかし定圧変化でなければ，$(P_2V_2 - P_1V_1)$ 項が体積仕事に対応しないので，ΔH が求まってもそれは単なる値にすぎず，われわれが興味があって定義している物理量の値と等しくならないのである[*2]．言い換えると，任意の変化において，ΔH は数値として存在するが，物理的意味があるわけではなく，定圧変化という条件においてのみ，定圧反応熱と値が等しくなるのである．それでは，なぜわざわざエンタルピーという状態量を考えるかというと，それはとにかく，定圧反応熱を求める際に，便利で使いやすいからである（具体例は 7.1 節参照）．この考えはのちの**ギブズエネルギー**でも同様であるから，よく理解しておいてほしい．

5.3　電気化学反応の場合のエンタルピー差

本節では，外界と体積仕事に加えて，電気的仕事のやりとりも行う電気化学反応の進行にともなう，**閉鎖系のエンタルピー差**を議論しよう．電気的仕事を取り出すので，電気化学反応を用いて電池を組むことになる．たとえば，**ダニエル電池**を考えよう．亜鉛極と銅極では，それぞれ酸化と還元反応が起こり，外部（外界）に電

＊2　ただし化学工学における定常流れ系においては，エネルギー収支がエンタルピーで表される．詳細は化学工学熱力学のテキストを参照されたい．

気的仕事を取り出すことができる（**図5.4**）.

$$Zn(s) = Zn^{2+}(aq) + 2e^-$$

（s は固体，aq は水溶液を表す）　(5.3.1)

$$Cu^{2+}(aq) + 2e^- = Cu(s) \quad (5.3.2)$$

このような，外界に電気的仕事を取り出せる（より一般的には，外界と電気的仕事のやりとりができる）化学反応を**電気化学反応**と呼ぶ．酸化反応と還元反応を合わせると次式の電気化学反応となる．

$$Zn(s) + Cu^{2+}(aq) = Zn^{2+}(aq) + Cu(s) \quad (5.3.3)$$

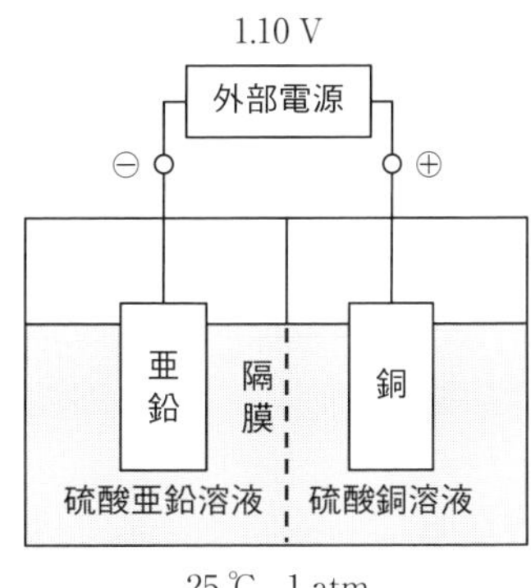

図 5.4　ダニエル電池の電気化学平衡

この電気化学反応の進行にともなう熱力学第一法則を考えよう．前節で取り上げた熱化学反応と異なるところは，仕事として体積仕事の他に電気的仕事を含めることである．体積仕事を $d'W_{体積}$，電気的仕事を $d'W_{電気}$ として

$$dU = d'Q + d'W = d'Q + d'W_{体積} + d'W_{電気} \quad (5.3.4)$$

となるので，積分して

$$\Delta U = \int_1^2 dU = \int_1^2 (d'Q + d'W_{体積} + d'W_{電気}) = \int_1^2 d'Q + \int_1^2 d'W_{体積} + \int_1^2 d'W_{電気}$$

$$= \int_1^2 d'Q - \int_1^2 P_{外} dV + \int_1^2 d'W_{電気} = Q_P - P_{外}\Delta V + W_{電気} \quad (5.3.5)$$

を得る．**図5.5** にこの様子を示した．この図では，ΔU を棒の長さで表している．電気化学反応が進行している間，外圧が一定であることは前節と同じである．Q_P は，定圧下で電気化学反応が進行しているときに，系と外界でやりとりする熱である．同じ記号であるが，(5.2.8) 式の体積仕事しか考えないときの Q_P と，その大きさは異なることに注意しよう．移項して

$$Q_P = \Delta U + P_{外}\Delta V - W_{電気} \quad (5.3.6)$$

となる．

一方，エンタルピーの定義は (5.2.5) 式で変わらないので，(5.2.7) 式が成り立

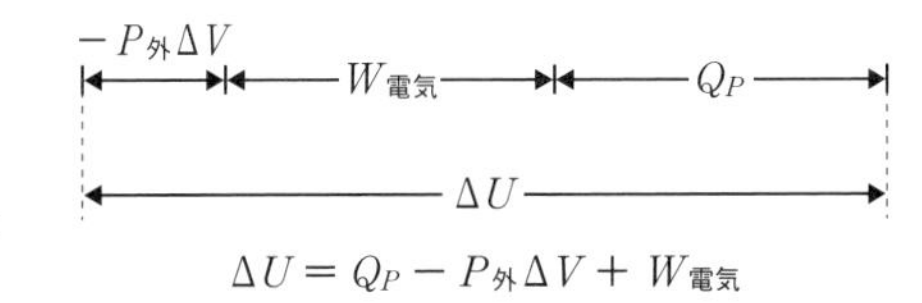

図5.5　電気化学反応の進行と熱力学第一法則

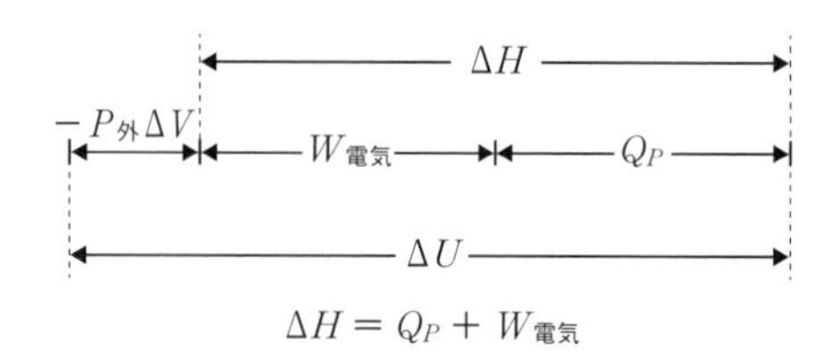

図 5.6　電気化学反応におけるエンタルピー変化の中味

つから

$$Q_P = \Delta U + P_{外}\Delta V - W_{電気} = \Delta H - W_{電気} \tag{5.3.7}$$

すなわち，

$$\Delta H = Q_P + W_{電気} \tag{5.3.8}$$

が得られる（**図 5.6**）．この式から，電気化学反応の場合は，エンタルピー差 ΔH は定圧反応熱 Q_P に等しくないことがわかる．仕事も熱も，系が受け取る向きを正としているので，$-W_{電気}$ で外部にした電気的仕事，$-Q_P$ で外部に放出した熱量になる．したがって，発熱反応の場合には符号を変えて，

$$-\boldsymbol{\Delta H} = -\boldsymbol{Q_P} - \boldsymbol{W_{電気}} \tag{5.3.9}$$

の方が理解しやすい．閉鎖系のエンタルピーの減少の内訳は，外部にした電気的仕事と外部に放出した熱量の和になるのである．

エンタルピーは状態量なので，同じだけの物質量を反応させれば，どれだけ電気的仕事を取り出したかにかかわらず，ΔH は一定値となる．つまり，(5.3.8) 式の左辺は取り出す電気的仕事にかかわらず一定値となる．それに対して，右辺は電気的仕事の取り出し方に依存する．たとえば極端に，電池を短絡させてまったく外部に電気的仕事を取り出さない場合，$-W_{電気} = 0$ となり，

$$\Delta H = Q_P \tag{5.3.10}$$

すなわち，(5.2.9) 式と同じになり，エンタルピー差は定圧反応熱に等しくなる

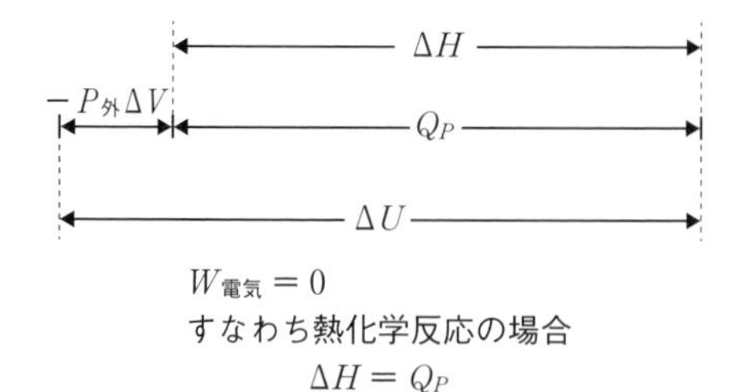

図 5.7　電気的仕事を取り出さない場合

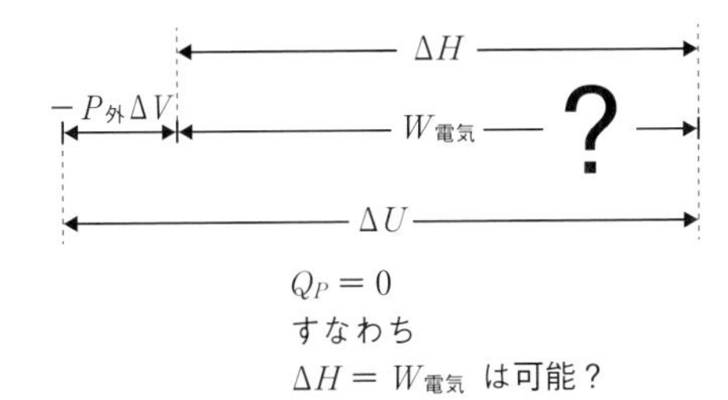

図5.8　エンタルピー変化をすべて電気的仕事として取り出すことは可能か？

(**図5.7**)．つまり熱化学反応とは，電気化学反応でまったく電気的仕事を取り出さない場合に相当することがわかる．外部に電気的仕事を取り出す場合は $-W_{電気} > 0$ となるので，そのとき取り出した電気的仕事の分だけ反応熱は減少する．

逆に $Q_P = 0$ は可能だろうか (**図5.8**)．つまりエンタルピー差を，まったく熱に変えずに，すべて電気的仕事として取り出せるかどうかである．式だけ見れば可能であるが，残念ながら，熱力学第一法則しか適用していない (5.3.8) 式では，それが可能かどうかはわからない．電気化学反応の進行にともなって，実際にどれだけの電気的仕事が取り出せるのかについては，第二法則が必要となる．そのために，**ギブズエネルギー**という新しい熱力学的状態量が導入される．次章でははじめから電気化学系を取り扱って，そのギブズエネルギーについて説明しよう．

6. ギブズエネルギーと化学平衡

6.1 熱力学第二法則を含んだ取り扱い

前章では，熱化学反応の場合には，閉鎖系内部での反応にともなうエンタルピー差が，外圧一定のもとでの化学反応の進行にともなう定圧反応熱に相当することがわかった．そして電気的仕事も含んだ電気化学反応の場合には，エンタルピー差は，取り出しうる電気的仕事と系と外界でやりとりする熱の和になることがわかったが，その内訳はわからなかった．それは熱力学第一法則しか適用していないためである．第一法則に加えて第二法則を適用すれば，電気化学反応の場合に，最大どれだけの電気的仕事を取り出しうるかが定量的にわかる．

この議論もつねに，熱力学第一法則と第二法則に立ち返って考えれば答えが得られる．しかし，第二法則は系だけでなく，外界を含めた全宇宙を考えてはじめて，不可逆変化にともなって消失した潜在的仕事を定量化できる．われわれはそもそも，注目したい対象を系と設定するわけなので，注目したい部分ではない外界の性質はできるだけ考えたくない．できれば，系の性質にだけ注目して議論したい．そこで**ギブズエネルギー**という，新たな熱力学的状態量を提案・定義しよう．特に実験化学者にとっては，ギブズエネルギーはとても重要である．本章では，ギブズエネルギーを導入して，電気化学系において取り出しうる最大仕事を定量化し，次いで熱化学反応に対してその反応の方向性と化学平衡を表す条件を示そう．

6.2 電気化学反応に対するギブズエネルギーの物理的意味

エンタルピーではまず，電気的仕事を取り出さず体積仕事のみを考えた（つまり熱化学反応を考えた）が，ギブズエネルギーの導入に際しては，最初から電気的仕事を含めた取り扱いの方が，より一般性の高い議論が行える．そのあとで，電気的仕事を考えない熱化学反応の場合を取り扱うことにする．なお，本章で考える系も閉鎖系であり，外界と仕事や熱のやりとりはできるが，物質のやりとりはできないものとする．

前章と同様にダニエル電池を考えよう．トータルの電気化学反応は

$$Zn(s) + Cu^{2+}(aq) = Zn^{2+}(aq) + Cu(s) \quad (6.2.1)$$

である．この電気化学反応の進行にともなう熱力学第一法則と第二法則を考えよう．定圧・等温という，外圧一定・外界の温度一定という条件の下で，電気化学反応を微小量進行させたとする．第一法則および第二法則が，電気化学系においても成り立つので

$$\mathrm{d}U = \mathrm{d}'Q + \mathrm{d}'W = \mathrm{d}'Q_P + \mathrm{d}'W_{\text{体積}} + \mathrm{d}'W_{\text{電気}} \quad (6.2.2)$$

$$\mathrm{d}S = \frac{\mathrm{d}'Q_{P,\mathrm{rev}}}{T} \quad (\text{可逆［準静的］}) \quad (6.2.3)$$

$$\mathrm{d}S = \frac{\mathrm{d}'Q_{P,\mathrm{irr}}}{T_{\text{外}}} + \mathrm{d}S_{\text{生成}} \;:\; \mathrm{d}S_{\text{生成}} > 0 \quad (\text{不可逆}) \quad (6.2.4)$$

が成立する．一般に，$\Delta S > \int \frac{\mathrm{d}'Q_{P,\mathrm{irr}}}{T_{\text{外}}}$ となるので，上式は微小変化について，右辺にあらかじめ $\mathrm{d}S_{\text{生成}}\,(>0)$ を加えたものである＊1．(6.2.4) 式を移項して次式を得る．

$$\mathrm{d}S_{\text{生成}} = \mathrm{d}S - \frac{\mathrm{d}'Q_{\mathrm{p,irr}}}{T_{\text{外}}} \quad (\text{不可逆}) \quad (6.2.5)$$

ここで可逆変化について説明が必要だろう．電気化学反応を可逆的に進行させるには工夫が必要である．電気化学反応を含めたすべての化学反応を，有限の速さで，厳密に可逆的に進行させることはほぼ不可能である．ただし準静的変化であれば，原理的には可能となる．準静的変化とは，系と外界のパラメータがほぼ等しい，つり合った状態を保ちつつ行う変化であり，可逆変化に含まれる．電気化学系では，電池の起電力に対して（ダニエル電池では 1 atm，25 ℃，イオン濃度［正確には活量］が 1 mol cm^{-3} のとき 1.10 V），それとちょうど等しい電圧を外部から印加して，電池の起電力と外部からの印加電圧をつり合わせる．この状態は，系のパラメータ（**起電力**）と外界のパラメータ（**印加電圧**）がつり合っているので，**平衡状態**（**電気化学平衡**と呼ぶ）である（図 5.4 (p. 139) 参照）．その状態から，外部からの印加電圧をごくわずか電池の起電力よりも小さくする．すると，そのわずかな電位差を駆動力として反応がわずかに進行する．これはちょうど，気体を準静的に膨張させる際に，内圧と外圧がつり合った状態から，外圧をわずかに低下させて，内

＊1　(6.2.4) 式の両辺を積分すれば $\Delta S = \int \frac{\mathrm{d}'Q_{P,\mathrm{irr}}}{T_{\text{外}}} + \Delta S_{\text{生成}}$，$\Delta S_{\text{生成}} = \Delta S - \int \frac{\mathrm{d}'Q_{P,\mathrm{irr}}}{T_{\text{外}}} = \Delta S_{\text{系}} + \Delta S_{\text{外界}}$ となる．

圧と外圧のわずかな圧力差で膨張が起こることと同じである．このようにして電気化学系では，系が生み出す起電力と外部からの印加電圧をほぼつり合わせた状態で，反応を進行させることができる．言い換えると，準静的に電気化学反応を進行させることが可能である．

(6.2.3) 式に戻ろう．まず準静的に変化させた場合を考える．

$$\mathrm{d}'Q_{P,\mathrm{rev}} = T\mathrm{d}S$$

となるので，(6.2.2) 式に代入して，

$$\mathrm{d}U = T\mathrm{d}S + \mathrm{d}'W_{\text{体積}} + \mathrm{d}'W_{\text{電気},\mathrm{rev}} \tag{6.2.6}$$

を得るので，移項して

$$\mathrm{d}'W_{\text{電気},\mathrm{rev}} = \mathrm{d}U - \mathrm{d}'W_{\text{体積}} - T\mathrm{d}S \ (= \mathrm{d}U - \mathrm{d}'W_{\text{体積}} - T_{\text{外}}\mathrm{d}S) \tag{6.2.7}$$

となる（準静的過程においては $T_{\text{外}} = T$ であるから，$T\mathrm{d}S = T_{\text{外}}\mathrm{d}S$）．仕事 $\mathrm{d}'W$ は系が受け取る方を正としているので，(6.2.7) 式は，電気的仕事を系に行う，すなわち電気分解に対応する．一方，電池のように電気的仕事を外部に取り出すときは $-\mathrm{d}'W_{\text{電気},\mathrm{rev}}$ で正の値となる．したがってその場合には，

$$-\mathrm{d}'W_{\text{電気},\mathrm{rev}} = -\mathrm{d}U - (-\mathrm{d}'W_{\text{体積}}) - (-T\mathrm{d}S) \ (= -\mathrm{d}U - (-\mathrm{d}'W_{\text{体積}}) - (-T_{\text{外}}\mathrm{d}S)) \tag{6.2.8}$$

とした方が理解しやすいだろう．

一方，不可逆的に変化させた場合は (6.2.4) 式より

$$\mathrm{d}'Q_{P,\mathrm{irr}} = T_{\text{外}}\mathrm{d}S - T_{\text{外}}\mathrm{d}S_{\text{生成}} \tag{6.2.9}$$

となる．(6.2.2) 式に代入し，

$$\mathrm{d}U = T_{\text{外}}\mathrm{d}S - T_{\text{外}}\mathrm{d}S_{\text{生成}} + \mathrm{d}'W_{\text{体積}} + \mathrm{d}'W_{\text{電気},\mathrm{irr}} \tag{6.2.10}$$

を得るので，移項して

$$\mathrm{d}'W_{\text{電気},\mathrm{irr}} = \mathrm{d}U - \mathrm{d}'W_{\text{体積}} - T_{\text{外}}\mathrm{d}S + T_{\text{外}}\mathrm{d}S_{\text{生成}} = \mathrm{d}'W_{\text{電気},\mathrm{rev}} + T_{\text{外}}\mathrm{d}S_{\text{生成}} \tag{6.2.11}$$

となる．不可逆変化のとき $\mathrm{d}S_{\text{生成}}$ は必ず正であり，$T_{\text{外}}$ も必ず正なので，$T_{\text{外}}\mathrm{d}S_{\text{生成}}$ は必ず正となる．したがって，$\mathrm{d}S_{\text{生成}} = 0$ のとき，すなわち準静的（可逆）変化のときの $\mathrm{d}'W_{\text{電気},\mathrm{rev}}$ は，$\mathrm{d}'W_{\text{電気},\mathrm{irr}}$ よりも必ず小さい．これは，電気分解を不可逆的に行った場合，準静的に行った場合と同じ内部エネルギーの増加をもたらすためには，準静的に行った場合よりも，より多くの電気的仕事を与える必要があることを示している．そしてその余計に必要な電気的仕事が定量的にエントロピー生成として表されている．

一方，電池の場合には，符号を変えて (6.2.8) 式と比較すると

$$-\mathrm{d}'W_{電気,\mathrm{irr}} = \{-\mathrm{d}U - (-\mathrm{d}'W_{体積}) - (-T_{外}\mathrm{d}S)\} - T_{外}\mathrm{d}S_{生成} = -\mathrm{d}'W_{電気,\mathrm{rev}} - T_{外}\mathrm{d}S_{生成} \tag{6.2.12}$$

となる．さきほどと同様，$-T_{外}\mathrm{d}S_{生成}$ は必ず負になる．したがって，$\mathrm{d}S_{生成}=0$ のとき，すなわち，準静的 (可逆) 変化のときの $-\mathrm{d}'W_{電気,\mathrm{rev}}$ は $-\mathrm{d}'W_{電気,\mathrm{irr}}$ よりもつねに大きい．不可逆性はエントロピー生成を生じ，それは電池の場合，つねに，取り出しうる電気的仕事を減じることになる．

そして (6.2.12) 式が，電気化学反応にともなって外部に取り出しうる最大の電気的仕事を定量的に与えている．すなわち，電気化学反応が準静的 (可逆的) に進行するとき，外部に取り出しうる最大の電気的仕事 $-\mathrm{d}'W_{電気,\mathrm{rev}}$ は，内部エネルギーの減少 $-\mathrm{d}U$ から，外界にした体積仕事 $-\mathrm{d}'W_{体積}$ と外界に放出された熱 $-\mathrm{d}'Q_{P,\mathrm{rev}}$ を差し引いた量になる．外部に取り出しうる電気的仕事の根源は，系の内部エネルギーの減少である．しかしそれをすべて，外部に電気的仕事として取り出すことは不可能で，定圧であるが故に外部に体積仕事をするとその分が減少し，等温で熱の出入りが可能なので，外部に熱として放出されるとその分も減少することになる (準静的に出入りする熱を可逆熱 Q_{rev} と呼ぶ)．それらを差し引いて残った分が電気的仕事として取り出しうるのである．

積分して有限の変化量で考えてみよう．まず準静的過程の (6.2.6) 式を積分して

$$\begin{aligned}\Delta U &= \int_1^2 \mathrm{d}U = \int_1^2 T\mathrm{d}S + \int_1^2 \mathrm{d}'W_{体積} + \int_1^2 \mathrm{d}'W_{電気,\mathrm{rev}} \\ &= \int_1^2 T_{外}\mathrm{d}S - \int_1^2 P_{外}\mathrm{d}V + \int_1^2 \mathrm{d}'W_{電気,\mathrm{rev}} = T_{外}\Delta S - P_{外}\Delta V + W_{電気,\mathrm{rev}} \\ &= T\Delta S - P\Delta V + W_{電気,\mathrm{rev}} \quad (\because\ T = T_{外} = 一定,\ P = P_{外} = 一定)\end{aligned} \tag{6.2.13}$$

を得る．これは，電気化学平衡にある状態1から，反応を準静的に進行させて外部に電気的仕事を与えて新しい電気化学平衡の状態2への変化にともなう内部エネルギーの変化 (差) の内訳を表している (**図6.1**)．右辺第１項 $T_{外}\Delta S$ は電気化学反応

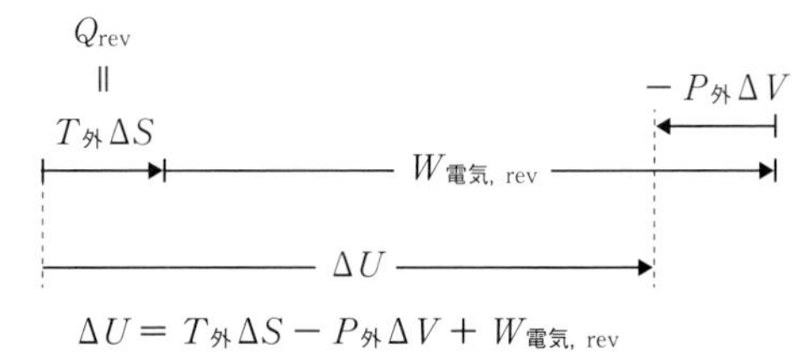

図6.1　電気分解：準静的 (可逆) 変化の場合

を準静的に進行させた場合に出入りする熱，すなわち可逆熱 Q_{rev} に対応する．図6.1では，電気分解した際に，系が可逆熱を吸収し，外界に体積仕事を行うように表している．

不可逆の場合には，(6.2.10) 式を積分することになり，

$$\Delta U = \int_1^2 \mathrm{d}U = \int_1^2 (T_{外}\mathrm{d}S - T_{外}\mathrm{d}S_{生成}) + \int_1^2 \mathrm{d}'W_{体積} + \int_1^2 \mathrm{d}'W_{電気,\mathrm{irr}}$$
$$= \int_1^2 T_{外}\mathrm{d}S - \int_1^2 T_{外}\mathrm{d}S_{生成} - \int_1^2 P_{外}\mathrm{d}V + \int_1^2 \mathrm{d}'W_{電気,\mathrm{irr}}$$
$$= T_{外}\Delta S - T_{外}\Delta S_{生成} - P_{外}\Delta V + W_{電気,\mathrm{irr}} \quad (\because\ T_{外} = 一定,\ P_{外} = 一定) \tag{6.2.14}$$

となる．右辺の $T_{外}\Delta S$ および $-P_{外}\Delta V$ は経路によらないが[*2]，$-T_{外}\Delta S_{生成}$ および $W_{電気,\mathrm{irr}}$ が経路に依存する（**図6.2**）．不可逆的に電気分解を起こす場合，図6.1と図6.2の比較よりわかるように，同じ ΔU の変化をもたらすために，$-T_{外}\Delta S_{生成}$ に対応する分だけ，余計な電気的仕事を加えている．$T_{外}\Delta S$ は経路に依存せず，必ず外界とやりとりされる熱量であるが，$-T_{外}\Delta S_{生成}$ がそれに加わり，

$$Q_{P,\mathrm{irr}} = T_{外}\Delta S - T_{外}\Delta S_{生成} \tag{6.2.15}$$

の熱が外界との間でやりとりされることになる．図6.2では，可逆熱 $T_{外}\Delta S$ は系が吸収するとしたが，$-T_{外}\Delta S_{生成}$ は外界に放出されることを示すので，不可逆的な反応では，$T_{外}\Delta S$ を $-T_{外}\Delta S_{生成}$ が上回ることもあり，トータルとして吸熱ではなく，むしろ発熱になる場合もある．(6.2.14) 式を $W_{電気,\mathrm{irr}}$ でまとめると

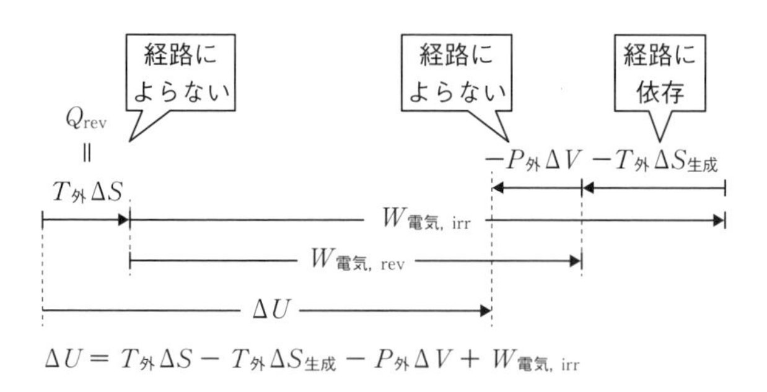

図6.2　電気分解：不可逆変化の場合

＊2　等温・定圧の条件は満たしているとする．経路を変えることは，外部電源の電圧を変えて反応の進行のさせ方を変えることに対応する．

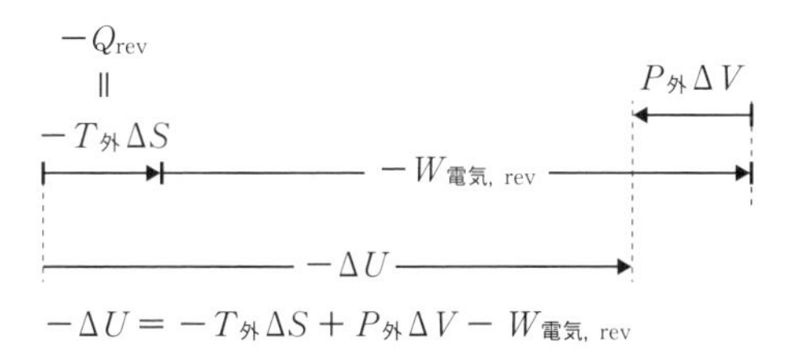

図 6.3 電池：準静的（可逆）変化の場合

$$\boldsymbol{W_{電気,irr} = \Delta U + P_{外}\Delta V - T_{外}\Delta S + T_{外}\Delta S_{生成} = W_{電気,rev} + T_{外}\Delta S_{生成}} \quad (6.2.16)$$

を得る．これは**電気分解**に対応する式である．

外部に電気的仕事を取り出す電池の場合には，内部エネルギーが減少するので，− をつけて外界が受け取る方を正として，準静的変化に対して

$$-\Delta U = -T_{外}\Delta S + P_{外}\Delta V - W_{電気,rev} \quad (6.2.17)$$

が成り立つ（**図 6.3**）．図 6.3 では，電池として発電した際に，系が可逆熱を放出し，外界から体積仕事を受け取るように表している．電池反応を不可逆的に進行させた場合は，

$$-\Delta U = -T_{外}\Delta S + T_{外}\Delta S_{生成} + P_{外}\Delta V - W_{電気,irr} \quad (6.2.18)$$

と表現できる（**図 6.4**）．図 6.4 より，不可逆的に反応を進行させた場合は，準静的な場合よりも，$T_{外}\Delta S_{生成}$ に相当する分だけ，系から外界に取り出しうる電気的仕事が減少することがわかる．またこのとき，取り出す仕事が正になるので，

$$\boldsymbol{-W_{電気,irr} = -(\Delta U + P_{外}\Delta V - T_{外}\Delta S) - T_{外}\Delta S_{生成} = -W_{電気,rev} - T_{外}\Delta S_{生成}} \quad (6.2.19)$$

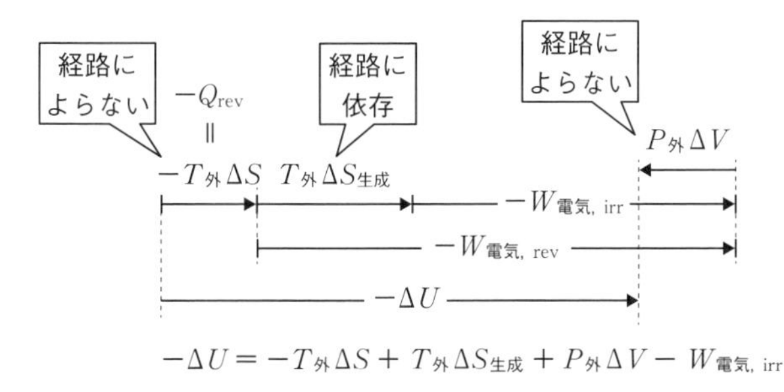

図 6.4 電池：不可逆変化の場合

と表した方が理解しやすいだろう．このように，熱力学第一法則と第二法則を結びつけることができたので，次はこれを系の状態量で表現できるようにしていこう．

次式で**「ギブズエネルギー」を定義する．**

$$\boldsymbol{G \equiv U + PV - TS\ (= H - TS)} \tag{6.2.20}$$

$\boldsymbol{U, P, V, T, S}$ いずれも状態量なので，$\boldsymbol{G}$ も状態量になる．そして，U, V と S は示量性，P と T は示強性なので，G は示量性である．エンタルピーの場合と同様に，G の定義の物理的意味を考えても意味はない．G は定圧・等温過程においてのみ，その変化量が，取り出しうる最大の電気的仕事に等しくなる．このことを示そう．

状態1および状態2における内部エネルギー，体積，エントロピーをそれぞれ U_1, V_1, S_1 および U_2, V_2, S_2 と表すとする．定圧・等温なので，圧力と温度は状態1と2で同じで，かつそれらは外圧に等しいので，P および T で表すこととする．すなわち

$$P_1 = P_2 = P_{外} = P \quad かつ \quad T_1 = T_2 = T_{外} = T \tag{6.2.21}$$

である．ギブズエネルギーの定義より

$$G_1 \equiv U_1 + P_1V_1 - T_1S_1 \quad および \quad G_2 \equiv U_2 + P_2V_2 - T_2S_2 \tag{6.2.22}$$

となる．したがって，状態1と2のギブズエネルギーの差 ΔG は

$$\begin{aligned} \Delta G &= G_2 - G_1 = (U_2 + PV_2 - TS_2) - (U_1 + PV_1 - TS_1) \\ &= (U_2 - U_1) + (PV_2 - PV_1) - (TS_2 - TS_1) = \Delta U + P\Delta V - T\Delta S \end{aligned} \tag{6.2.23}$$

となる．(6.2.23) 式を (6.2.13) 式と比べてみよう．(6.2.21) 式の関係に注意して，

$$\Delta U + P_{外}\Delta V - T_{外}\Delta S = \Delta U + P\Delta V - T\Delta S$$

なので，

$$W_{電気,\mathrm{irr}} = \Delta G + T_{外}\Delta S_{生成} \tag{6.2.24}$$

を得る．**準静的変化のとき $\boldsymbol{\Delta S_{生成} = 0}$ なので**

$$\boldsymbol{W_{電気,\mathrm{rev}} = \Delta G \quad (準静的\,(可逆)\,変化のとき)} \tag{6.2.25}$$

となる（**図6.5**）．図6.5は図6.1と同じように，電気分解した際に，系が可逆熱を吸収し，外界に体積仕事を行うように表している．一方，電池の場合は外界に取り出す方を正とするため，符号を変えて

$$-W_{電気,\mathrm{irr}} = -\Delta G - T_{外}\Delta S_{生成} \tag{6.2.26}$$

が得られる．準静的変化のとき $\Delta S_{生成} = 0$ なので

$$-W_{電気,\mathrm{rev}} = -\Delta G \quad (準静的\,(可逆)\,変化のとき) \tag{6.2.27}$$

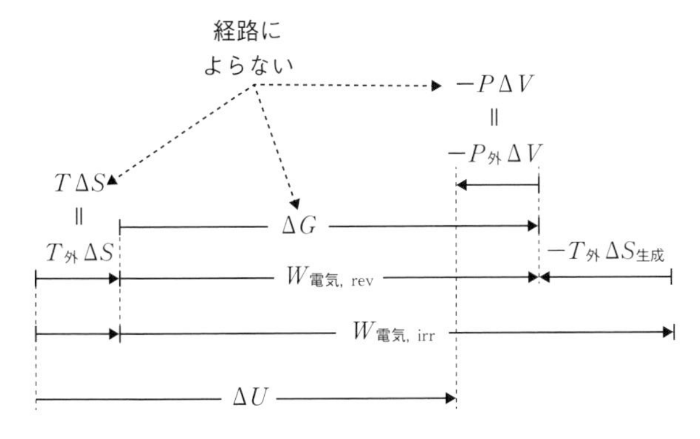

図 6.5　電気分解の場合：熱力学パラメータと作用量の関係

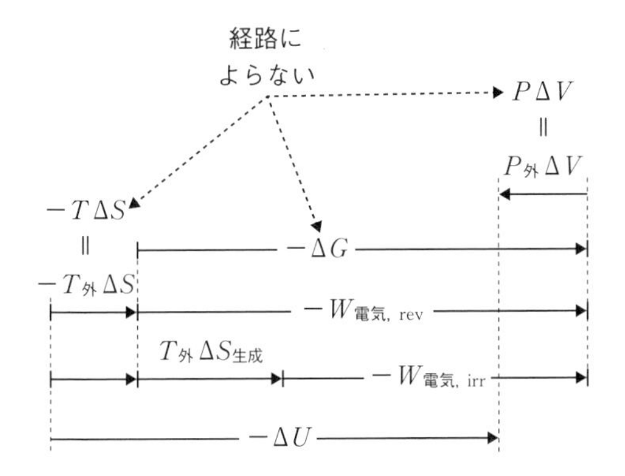

図 6.6　電池の場合：熱力学パラメータと作用量の関係

となる（**図6.6**）．

これらの関係が，なぜギブズエネルギーを定義して用いるのかを表している．すなわちギブズエネルギーは，定圧・等温（外圧と外界の温度が変化している間は一定）の下における閉鎖系内で電気化学反応が進行したときに，系が電気的仕事を受け取る場合，すなわち電気分解においては，系の状態変化を引き起こすために必要な最小の電気的仕事に対応する．一方，外界が電気的仕事を受け取る場合，すなわち，電池においては，反応から取り出しうる最大の電気的仕事に等しくなる．

このあたりの事情はエンタルピーと同じである．エンタルピーも，熱化学反応が定圧下で進行した場合に，その変化量（あるいは始状態と終状態の差）が，系と外界でやりとりする熱と等しくなるのであった．等しいという意味は，エンタルピーの定義から求まる値が，系と外界でやりとりする熱量の値と等しくなるという意味で，物理的意味がついてくるわけではなかった．ギブズエネルギーも同様で，(6.2.27) 式はギブズエネルギーの定義から算出した単なる値 (数値) にしかすぎない．しかし電気化学反応が，定圧・等温という条件のもとで進行した場合，その値がちょうど閉鎖系内の電気化学反応に与える最小の電気的仕事 (電気分解の場合)，あるいは反応から取り出しうる最大の電気的仕事 (電池の場合) の値と等しくなる．

ギブズエネルギーを定義しなくても，閉鎖系から取り出しうる最大仕事を求めるには，熱力学第一法則と第二法則から得られる (6.2.19) 式を用いて議論すればよい．しかし，ギブズエネルギーという系の状態量を使って議論できると，圧倒的に便利となる．

さて，電気化学反応を，準静的に進めた場合と不可逆的に進めた場合を比較しよう．反応量は等しいとする．(6.2.26) 式に注目すると，反応量が等しいことは，始状態1と終状態2が等しいことを意味するので，状態量であるギブズエネルギーの差は，準静的であるか不可逆的であるかにかかわらず，同じ値になる．つまり $-\Delta G$ は等しい．一方，左辺は実際に取り出した電気的仕事であり，$T_{外}\Delta S_{生成} > 0$ を考えると，不可逆変化の場合，実際に取り出した電気的仕事 $-W_{電気,\mathrm{irr}}$ は，系のギブズエネルギー減少分 $-\Delta G$ よりも，$T_{外}\Delta S_{生成}$ だけ小さい．これは4.6節で述べたように，自発的変化から仕事として取り出せなかった分を，エントロピー生成として定量化したことに相当する．このことを，等号を用いずに，不等号で表すこともある．

$$-W_{電気} \leqq -\Delta G \tag{6.2.28}$$

ここで全宇宙のエントロピー変化 $\Delta S_{宇宙}$ を考えておこう．4.2節で述べたように，不可逆変化に対して，$\Delta S_{全宇宙} = \Delta S_{生成}$ である．(6.2.24)，(6.2.25) 式より

$$\Delta S_{全宇宙} = \Delta S_{生成} = \frac{W_{電気} - \Delta G}{T_{外}} \geq 0 \tag{6.2.29}$$

となる．ただし，等号は可逆，不等号は不可逆変化の場合である．電気的仕事を取り出す電池の場合，(6.2.28) 式より，実際に外部に取り出しうる電気的仕事は，系のギブズエネルギー変化よりもつねに小さい．電気的仕事を系に与える電気分解あるいは充電の場合には，

$$W_{電気} \geqq \Delta G \tag{6.2.30}$$

であり，系のギブズエネルギーの増加に相当する以上の電気エネルギーを，系に与えないと充電できない．結局いずれの場合も，ギブズエネルギー変化と実際の電気

的仕事の差がエントロピー生成に直結し，それは全宇宙のエントロピー増大に相当する．

6.3 電気化学反応に対するエンタルピーの物理的意味

さて，一直線にギブズエネルギーにきてしまったので，ここで，前章の議論で残っていたエンタルピーの内訳を考えてみよう．(5.3.8) 式が基本となり，(6.2.15) 式も用いる．

$$\Delta H = Q_P + W_{\text{電気}} \tag{5.3.8}$$

$$Q_{P,\text{irr}} = T_{\text{外}}\Delta S - T_{\text{外}}\Delta S_{\text{生成}} \tag{6.2.15}$$

ギブズエネルギーの定義より，$\Delta G = \Delta H - T\Delta S$ である．(5.3.8) 式と (6.2.15) 式より，

$$\Delta H = \Delta G + T\Delta S = Q_P + W_{\text{電気}} = (T_{\text{外}}\Delta S - T_{\text{外}}\Delta S_{\text{生成}}) + W_{\text{電気}} \tag{6.3.1}$$

が得られる (**図6.7**)．上式は不可逆変化の場合であるが，準静的変化の場合は $T_{\text{外}}\Delta S_{\text{生成}} = 0$ とすればよい．ここで $\Delta H, \Delta G, \Delta S$ は状態量の差 (変化) であるから，反応量が等しければ，その変化が準静的であるか不可逆であるかによらない．$T_{\text{外}}\Delta S$ は準静的に変化させたときに系と外界に出入りする熱，すなわち可逆熱であり，$T_{\text{外}} = T$ なので，$T\Delta S$ に等しい．つまり，ΔH のうち，$T\Delta S$ は必ず熱として出入りしなければならない量である．残りの ΔG は，原理的には電気的仕事として出し入れすることができる．このように，熱力学第二法則の適用によって ΔH の内訳を知ることができた．ただし，実際にどれだけのエントロピー生成が生じるかについては，個々の状況による．それは平衡論を超えた速度論の領域になる．

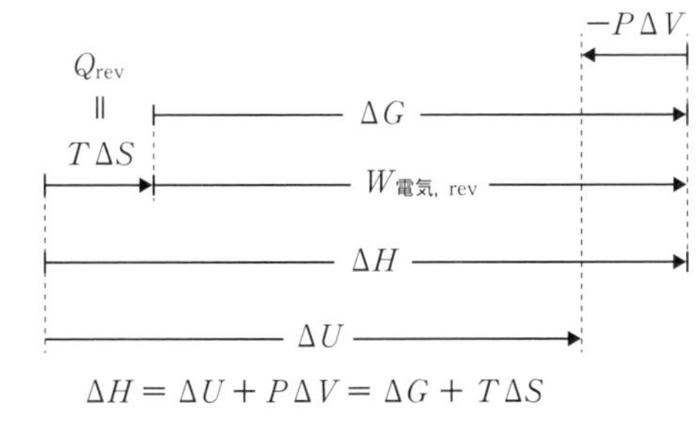

図6.7 電気化学反応にともなうエンタルピー変化とほかのパラメータとの関係

6.4 熱化学反応におけるギブズエネルギーの意味

熱化学反応においては，$W_{電気,irr}=0$ であるから，定圧・等温変化では

$$\Delta U = T_{外}\Delta S - T_{外}\Delta S_{生成} - P_{外}\Delta V + W_{電気,irr} \qquad (6.2.14)$$

において，

$$\Delta U = T_{外}\Delta S - T_{外}\Delta S_{生成} - P_{外}\Delta V \qquad (6.4.1)$$

となる．(6.4.1) 式において，$-T_{外}\Delta S_{生成}$ 以外の ΔU，$T_{外}\Delta S$ および $-P_{外}\Delta V$ は示量性状態量の変化分か，それに示強性状態量である $T_{外}$ あるいは $P_{外}$ を掛けたものであるから，定圧・等温変化では，これらは反応の進行が準静的であるか，不可逆であるかによらず，反応量のみで決まる量になる．つまり，変化のさせ方（経路）に依存するのは，$-T_{外}\Delta S_{生成}$ ($\Delta S_{生成} \geq 0$) のみになる．(6.4.1) 式を移項して

$$\Delta U + P_{外}\Delta V - T_{外}\Delta S = -T_{外}\Delta S_{生成}$$

となるが，$T_{外}\Delta S_{生成} \geqq 0$ なので

$$\Delta U + P_{外}\Delta V - T_{外}\Delta S = -T_{外}\Delta S_{生成} \leqq 0 \qquad (6.4.2)$$

を得る．この不等号が熱化学反応の変化の方向性を表している．

すべての自発的に進行しうる化学反応は，工夫をすれば電気化学反応，すなわち，完全な電子の授受をともなう酸化還元反応に分けることができる．たとえば，典型的な酸塩基反応である

$$H^+(aq) + OH^-(aq) = H_2O \qquad (6.4.3)$$

も，次のような酸化還元反応に分けることができる．

$$H^+(aq) + e^- + \frac{1}{4}O_2 = \frac{1}{2}H_2O \qquad (6.4.4)$$

$$OH^-(aq) = \frac{1}{2}H_2O + e^- + \frac{1}{4}O_2 \qquad (6.4.5)$$

これらの酸化反応と還元反応を用いて，実際に電池を組むには工夫が必要であるが，原理的には可能である．(6.4.3) 式の酸塩基反応は自発的に進行するので，この反応からでも，電気的仕事を取り出すことはできる．しかし，ここで考えている熱化学反応は $-W_{電気,irr}=0$ なので，取り出しうる電気的仕事を取り出さずに反応を進行させることに他ならない．電池を組んだ状態であれば，外部負荷を接続せず，電池を短絡させた状態に相当する．そのとき取り出さなかった電気的仕事は，すべて熱に変換される．4.2節で述べたように，物体の巨視的な運動の場合には，摩擦や抵抗に基づく微視的な運動エネルギーの散逸がエントロピー生成の原因で

あった．化学反応も反応速度を制限する要因として，**反応抵抗**を考えることができ，この抵抗によって微視的な運動エネルギーへの散逸が生じたとみなすことができる．具体的には，熱の発生として認識される．ただし注意が必要なのは，すでに述べたように，化学反応なので，たとえ準静的に反応を進行させたとしても，可逆熱の出入りは存在し，そのため実際に観察される熱は，可逆熱に，反応抵抗により発生した熱が加算されるという点である．

なお，熱化学反応を準静的に進行させることも可能である．それは，熱化学反応が平衡に達した状態（化学平衡）において，反応物や生成物の濃度をほんのわずか変化させる過程である．それは電気的仕事を取り出しうる状態ではないので，ここでの議論とは矛盾しない．

一方，ギブズエネルギーの定義より，定圧・等温変化（$T_{外} = T$ かつ $P_{外} = P$）では

$$\Delta G \equiv \Delta U + P\Delta V - T\Delta S = \Delta U + P_{外}\Delta V - T_{外}\Delta S = \Delta H - T_{外}\Delta S \tag{6.4.6}$$

であるから，(6.4.2) と (6.4.6) 式を比較して

$$\Delta G \leqq 0 \tag{6.4.7}$$

を得る．つまり，定圧・等温（外界の圧力と温度が一定）での熱化学反応において，閉鎖系のギブズエネルギーが減少する方向が，反応が自発的に進行する方向であることがわかる．これが，閉鎖系内での熱化学反応の自発的変化の方向性を示す指針となる．閉鎖系内での化学反応なので，ギブズエネルギーは永久に減少し続けるわけではなく，いずれそれ以上変化しない**平衡状態**に到達する．平衡状態では，ギブズエネルギーが極小になり，それ以上減少しない状態になっていると考えられるので，**閉鎖系の化学平衡の条件は**

$$\boldsymbol{G_{閉鎖系} = \min.} \tag{6.4.8}$$

となる．

定圧・等温下において，閉鎖系のギブズエネルギーの減少が全宇宙のエントロピーの増大に対応することは，次に述べるように，容易にわかる．(6.4.6) 式を $T_{外}$ で除すると

$$-\frac{\Delta G}{T_{外}} = -\frac{\Delta H}{T_{外}} + \Delta S \tag{6.4.9}$$

となる．外界と電気的仕事のやりとりをしない熱化学反応では，(5.2.9) 式よりエンタルピー変化は定圧反応熱に等しいので，

$$Q_{外} = -Q_P = -\Delta H \tag{6.4.10}$$

であることに気づけば，(6.4.9) 式右辺第 1 項は

$$-\frac{\Delta H}{T_{外}} = \frac{Q_{外界}}{T_{外}} = \Delta S_{外} \tag{6.4.11}$$

となり，外界のエントロピー変化に対応する．(6.4.9) 式右辺第 2 項はもちろん系のエントロピー変化 ($\Delta S = \Delta S_{系}$) なので，明記すると

$$-\frac{\Delta G}{T_{外}} = -\frac{\Delta H}{T_{外}} + \Delta S = \Delta S_{外} + \Delta S_{系} = \Delta S_{全宇宙} \tag{6.4.12}$$

となり，$-(\Delta G/T_{外})$ が全宇宙のエントロピー変化に対応することがわかる．全宇宙のエントロピーは必ず増大するので，定圧・等温の条件において，熱化学反応が進行している閉鎖系のギブズエネルギーは必ず減少する．この「系の」が重要である．定圧・等温という条件であれば，全宇宙を考えなくても，系のみの性質であるギブズエネルギーを考えれば，反応が進行する方向がわかるのである．これが熱化学反応に対してギブズエネルギーを考える意義である．

6.5　開放系の導入 − 閉鎖系の構成要素としての開放系

閉鎖系においては，定圧・等温下で系のギブズエネルギーが極小になった状態が，化学平衡であることがわかった．これで十分ともいえるのだが，一方で，二つの系が平衡にある場合に，その系の間の平衡状態を表すのに，圧力と温度を用いることがある．すなわち，系内では化学反応や相変化などの物質の変化が起こらない系 1 と系 2 が接触して，互いに仕事や熱をやりとりできる状態にあるとする．そのとき**系 1 と系 2 が平衡にある条件は，それぞれの系の温度と圧力を T_1, T_2 および P_1, P_2 として，**

$$T_1 = T_2 \ (\text{熱的平衡条件}) \quad \text{かつ} \quad P_1 = P_2 \ (\text{機械的平衡条件}) \tag{6.5.1}$$

で与えられる．温度と圧力は示強性状態量であり，系の大きさに依存しない．これと同じように，複数の相が共存する閉鎖系の相平衡や，単一相を含めた閉鎖系の化学平衡条件を表すのに，ギブズエネルギーという示量性変数ではなく，示強性変数で表すことを試みよう．なお以下では，系内で反応が進行する場合でも，電気化学反応は取り扱わず，熱化学反応のみを扱うことにする．

そのために，ギブズエネルギーを**開放系**に拡張し，その性質を調べる必要がある．一方で，単一相で進行する化学反応の取り扱いには，**部分モル量**の理解が必要

である．部分モル量に関しては独立させて裳華房の Web で取り上げるので参照してほしい（https://www.shokabo.co.jp/mybooks/ISBN978-4-7853-3516-8.htm）．

なぜ開放系を考える必要があるのかがよく理解されないまま進んでしまうことがあるが，ここではその理由を考えておこう．閉鎖系に比べると，開放系は物質の出入りも可能になるので，より制限がなくなった系である．つまり集合としては開放系の方が大きいといえるのだが，このことが開放系を考える理由を誤解させている面があるように思う．開放系を考えるのは，あくまでも複数の相が共存する閉鎖系の相平衡の条件を，これまでとは別の観点から導くためである．

いま外部から物質の出入りのできない容器内に水を入れておく．ただし容器には可動式のフタがついており，系の体積は自由に変化できるとする．これにより，内圧を外圧につり合わせることができ，体積仕事のやりとりができることになる．また容器は熱を透過でき，熱のやりとりもできるとする．すなわちこの容器は閉鎖系である（**図6.8**(a)）．

さて系は任意であるから，容器内の水の部分のみを系とすることもできる．外圧 1 atm で，温度を 100 ℃にすると，水は水蒸気に蒸発し始める．すなわち，水と水蒸気の界面を境界と考えると，その境界では水という物質の出入りが可能である．物質の出入りが可能な系は開放系なので，この容器の中の水の占める空間は開放系である．このとき，水以外の水蒸気を含めた空間は外界である．逆に水蒸気の占める空間を系とすると，水と水蒸気の境界を通して水の出入りは可能であることから，この部分も開放系である（**図6.8**(b)）．このときは水蒸気以外の水を含めた部分が外界である．したがって，容器内の水と水蒸気を合わせた閉鎖系は，水と水蒸気という二つの開放系から構成されていると考えることができる．化学熱力学で

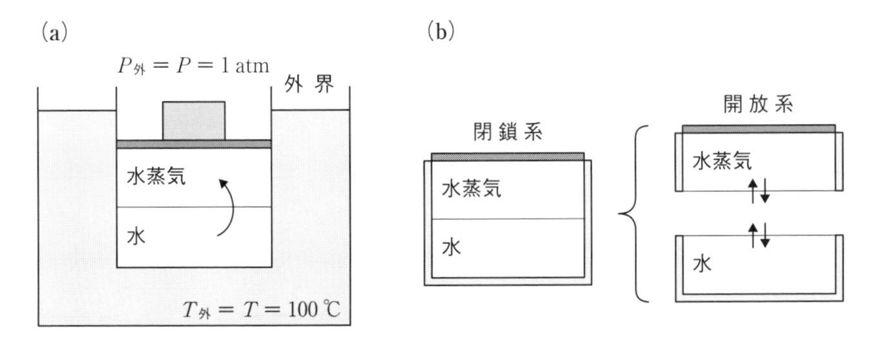

図6.8　水と水蒸気が共存する閉鎖系と開放系の関係

は，孤立系の中に外界と閉鎖系があり，さらにその閉鎖系がいくつかの開放系から構成されていると考えることが多い．ここで特に注意すべき点は，系の種類が異なると，その系が持っている熱力学的量の性質が異なることである．化学熱力学の論理展開の中で，どの種類の系を扱って議論しているのかは，つねに注意しなければならない．

開放系は熱力学的な系であるから，系内で温度や圧力などの示強性状態量が一意的に定められる必要がある．したがって，水と水蒸気のように，境界が明確な場合には，それぞれの相において，温度や圧力が一意的に定まるので，開放系は定義される．

一方，反応に関与する化学種が単一相に混在する場合には，内部に開放系を考えることは困難である．たとえば，熱を透過する容器内でエタノール C_2H_5OH と酢酸 CH_3COOH が反応して，酢酸エチル $C_2H_5COOCH_3$ と水 H_2O が生成する反応を考えよう．揮発して外部に出ないように可動式のフタをしておく．この反応は，常温付近ではゆっくりと進行する．この場合に系の設定を試みてみよう．基本的な設定は，相変化の場合と同様である．すなわち，全宇宙という孤立系の中に容器があり，その中に反応物であるエタノールと酢酸，さらに反応によって生じた生成物の酢酸エチルと水がある．容器は，外界と，体積仕事と熱のやりとりは可能であるが，物質の出入りはないので閉鎖系である（**図 6.9**）．エタノールと酢酸から酢酸エチルを合成する反応は以下の式で表される．

$$C_2H_5OH + CH_3COOH = C_2H_5COOCH_3 + H_2O \qquad (6.5.2)$$

反応が進行している閉鎖系では，エタノール，酢酸，水，酢酸エチルが混合している．いずれも液体で混合した状態で存在しているので，液相の単一相である．

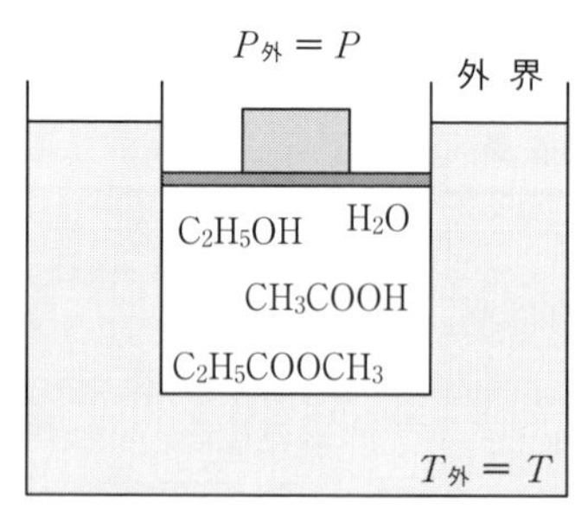

図 6.9　化学種が単一相に混在する閉鎖系

6.9節で単一相の化学平衡を取り扱うので，ここで**反応系**と**生成系**という系を考えておこう．反応系とは化学反応式において左辺にある化学種の集合を，生成系とは右辺にある化学種の集合をいうこととする．(6.5.2)式では，エタノールと酢酸が反応系，酢酸エチルと水が生成系である．実際に反応が進行している系では，もちろん四つの化学種は混在しているので，反応系と生成系を空間的に分離することはできない．しかしここでは反応が進行することを，エタノールと酢酸の反応系と，酢酸エチルと水の生成系のあいだで，物質のやりとりを行っているとみなそう．相変化の場合と異なり，容器内に反応系と生成系を空間的に図示することはできない．それは今の場合，反応系と生成系は単一相に存在しているため，それらを分ける境界が抽象的・概念的存在であり，空間として二つの系を分離できないためである．前述のように，熱力学的な系は，平衡状態において，温度や圧力などの示強性状態量が一意的に定まる必要がある．しかし単一相に混在する反応系と生成系は，境界が抽象的・概念的存在であり，それらの温度や圧力を一意的に定めることが難しい．そのため，反応系と生成系は，閉鎖系や開放系といった熱力学的な系とは分類の仕方が異なる系になる*3.

ここで反応系と生成系に関して，注意しておくことがある．たとえば今の例の場合で，反応が進行してエタノール，酢酸，酢酸エチルと水が混在している状況を考える．そのとき，反応系であるエタノールと酢酸は，混在している状態のままで反応系とみなすということである．決して，エタノールと酢酸だけを取り出して，純物質のエタノールと酢酸とみなしてはならない．エタノールも酢酸も，それだけが単独で存在している純物質の状態と，他の化学種と混在している状態では，たとえその物質量が同じであっても，その性質はまったく異なる．生成系も同じで，反応系や生成系という概念は，混在している状態のままで，ある化学種に注目したとらえ方であることを理解しておこう．このとらえ方が，Web「部分モル量の導入」で説明している部分モル量の概念と関係している．

＊3　ただし，平衡状態において，単一相に混在している反応系と生成系の温度や圧力が，それらが存在している単一相が示す温度や圧力と等しいとみなしてよいとするならば，反応系と生成系も熱力学的な系とみなすことができる．その場合は，反応が進行することは，反応系と生成系のあいだで物質のやりとりをすることと等しいので，それらは開放系とみなすことができる．このように，どのような視点でとらえるかということを考えると，あらためて“系とは何か”というような根本に戻って考える必要が出てくる．

6.6 化学ポテンシャルの導入 ― 純物質の化学ポテンシャル

Web「部分モル量の導入」を参考にして部分モル量のイメージを持てたら，**化学ポテンシャル**を導入しよう．部分モル体積と異なり，そもそもギブズエネルギーの絶対値そのものが求められないので，G-n_A-n_B 空間をイメージすることが難しい．部分モル量が傾きであることを頼りに，数式の展開で理解を進めていこう．

閉鎖系のギブズエネルギーは，定圧・等温 ($T_{外}=$ 一定，$P_{外}=$ 一定) のもとで，自発的変化の進行にともない必ず減少するという性質を持つ．そのような性質を持つ示量性状態量であるギブズエネルギーの部分モル量が持つ物理的性質を見てみよう．まずは純物質から始めよう．そのためには**相平衡**を取り上げるのがよい．水と水蒸気のように，閉鎖系内の純物質が，$T_{外}=$ 一定，$P_{外}=$ 一定 の条件で二つの相を共存させて平衡状態にあるときのギブズエネルギーの部分モル量，すなわち化学ポテンシャルの性質を調べよう．なお，化学ポテンシャルはギブズエネルギーのみと関係づけられるものではなく，熱力学第一法則を開放系に拡張した際に自然に導入されるのだが，ここでは詳細を省き，ギブズエネルギーとの関連についてのみ議論する．詳細は，原田義也『化学熱力学（修訂版）』(裳華房，2002) を参照していただきたい．

純物質が α 相と β 相の二つの相を共存させて平衡状態にあるとする (一成分系)．α 相と β 相は，その境界を通して相変化が可能なので，それぞれ開放系である．まず α 相と β 相の物質量をそれぞれ n^α および n^β とする．さらに，α 相と β 相のギブズエネルギーを G^α および G^β として，単位物質量あたりのギブズエネルギーを $\mu^{\alpha,*}$ および $\mu^{\beta,*}$ と表すと

$$\mu^{\alpha,*}=\frac{G^\alpha}{n^\alpha},\quad \mu^{\beta,*}=\frac{G^\beta}{n^\beta} \tag{6.6.1}$$

となり，α 相と β 相ともに純物質なので状態が定まれば定数となる．

α 相と β 相とを合わせた閉鎖系のギブズエネルギーを G とすると，ギブズエネルギーには加成性が成り立ち，さらに (6.6.1) 式より

$$G=G^\alpha+G^\beta=\mu^{\alpha,*}n^\alpha+\mu^{\beta,*}n^\beta \tag{6.6.2}$$

が求まる．また閉鎖系の全物質量を n モルとすると，

$$n=n^\alpha+n^\beta=\text{一定} \tag{6.6.3}$$

となる．いま $T_{外}=$ 一定，$P_{外}=$ 一定 の条件で，α 相から β 相へわずかに相変化が進行したとすると (**図6.10**)，それはそれぞれの相の物質量が変化したことを意味す

る．それをそれぞれ δn^{α} モル (<0) および δn^{β} モル (>0) とすると，相は二つしかないので，α 相と β 相の変化量は，その絶対値は等しく符号が逆になる．すなわち

$$\delta n^{\alpha} = -\delta n^{\beta} \tag{6.6.4}$$

であり，その微小変化にともなって G^{α}，G^{β} および G が変化する．

$$\begin{aligned}\delta G &= \delta G^{\alpha} + \delta G^{\beta} = \mu^{\alpha,*}\,\delta n^{\alpha} + \mu^{\beta,*}\,\delta n^{\beta} \\ &= \mu^{\alpha,*}(-\delta n^{\beta}) + \mu^{\beta,*}\,\delta n^{\beta} = (\mu^{\beta,*} - \mu^{\alpha,*})\,\delta n^{\beta}\end{aligned} \tag{6.6.5}$$

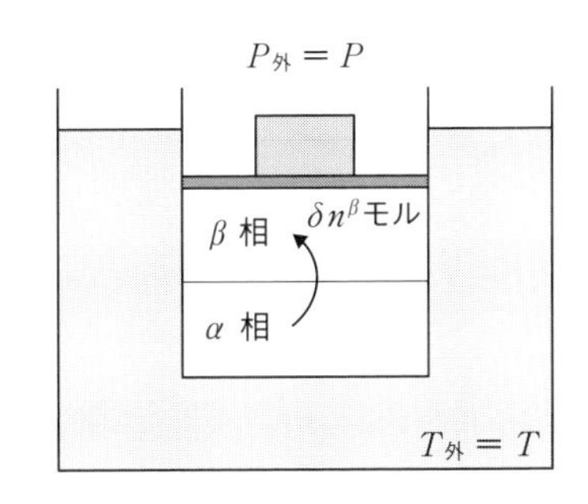

図 6.10　一成分系の相平衡

いま考えている閉鎖系内での相変化は電気仕事を取り出さないので，平衡状態は

$$G = \min. \tag{6.6.6}$$

であるから，

$$\delta G = (\mu^{\beta,*} - \mu^{\alpha,*})\,\delta n^{\beta} = 0 \tag{6.6.7}$$

となり，

$$\mu^{\alpha,*} = \mu^{\beta,*} \tag{6.6.8}$$

が平衡時に満たすべき条件となる．すなわち，各相の化学ポテンシャルが等しくつり合った状態が相平衡状態である．G^{α} および G^{β} は開放系のギブズエネルギーであるから，δG^{α} や δG^{β} だけで平衡状態を表すことはできない．開放系は物質の供給や除去が可能となるので，原理的に平衡状態に達する必要がなく，増加も減少も可能である．今の条件では，平衡状態に到達するのは，あくまでも閉鎖系である．閉鎖系が平衡状態に達したとき，閉鎖系を構成する開放系もまた平衡状態に達する．今の場合，二つの開放系において，各相の化学ポテンシャルが等しくつり合った場合に，物質の移動は生じず，平衡状態になるのである．

閉鎖系内で有限量の相変化が自発的に進行するときを考えよう．α 相から β 相への微小変化量を先ほどと同様に δn^{β} として，この変化を積算した変化 Δn^{β} に対する ΔG を求めよう．いまの場合，μ^{α} および μ^{β} は物質量に依存せず一定なので，(6.6.4) 式を考慮して

$$\Delta G = \int_1^2 \delta G = \int_1^2 (\mu^{\beta,*} - \mu^{\alpha,*})\,\delta n^{\beta} = (\mu^{\beta,*} - \mu^{\alpha,*})\int_1^2 \delta n^{\beta} = (\mu^{\beta,*} - \mu^{\alpha,*})\,\Delta n^{\beta} \tag{6.6.9}$$

となる．一方，(6.4.7) 式に示されるように，$T_{外} =$ 一定，$P_{外} =$ 一定 の条件で，

有限量の任意の変化に対して，（閉鎖）系のギブズエネルギーは減少する．すなわち，

$$\Delta G \leqq 0 \tag{6.6.10}$$

であるから，(6.6.9) 式と合わせて

$$\Delta G = (\mu^{\beta,*} - \mu^{\alpha,*})\,\Delta n^{\beta} \leqq 0 \tag{6.6.11}$$

となる．不等号のとき，符号で場合を分けると

① $(\mu^{\beta,*} - \mu^{\alpha,*}) < 0$ かつ $\Delta n^{\beta} > 0$ のとき　⇒　$\mu^{\beta,*} < \mu^{\alpha,*}$ かつ $\Delta n^{\beta} > 0$　(6.6.12)

② $(\mu^{\beta,*} - \mu^{\alpha,*}) > 0$ かつ $\Delta n^{\beta} < 0$ のとき　⇒　$\mu^{\beta,*} > \mu^{\alpha,*}$ かつ $\Delta n^{\beta} < 0$　(6.6.13)

の場合がある．

①のとき，$\Delta n^{\beta} > 0$ であるから，α 相から β 相へ相変化が進行することを意味するが，そのとき $\mu^{\beta,*} < \mu^{\alpha,*}$ となっている．つまり α 相の化学ポテンシャル $\mu^{\alpha,*}$ よりも，β 相の化学ポテンシャル $\mu^{\beta,*}$ の方が小さいとき，α 相から β 相へ相変化が進行する．

②のとき，$\Delta n^{\beta} < 0$ であるから，β 相から α 相へ相変化が進行することを意味するが，そのとき $\mu^{\beta,*} > \mu^{\alpha,*}$ となっている．つまり β 相の化学ポテンシャル $\mu^{\beta,*}$ よりも，α 相の化学ポテンシャル $\mu^{\alpha,*}$ の方が小さいとき，β 相から α 相へ相変化が進行する．

いずれの場合も，化学ポテンシャルの高い相から低い相への変化が，自発的変化に対応する．力学では，ポテンシャルエネルギーの高い方から低い方へ，物体や電荷が移動する．それと同じように化学現象についても，ポテンシャルの高低で，変化の方向性が表せるようになった．μ が化学ポテンシャルと呼ばれる所以(ゆえん)である．

化学ポテンシャルは系全体の物質量に依存しない**示強性状態量**である（系内に複数の化学種が存在しているとき，その一部の物質量の変化，すなわち，組成の変化には依存する）．熱の移動の方向は温度という示強性状態量の差で，物質の移動の方向は圧力という示強性状態量の差で表された．相変化に関しても（あとでわかるように多成分系の相変化も化学反応も）化学ポテンシャルという示強性状態量の高低，すなわち差で，その変化の方向が判別できるようになった．ようやく，化学現象を熱的現象や機械的現象と同等に扱えるようになったのである．

これまでの式展開を図的に理解してみよう．Web で説明している部分モル体積と同じように考えればよいのだが，ギブズエネルギーの場合は，同じ示量性状態量

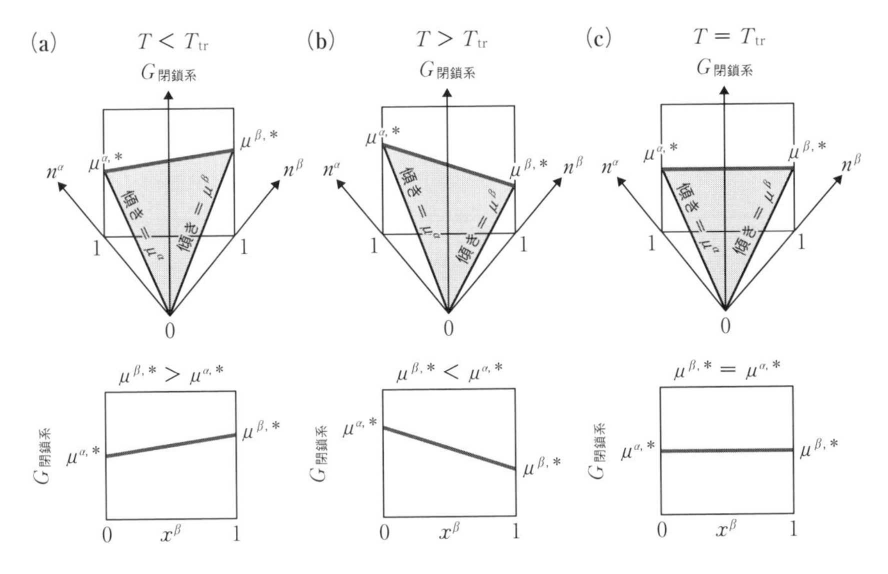

図6.11 G-μ^α-μ^β 空間における相安定状態の図的理解

でも，部分モル体積と違って，$T_{外}$ = 一定，$P_{外}$ = 一定 のもとでは，電気的仕事を取り出さない変化にともなう化学現象の自発的変化は，ギブズエネルギーが減少する方向にのみ進行するという性質を持つ．

縦軸に G，横軸に α 相と β 相の物質量 n^α および n^β をとった G-n^α-n^β 空間を考える（**図6.11**）．(6.6.2) 式より，$G = G^\alpha + G^\beta = \mu^{\alpha,*} n^\alpha + \mu^{\beta,*} n^\beta$ であり，T および P が決まれば $\mu^{\alpha,*}$ および $\mu^{\beta,*}$ は定数なので，G-n^α-n^β 空間において G は平面になる．いまたとえば，圧力 P を固定して，そのときの α 相と β 相の相転移温度を T_{tr} として，T_{tr} 以上で α 相から β 相への相転移が進行するとしよう．系の温度を T_{tr} の高低で分類して，そのときどきの G-n^α-n^β 空間における G の表す平面の様子を把握しよう．

① $T < T_{tr}$ のとき → α 相が安定で，β 相には相転移しないとき

$\mu^{\beta,*} > \mu^{\alpha,*}$ なので，図6.11(a) に示すように，G の平面は n^β 軸から n^α 軸の方に減少する，傾いた平面となる．この平面と $n^\alpha + n^\beta = 1$ の平面の交線は直線となり，n^α 軸側に単調に減少する．これは横軸に β 相のモル分率 x^β を，縦軸に G をとったグラフでより明らかとなる．自発的変化は G が減少する方向にのみ進行するので，α 相のみが存在する状態が安定で，平衡状態において β 相と共存することはない．

② $T > T_{tr}$ のとき → β 相が安定で，α 相には相転移しないとき

$\mu^{\beta,*} < \mu^{\alpha,*}$ なので，図6.11 (b) に示すように，G の平面は n^α 軸から n^β 軸の方に減少する，傾いた平面となる．この平面と $n^\alpha + n^\beta = 1$ の平面の交線は直線となり，n^β 軸側に単調に減少する．自発的変化は G が減少する方向にのみ進行するので，β 相のみが存在する状態が安定で，平衡状態において α 相と共存することはない．

③ $T = T_{tr}$ のとき → α 相と β 相が共存するとき

$\mu^{\beta,*} = \mu^{\alpha,*}$ なので，図6.11 (c) に示すように，G の平面は n^α 軸と n^β 軸の方向のいずれにも傾かない平面となる．このとき G-x^β のグラフは x^β 軸に平行な直線となる．任意の x^β に対して G は変化しないので，このときは任意の割合で α 相と β 相が共存できることになる．実際に，たとえば水と氷の共存状態を考えると，水と氷の割合がどのように変化しても，共存状態は保たれる．それは，$T = T_{tr}$ においては，水の化学ポテンシャルと氷の化学ポテンシャルの値が等しく，割合が変わっても，閉鎖系のギブズエネルギーは変化しないためである．このように，一成分系の相平衡は図的に理解できることがわかっただろう．

ただし，G-n^α-n^β 空間で考えること自体の問題点にも注意しておこう．それは，ギブズエネルギーは状態量であり，原理的に，安定な平衡状態でしか定義できないということである．たとえば ① $T < T_{tr}$ のときは，実際に，平衡状態として安定に存在するのは α 相のみである．したがって，原理的には，$x^\beta = 0$ の点 (状態) のみが存在するので，図6.11 (a) のような直線を描くことはできないため，厳密には，**図6.12** のようになる．ただし，$T < T_{tr}$ であっても，準安定状態として実測したり，安定状態から外挿することによって，熱力学的状態量が求められることがあるので，それを許容すれば，図6.11 (a) を描くことは可能である．自発的変化はギブズエネルギーが減少する方向に起こるということを図的にイメージすることは，理解に有効であると考えるので，読者は原理を理解したうえで読んでほしい．6.11節で述べる化学平衡の場合も事情は同じである．

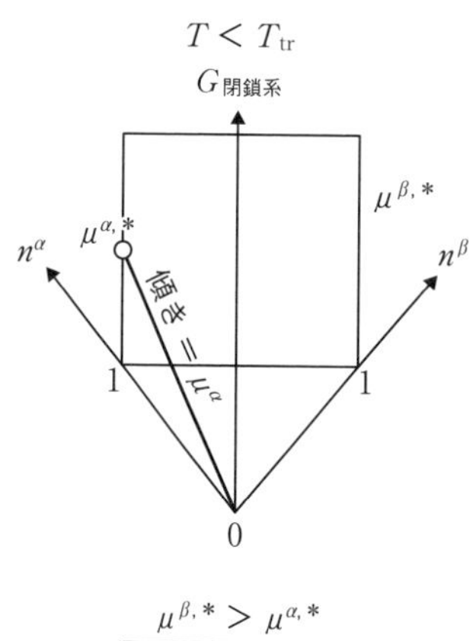

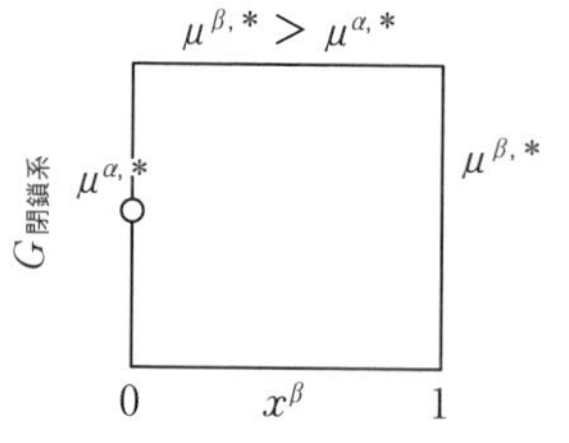

図6.12　実際に存在する状態

6.7 混合系（多成分系）の化学ポテンシャル

前節で取り上げた相平衡は純物質の状態変化であったので，その化学ポテンシャルも単位物質量あたりのギブズエネルギーで，温度・圧力が決まれば，物質に固有の定数であった．本節では，複数の相が共存する閉鎖系の中で，複数の混在する化学種が関与する相変化を取り扱おう（**多成分系**）．

具体的には，たとえば水とエタノールの混合系で，液相と気相が共存している閉鎖系を考える．式の展開としてはより一般的に，化学種 A と B が存在している閉鎖系内で，α 相と β 相が共存しているとしよう（**図6.13**）．系の設定は任意であり，α 相と β 相は明確な境界で分かれているので，それぞれ開放系とみなせる．この場合，開放系は二つで一つの閉鎖系を構成している．いま化学反応は起こらない状況を考えているので，化学種 A と B の間で物質のやりとりはない．そのため互いに開放系であるのは，α 相と β 相の化学種 A と，α 相と β 相の化学種 B に関してである．α 相と β 相に存在する化学種 A の物質量をそれぞれ n_A^α および n_A^β，α 相と β 相に存在する化学種 B の物質量をそれぞれ n_B^α および n_B^β とする．

開放系である α 相と β 相のギブズエネルギーをそれぞれ G^α および G^β とすると，ギブズエネルギーは加成性を満たすので，α 相と β 相を合わせた閉鎖系のギブズエネルギー G は

$$G = G^\alpha + G^\beta \tag{6.7.1}$$

となる．ここからは，化学種ごとに議論を進める．まず $T_{外} =$ 一定，$P_{外} =$ 一定の条件で，化学種 A が α 相から β 相へ微小量変化したとする．α 相の変化量を δn_A^α モル (< 0)，β 相の変化量を δn_A^β モル (> 0) とする．系全体は閉鎖系で物質の出入りはないから，閉鎖系内の化学種 A の物質量を n_A とすると

$$n_A = n_A^\alpha + n_A^\beta = 一定 \tag{6.7.2}$$

となるので，

$$\delta n_A^\alpha = -\delta n_A^\beta \tag{6.7.3}$$

である．

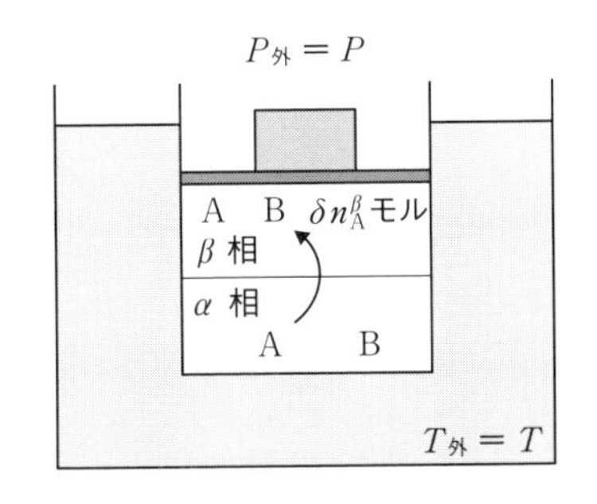

図6.13 二成分系の相状態

G^α は化学種 A と B から構成されているので，$T_{外} =$ 一定，$P_{外} =$ 一定の条件においては，化学種 A の物質量に関する偏微分係数として（Web「部分モル量の導入」(8) 式参照），α 相における化学種 A の化学ポテンシャル μ_A^α を定

義できる．

$$\mu_{\mathrm{A}}^{\alpha} = \left(\frac{\partial G^{\alpha}}{\partial n_{\mathrm{A}}}\right)_{T,P,n_{\mathrm{B}}} \tag{6.7.4}$$

すなわち，α 相の示量性変数である G^{α} の部分モル量として，$\mu_{\mathrm{A}}^{\alpha}$ が導入される．ここで，部分モル量と開放系との接点が生まれる．部分モル量の本質は，単一相で複数の化学種を含んでいる系において，その単一相の示量性状態量を，それぞれの化学種の物質量あるいは組成を変数として，線形関係で表すことである．したがって，部分モル量の概念は，必ずしも開放系と直接，結びつくものではない．しかし (6.7.4) 式が示すように，$\mu_{\mathrm{A}}^{\alpha}$ は，T, P, n_{B} を一定として，n_{A} の微量変化 δn_{A} に対応する，相 α のギブズエネルギー G^{α} の変化量 δG^{α} の比となる．この n_{A} の微量変化 δn_{A} は，相 α と外部との化学種 A のやりとりとみなせるので，$\mu_{\mathrm{A}}^{\alpha}$ は実は，開放系を前提として定義されているといえるのである．

δn_{A} モルの変化に対応する G^{α} の変化量 δG^{α} は

$$\delta G^{\alpha} = \mu_{\mathrm{A}}^{\alpha}\, \delta n_{\mathrm{A}}^{\alpha} \tag{6.7.5}$$

となる．同様に β 相における化学種 A の化学ポテンシャル μ_{A}^{β} も定義できる．

$$\mu_{\mathrm{A}}^{\beta} = \left(\frac{\partial G^{\beta}}{\partial n_{\mathrm{A}}}\right)_{T,P,n_{\mathrm{B}}} \tag{6.7.6}$$

したがって δn_{A} モルの変化に対応する G^{β} の変化量 δG^{β} は，

$$\delta G^{\beta} = \mu_{\mathrm{A}}^{\beta}\, \delta n_{\mathrm{A}}^{\beta} \tag{6.7.7}$$

となる．

δn_{A} モルの変化に対する閉鎖系のギブズエネルギー変化 δG は，(6.7.1) 式より

$$\delta G = \delta G^{\alpha} + \delta G^{\beta} \tag{6.7.8}$$

となるので，(6.7.3) および (6.7.5) 式を代入して

$$\delta G = \delta G^{\alpha} + \delta G^{\beta} = \mu_{\mathrm{A}}^{\alpha}\, \delta n_{\mathrm{A}}^{\alpha} + \mu_{\mathrm{A}}^{\beta}\, \delta n_{\mathrm{A}}^{\beta} = \mu_{\mathrm{A}}^{\alpha}(-\delta n_{\mathrm{A}}^{\beta}) + \mu_{\mathrm{A}}^{\beta}\, \delta n_{\mathrm{A}}^{\beta} = (\mu_{\mathrm{A}}^{\beta} - \mu_{\mathrm{A}}^{\alpha})\, \delta n_{\mathrm{A}}^{\beta} \tag{6.7.9}$$

が得られる．いま考えている相変化は電気的仕事を取り出さないので，$T_{外}$ ＝一定，かつ $P_{外}$ ＝一定 の閉鎖系内で平衡が成立するとき，

$$G = \min. \tag{6.7.10}$$

である．したがって，平衡状態では

$$\delta G = (\mu_{\mathrm{A}}^{\beta} - \mu_{\mathrm{A}}^{\alpha})\, \delta n_{\mathrm{A}}^{\beta} = 0 \tag{6.7.11}$$

となるので，

$$\mu_{\mathrm{A}}^{\alpha} = \mu_{\mathrm{A}}^{\beta} \tag{6.7.12}$$

が条件となる．化学種Bについても同様なので，

$$\mu_{\mathrm{B}}^{\alpha} = \mu_{\mathrm{B}}^{\beta} \tag{6.7.13}$$

となる．すなわち，系を構成する各々の化学種の各相の化学ポテンシャルが等しくつり合った状態が**相平衡**状態である．これは一成分系の素直な拡張になっている．

一方，変化が自発的に進行するとき，すなわち，不可逆的に変化するとき，系のギブズエネルギーは減少する．すなわち，

$$\Delta G \leqq 0 \tag{6.7.14}$$

となる．いま，状態1から状態2に有限量の変化が生じたとすると，(6.7.9)式より

$$\Delta G = \int_1^2 (\mu_{\mathrm{A}}^{\beta} - \mu_{\mathrm{A}}^{\alpha})\,\delta n_{\mathrm{A}}^{\beta} \leqq 0 \tag{6.7.15}$$

となる．したがって，不等号のとき，符号で場合を分けると

① $(\mu_{\mathrm{A}}^{\beta} - \mu_{\mathrm{A}}^{\alpha}) < 0$ **かつ** $\boldsymbol{\delta n_{\mathrm{A}}^{\beta} > 0}$ **のとき**　⇒　$\mu_{\mathrm{A}}^{\beta} < \mu_{\mathrm{A}}^{\alpha}$ **かつ** $\boldsymbol{\delta n_{\mathrm{A}}^{\beta} > 0}$　(6.7.16)

② $(\mu_{\mathrm{A}}^{\beta} - \mu_{\mathrm{A}}^{\alpha}) > 0$ **かつ** $\boldsymbol{\delta n_{\mathrm{A}}^{\beta} < 0}$ **のとき**　⇒　$\mu_{\mathrm{A}}^{\beta} > \mu_{\mathrm{A}}^{\alpha}$ **かつ** $\boldsymbol{\delta n_{\mathrm{A}}^{\beta} < 0}$　(6.7.17)

の場合がある．

①のとき，$\delta n_{\mathrm{A}}^{\beta} > 0$ であるから，化学種Aに関して α 相から β 相への相変化が進行することを意味するが，そのとき $\mu_{\mathrm{A}}^{\beta} < \mu_{\mathrm{A}}^{\alpha}$ となっている．つまり **α 相の化学ポテンシャル $\mu_{\mathrm{A}}^{\alpha}$ よりも，β 相の化学ポテンシャル μ_{A}^{β} の方が小さいとき，化学種Aに関して α 相から β 相へ相変化が進行する．**

②のとき，$\delta n_{\mathrm{A}}^{\beta} < 0$ であるから，化学種Aに関して β 相から α 相へ相変化が進行することを意味するが，そのとき $\mu_{\mathrm{A}}^{\beta} > \mu_{\mathrm{A}}^{\alpha}$ となっている．つまり **β 相の化学ポテンシャル μ_{A}^{β} よりも，α 相の化学ポテンシャル $\mu_{\mathrm{A}}^{\alpha}$ の方が小さいとき，化学種Aに関して β 相から α 相へ相変化が進行する．**

いずれの場合も，化学種Aに関して，化学ポテンシャルの高い相から低い相への変化が，自発的変化に対応することがわかる．これは一成分系のときと同じ結果である．

6.8　化学反応系の取り扱い

本節では，閉鎖系の中で，複数の混在する化学種が関与する化学反応を取り扱おう．ここでは簡単のために，電気的仕事を取り出さない熱化学反応を対象としよう．

化学反応を一般的に次式のように表す．

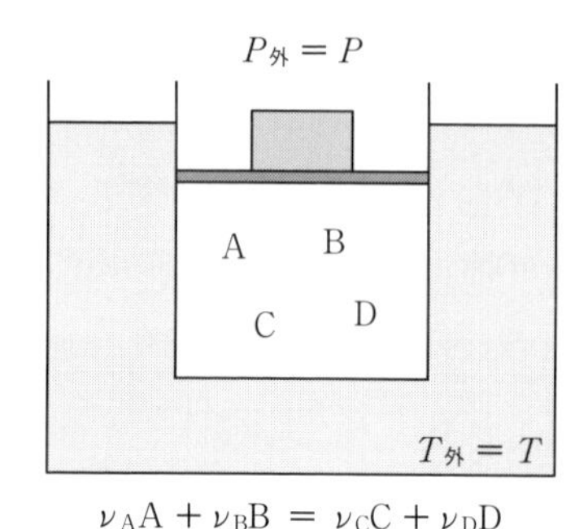

$\nu_A A + \nu_B B = \nu_C C + \nu_D D$

図 6.14　単一相で化学種が混在している閉鎖系

$$\nu_A A + \nu_B B = \nu_C C + \nu_D D \tag{6.8.1}$$

A,B,C,D は反応に関与する化学種で，ある単一相の中で混在しているとしよう（**図 6.14**）．A と B は反応物，C と D は生成物である．ν_A（ニュー）, ν_B, ν_C および ν_D は，それぞれ化学種 A,B,C,D の化学量論係数である．ただし，反応は (6.8.1) 式に従って進行するので，その変化量には制約がある．(6.8.1) 式の反応の進行の程度を表すために，反応進行度 ξ（グザイ）を導入しよう．ξ は次式で定義される．

$$\mathrm{d}\xi = -\frac{\mathrm{d}n_A}{\nu_A} = -\frac{\mathrm{d}n_B}{\nu_B} = \frac{\mathrm{d}n_C}{\nu_C} = \frac{\mathrm{d}n_D}{\nu_D} \tag{6.8.2}$$

ここで $\mathrm{d}n_A, \mathrm{d}n_B, \mathrm{d}n_C, \mathrm{d}n_D$ は，微小な反応の進行にともなうそれぞれ A,B,C,D の物質量の微小変化量である．(6.8.2) 式より，ξ の単位は物質量で，$\xi = 1$ モルのとき，(6.8.1) 式で表される化学反応が，化学量論係数に応じた物質量分（つまり A, B はそれぞれ ν_A, ν_B モル減少，C,D はそれぞれ ν_C, ν_D モル増加），変化することになる．ξ を考える意義は，ある化学反応の進行の程度を，一つのパラメータで表せる点にある．

この単一相からなる閉鎖系は四つの化学種 A,B,C,D から構成されているので，それぞれのモル数を n_A, n_B, n_C, n_D とすると，系のギブズエネルギーは T, P, n_A, n_B, n_C, n_D の関数 $G(T, P, n_A, n_B, n_C, n_D)$ となるから，全微分の式は

$$\begin{aligned}
\mathrm{d}G &= \left(\frac{\partial G}{\partial T}\right)_{P,n_A,n_B,n_C,n_D} \mathrm{d}T + \left(\frac{\partial G}{\partial P}\right)_{T,n_A,n_B,n_C,n_D} \mathrm{d}P + \left(\frac{\partial G}{\partial n_A}\right)_{P,T,n_B,n_C,n_D} \mathrm{d}n_A + \\
&\quad \left(\frac{\partial G}{\partial n_B}\right)_{P,T,n_A,n_C,n_D} \mathrm{d}n_B + \left(\frac{\partial G}{\partial n_C}\right)_{P,T,n_A,n_B,n_D} \mathrm{d}n_C + \left(\frac{\partial G}{\partial n_D}\right)_{P,T,n_A,n_B,n_C} \mathrm{d}n_D \\
&= \left(\frac{\partial G}{\partial T}\right)_{P,n_A,n_B,n_C,n_D} \mathrm{d}T + \left(\frac{\partial G}{\partial P}\right)_{T,\mathrm{n}_A,n_B,n_C,n_D} \mathrm{d}P + \mu_A \mathrm{d}n_A + \mu_B \mathrm{d}n_B + \mu_C \mathrm{d}n_C + \mu_D \mathrm{d}n_D
\end{aligned}$$

T, P 一定のときは

$$\mathrm{d}G = \mu_A\,\mathrm{d}n_A + \mu_B\,\mathrm{d}n_B + \mu_C\,\mathrm{d}n_C + \mu_D\,\mathrm{d}n_D \tag{6.8.3}$$

となる．ここでは考えている閉鎖系は単一相であり開放系は存在しないので，化学ポテンシャルは，部分モル量としての性質だけが用いられていることに注意しておこう．

仮想的に反応が $\delta\xi$ だけ進行したとき，反応の進行にともなうそれぞれの物質の変化量には，反応式の量論に従うという制限があるので，(6.8.2) 式より

$$\delta n_{\rm A} = -\nu_{\rm A}\delta\xi,\ \delta n_{\rm B} = -\nu_{\rm B}\delta\xi,\ \delta n_{\rm C} = \nu_{\rm C}\delta\xi,\ \delta n_{\rm D} = \nu_{\rm D}\delta\xi \qquad (6.8.4)$$

であるから，

$$\begin{aligned}\delta G &= \mu_{\rm A}(-\nu_{\rm A}\delta\xi) + \mu_{\rm B}(-\nu_{\rm B}\delta\xi) + \mu_{\rm C}(\nu_{\rm C}\delta\xi) + \mu_{\rm D}(\nu_{\rm D}\delta\xi) \\ &= \{(\nu_{\rm C}\mu_{\rm C} + \nu_{\rm D}\mu_{\rm D}) - (\nu_{\rm A}\mu_{\rm A} + \nu_{\rm B}\mu_{\rm B})\}\delta\xi \qquad (6.8.5)\end{aligned}$$

が得られる．いま考えている化学変化は電気的仕事を取り出さないので，閉鎖系内で平衡が成立するとき，

$$G = \min. \qquad (6.8.6)$$

である．したがって，平衡状態では

$$\delta G = \{(\nu_{\rm C}\mu_{\rm C} + \nu_{\rm D}\mu_{\rm D}) - (\nu_{\rm A}\mu_{\rm A} + \nu_{\rm B}\mu_{\rm B})\}\delta\xi = 0 \qquad (6.8.7)$$

となるので，

$$\nu_{\rm A}\mu_{\rm A} + \nu_{\rm B}\mu_{\rm B} = \nu_{\rm C}\mu_{\rm C} + \nu_{\rm D}\mu_{\rm D} \qquad (6.8.8)$$

が条件となる．つまり，反応系の化学種の化学ポテンシャルに量論係数を乗じた量の和 $\nu_{\rm A}\mu_{\rm A} + \nu_{\rm B}\mu_{\rm B}$ と，生成系の化学種の化学ポテンシャルに量論係数を乗じた量の和 $\nu_{\rm C}\mu_{\rm C} + \nu_{\rm D}\mu_{\rm D}$ が等しいとき，平衡状態になることがわかる．$\nu_{\rm A}\mu_{\rm A} + \nu_{\rm B}\mu_{\rm B}$ を**反応系の化学ポテンシャル**，$\nu_{\rm C}\mu_{\rm C} + \nu_{\rm D}\mu_{\rm D}$ を**生成系の化学ポテンシャル**と呼ぶとすると (この呼び方は必ずしも一般的ではない)，反応系と生成系の化学ポテンシャルが等しくつり合った状態が化学平衡状態といえる．

また，いま考えている化学変化は電気的仕事を取り出さないので，閉鎖系内で変化が自発的に進行するとき，すなわち，不可逆的に変化するとき，系のギブズエネルギーは減少する．すなわち，

$$\Delta G \leqq 0 \qquad (6.8.9)$$

である．いま，状態1から状態2に有限量の変化が生じたとすると，(6.8.7) 式より

$$\Delta G = \int_1^2 \delta G = \int_1^2 \{(\nu_{\rm C}\mu_{\rm C} + \nu_{\rm D}\mu_{\rm D}) - (\nu_{\rm A}\mu_{\rm A} + \nu_{\rm B}\mu_{\rm B})\}\delta\xi \leqq 0 \qquad (6.8.10)$$

となる．不等号のとき，符号で場合を分けると

① $(\nu_{\rm C}\mu_{\rm C} + \nu_{\rm D}\mu_{\rm D}) - (\nu_{\rm A}\mu_{\rm A} + \nu_{\rm B}\mu_{\rm B}) < 0$ かつ $\delta\xi > 0$ のとき

$$\Rightarrow \nu_{\rm C}\mu_{\rm C} + \nu_{\rm D}\mu_{\rm D} < \nu_{\rm A}\mu_{\rm A} + \nu_{\rm B}\mu_{\rm B} \text{ かつ } \delta\xi > 0 \qquad (6.8.11)$$

② $(\nu_{\rm C}\mu_{\rm C} + \nu_{\rm D}\mu_{\rm D}) - (\nu_{\rm A}\mu_{\rm A} + \nu_{\rm B}\mu_{\rm B}) > 0$ かつ $\delta\xi < 0$ のとき

$$\Rightarrow \nu_{\rm C}\mu_{\rm C} + \nu_{\rm D}\mu_{\rm D} > \nu_{\rm A}\mu_{\rm A} + \nu_{\rm B}\mu_{\rm B} \text{ かつ } \delta\xi < 0 \qquad (6.8.12)$$

の場合がある．

①のとき，$\delta\xi > 0$ であるから，反応系から生成系へ化学変化が進行することを意味するが，そのとき $\nu_C\mu_C + \nu_D\mu_D < \nu_A\mu_A + \nu_B\mu_B$ となっている．つまり，反応系の化学ポテンシャル $\nu_A\mu_A + \nu_B\mu_B$ よりも，生成系の化学ポテンシャル $\nu_C\mu_C + \nu_D\mu_D$ の方が小さいとき，反応系から生成系へ化学反応が進行する．

②のとき，$\delta\xi < 0$ であるから，生成系から反応系へ化学反応が進行することを意味するが，そのとき $\nu_C\mu_C + \nu_D\mu_D > \nu_A\mu_A + \nu_B\mu_B$ となっている．つまり，生成系の化学ポテンシャル $\nu_C\mu_C + \nu_D\mu_D$ よりも，反応系の化学ポテンシャル $\nu_A\mu_A + \nu_B\mu_B$ の方が小さいとき，生成系から反応系へ化学反応が進行する．すなわち，化学反応は反応系と生成系の化学ポテンシャルの高低で決まり，化学ポテンシャルの高い系から低い系へ，反応が進行するといえる．

前節の相変化と合わせると，相変化や化学反応といった化学現象の変化の方向性を，化学ポテンシャルという示強性状態量の高低で表すことができるようになった．ただし，対象が単一相なのか複数相なのかによって，用いている化学ポテンシャルの性質が異なることは理解しておいた方がよいだろう．熱や仕事を外界とやりとり可能な閉鎖系が，T, P 一定のときに示す平衡条件は，(閉鎖) 系のギブズエネルギーが最小という条件で与えられる．したがって，閉鎖系のギブズエネルギーを，その構成要素で表現すれば，新しい平衡条件を表す関係が求められる．相平衡では，複数の相の存在が前提なので，原理的に開放系を考えることになる．したがって，化学ポテンシャルの開放系における性質が用いられる．一方，化学平衡は本節で取り上げたように単一相でも起こりうる．単一相の場合は，開放系は存在しないので，化学ポテンシャルの部分モル量としての性質を用いればよい．

ここであらためて，一定の温度 T，一定の圧力 P のもとにある閉鎖系が平衡にあるとき，**閉鎖系 (多相系) が持つべき平衡条件を示しておくと，次のようになる．**

① **熱平衡の条件**　　**各相の温度が互いに等しい．**

② **機械的平衡の条件**　**各相の圧力が互いに等しい．**

③ **物質的平衡の条件**　**相間で各物質の化学ポテンシャルが等しい．**

④ **化学平衡の条件**　　**反応系の化学ポテンシャルと生成系の化学ポテンシャルが等しい．**

6.9 化学ポテンシャルの温度・圧力依存性

ここまで，化学ポテンシャルは，“ある圧力・温度における系のギブズエネルギーをその物質量で偏微分した部分モル量”として定義したのみで，その具体的な性質については述べていない．ここでは，化学ポテンシャルが，温度や圧力に対してどのように依存するか調べてみよう．さらに，考察の対象とする物質の状態方程式を利用すれば，より具体的な依存性が求められることを示そう．

そのためには，ギブズエネルギーの定義(6.2.20)式まで戻る必要がある．ギブズエネルギーは，定圧・等温過程における変化に対して，(6.2.25)式や(6.2.28)式に示したように，その変化量が，内部エネルギーを増加させるときに必要な最小の電気的仕事や，あるいは内部エネルギーが減少するときには取り出しうる最大の電気的仕事に等しくなるのであった．しかしここでは，定圧・等温での相変化や化学反応にともなう変化量を考えるのではなく，状態の変わらない，ある化学種が持つギブズエネルギーが，温度や圧力によってどのように変化するのかを考えよう．

ある純物質からなる閉鎖系のギブズエネルギーを G とすると，

$$G \equiv U + PV - TS \tag{6.2.20}$$

である．温度や圧力を微小変化させて，この純物質の状態を変化させたとする．G および S は状態量であるから，微小変化は準静的変化となるので，その準静的微小変化にともなう G の微小変化 $\mathrm{d}G$ は，

$$\mathrm{d}G = \mathrm{d}U + P\mathrm{d}V + V\mathrm{d}P - T\mathrm{d}S - S\mathrm{d}T \tag{6.9.1}$$

となる．ここでこの準静的微小変化に対応する熱力学第一法則を考えると

$$\mathrm{d}U = -P_{\text{系}}\mathrm{d}V + \mathrm{d}'Q_{\mathrm{rev}} \tag{6.9.2}$$

となり，第二法則も

$$\mathrm{d}S = \frac{\mathrm{d}'Q_{\mathrm{rev}}}{T_{\text{系}}} \tag{6.9.3}$$

となるので，$P_{\text{系}} = P$，$T_{\text{系}} = T$ と表して

$$\mathrm{d}U = -P\mathrm{d}V + T\mathrm{d}S \quad \text{すなわち} \quad \mathrm{d}U + P\mathrm{d}V - T\mathrm{d}S = 0 \tag{6.9.4}$$

が成立する．(6.9.1)と(6.9.4)式より

$$\boldsymbol{\mathrm{d}G = V\mathrm{d}P - S\mathrm{d}T} \tag{6.9.5}$$

を得る．これが**純物質のギブズエネルギーの圧力・温度依存性を表す式**となる．そして

$$V > 0 \text{ かつ } S > 0 \tag{6.9.6}$$

はすべての物質に成り立つから，純物質のギブズエネルギーは圧力の増加とともにつねに増加し，温度の増加とともにつねに減少することがわかる．

純物質の化学ポテンシャルは単位物質量あたりのギブズエネルギーであるから，(6.9.5) 式の両辺を純物質の物質量 n で除して下式のように表せる．

$$\frac{\mathrm{d}G}{n} = \frac{V}{n}\mathrm{d}P - \frac{S}{n}\mathrm{d}T$$

左辺は化学ポテンシャルの変化量 $\mathrm{d}\mu$ となり，$(V/n) = v$ はモル体積，$(S/n) = s$ はモルエントロピーなので，

$$\mathrm{d}\mu = v\,\mathrm{d}P - s\,\mathrm{d}T \tag{6.9.7}$$

が得られる．これを 6.6 節の一成分系の相平衡に適用してみよう．

α 相と β 相の相平衡を考える．α 相と β 相の物理量であることを右上付きで表すこととする．ある T, P で α 相と β 相が平衡にあるとする．そのとき

$$\mu^{\alpha}(T, P) = \mu^{\beta}(T, P) \tag{6.9.8}$$

が成立する．温度と圧力を $\mathrm{d}P$ および $\mathrm{d}T$ 変化させたあとでも，相平衡が成り立ったとする．すなわち，

$$\mu^{\alpha}(T + \mathrm{d}T, P + \mathrm{d}P) = \mu^{\beta}(T + \mathrm{d}T, P + \mathrm{d}P) \tag{6.9.9}$$

が成立したとする．温度と圧力を $\mathrm{d}P$ および $\mathrm{d}T$ 変化させたあとでも相平衡が成立するためには，それぞれの相の化学ポテンシャルの変化量が等しくなければならない．すなわち，

$$\mathrm{d}\mu^{\alpha} = \mathrm{d}\mu^{\beta} \tag{6.9.10}$$

が成立する必要がある．(6.9.7) 式より

$$\mathrm{d}\mu^{\alpha} = v^{\alpha}\mathrm{d}P - s^{\alpha}\mathrm{d}T \quad \text{および} \quad \mathrm{d}\mu^{\beta} = v^{\beta}\mathrm{d}P - s^{\beta}\mathrm{d}T \tag{6.9.11}$$

であるから，

$$v^{\alpha}\mathrm{d}P - s^{\alpha}\mathrm{d}T = v^{\beta}\mathrm{d}P - s^{\beta}\mathrm{d}T$$

となるが，移項して整理すると

$$(v^{\beta} - v^{\alpha})\,\mathrm{d}P = (s^{\beta} - s^{\alpha})\,\mathrm{d}T$$

$$\frac{\mathrm{d}P}{\mathrm{d}T} = \frac{s^{\beta} - s^{\alpha}}{v^{\beta} - v^{\alpha}} \tag{6.9.12}$$

が得られる．$s^{\beta} - s^{\alpha}$ は，α 相から β 相への相転移にともなう 1 モルあたりのエントロピー変化である．1 モルあたりの相転移熱を Δh_{tr} とすると，ある圧力 P における転移点 T_{tr}（沸点，凝固点等）で α 相から β 相に純物質が 1 モル移るとき，転移点における物質の移動は準静的に行えると考えてよいから，

$$\Delta S = \int \frac{\mathrm{d}'Q_{\mathrm{rev}}}{T_{\mathrm{tr}}} = \frac{\Delta h_{\mathrm{tr}}}{T_{\mathrm{tr}}} \tag{6.9.13}$$

となる．左辺は $\Delta S = s^{\beta} - s^{\alpha}$ であるから，次式が得られる．

$$s^{\beta} - s^{\alpha} = \frac{\Delta h_{\mathrm{tr}}}{T} \tag{6.9.14}$$

したがって，(6.9.12) 式は

$$\frac{\mathrm{d}P}{\mathrm{d}T} = \frac{\Delta h_{\mathrm{tr}}}{T\,(v^{\beta} - v^{\alpha})} \tag{6.9.15}$$

となる．この式を**クラウジウス-クラペイロンの式**という．

α 相が液相，β 相が気相である場合，すなわち気液平衡に適用すると，蒸発熱を Δh_{vap} として，$\Delta h_{\mathrm{tr}} = \Delta h_{\mathrm{vap}}$ であり，$v^{\beta} - v^{\alpha} = v^{\mathrm{g}} - v^{\mathrm{l}}$（$v^{\mathrm{g}}$ および v^{l} は気体と液体のモル体積）となるが，液体と気体では気体の体積の方が飛躍的に大きい（$v^{\mathrm{g}} \gg v^{\mathrm{l}}$）ので，$v^{\mathrm{g}} - v^{\mathrm{l}} \approx v^{\mathrm{g}}$ として，

$$\frac{\mathrm{d}P}{\mathrm{d}T} = \frac{\Delta h_{\mathrm{vap}}}{T \cdot v^{\mathrm{g}}} \tag{6.9.16}$$

となる．ここで気体に状態方程式が成立するとした場合，$v^{\mathrm{g}} = (RT/P)$ であるから

$$\frac{\mathrm{d}P}{\mathrm{d}T} = \frac{\Delta h_{\mathrm{vap}} \cdot P}{RT^2} \tag{6.9.17}$$

と変形できる．$(\mathrm{d}P/P) = \mathrm{d}\ln P$ であるから

$$\frac{\mathrm{d}\ln P}{\mathrm{d}T} = \frac{\Delta h_{\mathrm{vap}}}{RT^2}$$

を得る．Δh_{vap} が一定とみなせるとき積分して，C を積分定数として

$$\ln P = -\frac{\Delta h_{\mathrm{vap}}}{RT} + \mathrm{C} \tag{6.9.18}$$

となり，常用対数をとると

$$\log P = -\frac{\Delta h_{\mathrm{vap}}}{2.303\,RT} + \mathrm{C}' \tag{6.9.19}$$

となる．

温度と圧力を $\mathrm{d}P$ および $\mathrm{d}T$ 変化させたあとでも，相平衡であるための条件を，気液平衡を例に，図で考えておこう．右上付き g と l で気相（気体）と液相（液体）の物理量であることを表す．まず，ある T, P で気液平衡にあるとする．

$$\mathrm{d}\mu^{\mathrm{g}} = v^{\mathrm{g}}\mathrm{d}P - s^{\mathrm{g}}\mathrm{d}T \quad \text{および} \quad \mathrm{d}\mu^{\mathrm{l}} = v^{\mathrm{l}}\mathrm{d}P - s^{\mathrm{l}}\mathrm{d}T \tag{6.9.20}$$

まず気体の化学ポテンシャルのイメージをつかもう．$v^{\mathrm{g}} > 0$ かつ $s^{\mathrm{g}} > 0$ であるから，μ-P-T 空間において，μ^{g} を表す曲面は**図 6.15** のようになることがわかる．

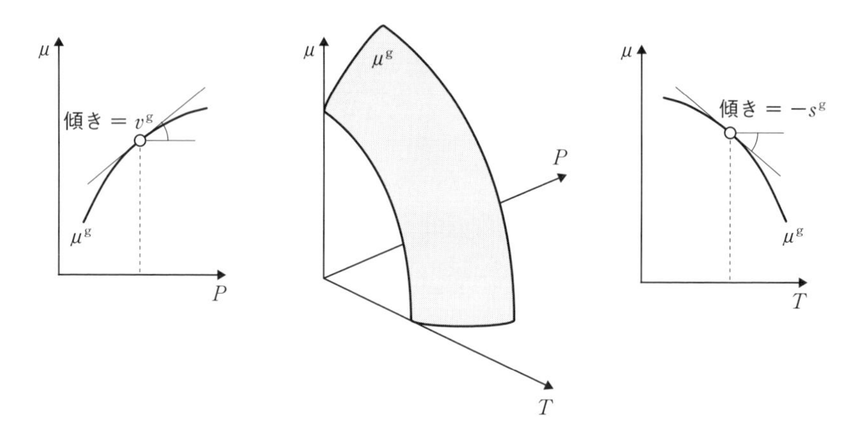

図 6.15　μ-P-T 空間において μ^g を表す曲面

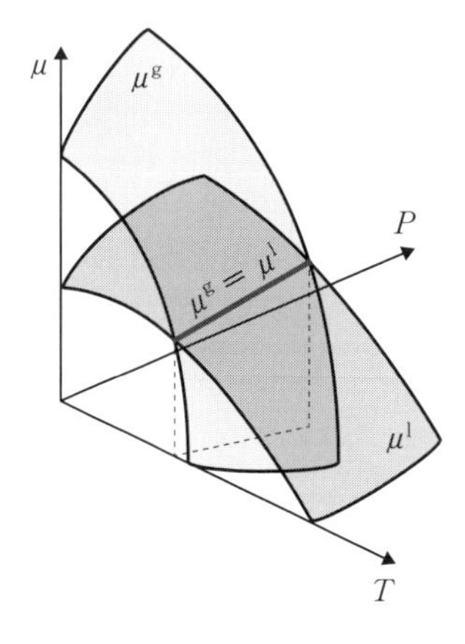

図 6.16　μ-P-T 空間における気液平衡の図示

すなわち，T 一定の μ-P 平面に現れる μ^g 曲線の傾きは，その圧力でのモル体積 v^g となる．また，P 一定の μ-T 平面に現れる μ^g 曲線の傾きは，その温度でのモルエントロピーに負号をつけた $-s^g$ となる．液体の化学ポテンシャルも同様であるが，一般に気体に比べてモル体積は極めて小さく，モルエントロピーも小さいので*4，μ^l 曲面は μ^g 曲面に比べてより平面的である．その交線が気液平衡を与える（**図 6.16**）．

T 一定の圧力変化 $\mathrm{d}P$ に対して，$v^g > v^l$ なので，$\mathrm{d}\mu^g > \mathrm{d}\mu^l$ となり，ある平衡状態から，系に圧力を加えると必ず液相が安定となる．その化学ポテンシャル変化の差は $\mathrm{d}\mu^g - \mathrm{d}\mu^l = (v^g - v^l)\mathrm{d}P$ である．圧力を $\mathrm{d}P$ 変化させたあとの状態においても，気液平衡が成り立つためには，温度変化も必要であることがわかるだろう．$(v^g - v^l)\mathrm{d}P$ だけの化学ポテンシャル変化の差を，温度変化にともなう化学ポテンシャル変化の差で補償すればよい．P 一定の温度変化 $\mathrm{d}T$ に対して，$s^g > s^l$ であるため，気体の化学ポテンシャルの減少量の方が，液体の化学ポテンシャルの減少量を上回る．つまり $(v^g - v^l)\mathrm{d}P$

＊4　たとえばモル体積は 1 気圧のとき $v^{水蒸気} = 30.6\ \mathrm{L\ mol^{-1}}$，$v^{水} = 1.8 \times 10^{-3}\ \mathrm{L\ mol^{-1}}$，モルエントロピーは 100 ℃のとき $s^{水蒸気} = 196\ \mathrm{J\ K^{-1}\ mol^{-1}}$，$s^{水} = 86.9\ \mathrm{J\ K^{-1}\ mol^{-1}}$．

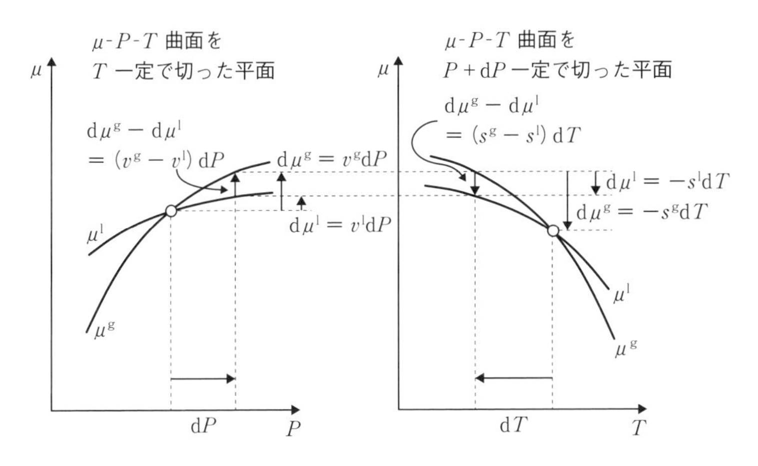

図 6.17 圧力変化にともなう化学ポテンシャル変化の差と温度変化にともなう化学ポテンシャル変化の差の関係

と $(s^{\mathrm{g}} - s^{\mathrm{l}})\mathrm{d}T$ が等しくなればよい（**図 6.17**）．これが (6.9.12) 式である．

$$(v^{\mathrm{g}} - v^{\mathrm{l}})\,\mathrm{d}P = (s^{\mathrm{g}} - s^{\mathrm{l}})\,\mathrm{d}T \tag{6.9.12}$$

6.10 純物質の理想気体の化学ポテンシャルから混合系の理想気体の化学ポテンシャルへ

前節で，すべての純物質の化学ポテンシャルの圧力・温度依存性を得た．

$$\mathrm{d}\mu = v\,\mathrm{d}P - s\,\mathrm{d}T \tag{6.9.7}$$

これで二つの状態が共存する相平衡を表すクラウジウス-クラペイロンの式は求められたが，ある状態の純物質の化学ポテンシャルの具体的な圧力・温度依存性を表せてはいない．実は熱力学の理論だけでは，これ以上の具体的な圧力・温度依存性は求まらない．経験的に得られる状態方程式を用いることが必要となる．

まず，純物質の理想気体の化学ポテンシャルの圧力依存性の具体的な表式を求めてみよう．そのために理想気体の状態方程式を導入する．単位物質量あたりとして

$$Pv = RT \tag{6.10.1}$$

であるから $v = (RT/P)$ なので，温度一定のとき

$$\mathrm{d}\mu = v\,\mathrm{d}P = \frac{RT}{P}\,\mathrm{d}P = RT\,\frac{\mathrm{d}P}{P} \tag{6.10.2}$$

を得る．これを P_1 から P_2 まで積分すると，

$$\Delta\mu = \int_{P_1}^{P_2} RT\,\frac{\mathrm{d}P}{P} = RT\int_{P_1}^{P_2}\frac{\mathrm{d}P}{P} = RT\ln\frac{P_2}{P_1}$$

$$\mu(T,P_2) = \mu(T,P_1) + RT\ln\frac{P_2}{P_1} \qquad (6.10.3)$$

を得る．標準状態の圧力を $P^{\ominus}$ として基準にとり，$P_1 = P^{\ominus}$，$P_2 = P$，$\mu(T,P^{\ominus}) = \mu^{\ominus}(T)$ とすると，任意の圧力 P に対して

$$\boldsymbol{\mu(T,P) = \mu^{\ominus}(T) + RT\ln(P/P^{\ominus})} \qquad (6.10.4)$$

となる．これが**純物質の理想気体の化学ポテンシャルの圧力依存性を具体的に表す式である．いまは国際的な規約では標準状態として $P^{\ominus} = 1\,\mathrm{bar}$ がとられるので**

$$\boldsymbol{\mu(T,P) = \mu^{\ominus}(T,1\,\mathrm{bar}) + RT\ln(P/\mathrm{bar})} \qquad (6.10.5)$$

となる．しばしば省略して，$\ln(P/\mathrm{bar})$ を $\ln P$ と表記することがあるが，これは誤りである．対数の真数は無次元の数でなければならないので，$\ln(P/\mathrm{bar})$ と表記する必要がある．(6.10.5) 式をグラフで表すと**図6.18**のようになる．

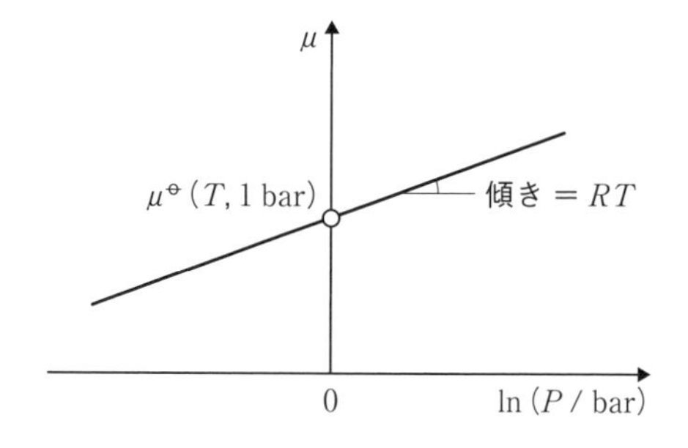

図6.18　純物質の理想気体の化学ポテンシャルの圧力依存性

なお熱力学的な標準状態として，以前は 1 atm がとられていた．1 atm は 101,325 Pa であり，1 bar は 100,000 Pa なので，1 bar を標準状態とするデータを用いて，1 atm におけるデータが必要なときは，換算する必要がある．一方，1 atm を標準状態として採用しているデータも見られ，その場合は換算する必要がないので，注意が必要である．しかし 1 bar を標準状態とした場合も，1 atm との差はわずかなので，実用上は誤差の範囲とみなすことが多い．

これまでは純物質の理想気体の化学ポテンシャルについて考えてきた．次に理想気体が混合した多成分気体のそれぞれの成分の化学ポテンシャルの圧力依存性を求めてみよう．そのために二種類の理想気体 A と B を考える．いま A と B の n_{A} モルと n_{B} モルを，圧力 P，温度 T で別々の容器に入れる．このとき，それぞれの気

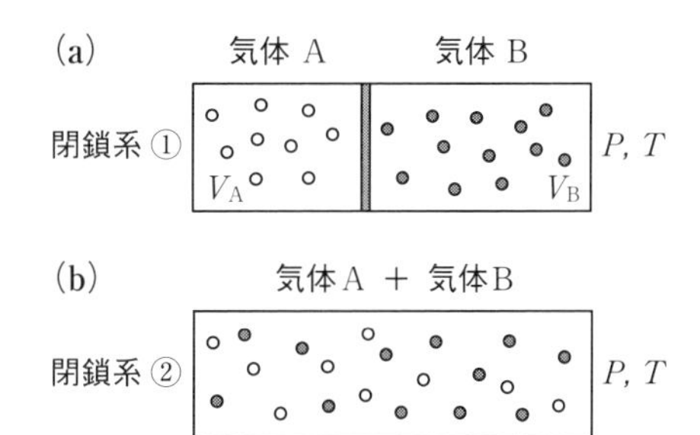

図 6.19　二種類の理想気体の混合の効果

体の体積 V_A および V_B は物質量に比例している（**図 6.19 (a)**）．この別々の状態でのAおよびBを合わせて閉鎖系①とみなすと，そのギブズエネルギー $G_{①}$ はAおよびBのギブズエネルギー G_A および G_B の和となる．すなわち，

$$G_{①} = G_A + G_B \tag{6.10.6}$$

であり，AおよびBのそれぞれの化学ポテンシャルを μ_A および μ_B とすると，$\mu_A = \mu_A^\ominus(T) + RT\ln(P/P^\ominus)$ および $\mu_B = \mu_B^\ominus(T) + RT\ln(P/P^\ominus)$ であるから

$$G_{①} = G_A + G_B = n_A\left\{\mu_A^\ominus(T) + RT\ln\left(\frac{P}{P^\ominus}\right)\right\} + n_B\left\{\mu_B^\ominus(T) + RT\ln\left(\frac{P}{P^\ominus}\right)\right\} \tag{6.10.7}$$

が得られる．

次にそれらの容器を接続させてAとBを混合するとしよう．もともとの容器の大きさを変化させずにお互いを接続して気体が自由に移動できるようにすると，気体は自発的に混合していくが，その全圧は P で変化しない（**図 6.19 (b)**）．完全に混合したとき，**ドルトンの分圧の法則**より，AおよびBの分圧 P_A および P_B は，それぞれが単独で混合気体の全体積 $V = V_A + V_B$ を占めるときの圧力に等しい．全体積は物質量に比例するので，AおよびBのモル分率を x_A および x_B とすると，

$$P_A = P \times \frac{V_A}{V_A + V_B} = P \times \frac{n_A}{n_A + n_B} = Px_A \quad \text{および} \quad P_B = Px_B \tag{6.10.8}$$

となる．完全に混合したときを閉鎖系②として，閉鎖系②におけるAおよびBの化学ポテンシャルを求めよう．そのためには，化学ポテンシャルの定義，$\mu_A = \left(\dfrac{\partial G_{②}}{\partial n_A}\right)_{T,P,n_B}$ より求めればよい．そのために，まずギブズエネルギー $G_{②}$ を求

める必要がある．G は状態量であるから，混合にともなうギブズエネルギー変化を $\Delta G_{混合}$ とすると

$$G_{②} = G_{①} + \Delta G_{混合} \tag{6.10.9}$$

となる．ギブズエネルギーの定義 $G \equiv U + PV - TS$ より，A と B の混合にともなう U, P, V, T, S の変化をそれぞれ $\Delta U_{混合}, \Delta P_{混合}, \Delta V_{混合}, \Delta T_{混合}, \Delta S_{混合}$ とすると

$$\Delta G_{混合} = \Delta U_{混合} + V\Delta P_{混合} + P\Delta V_{混合} - S\Delta T_{混合} - T\Delta S_{混合}$$

となる．ここでこの混合過程は P 一定，T 一定であるから，$\Delta P_{混合} = 0$，$\Delta T_{混合} = 0$ である．さらに理想気体では，分子間に相互作用がないので，$\Delta U_{混合} = 0$ となり，かつ $\Delta V_{混合} = 0$ なので，結局

$$\Delta G_{混合} = -T\Delta S_{混合} \tag{6.10.10}$$

となり，混合にともなうエントロピー変化 $\Delta S_{混合}$ を求めることに帰着される．

$\Delta S_{混合}$ を求めるためには，閉鎖系①から閉鎖系②への変化を準静的に行わせて，系と外界に出入りする可逆熱を求めればよい．別々に気体が入っている容器（閉鎖系①）を接続させて自発的に気体が混合する（閉鎖系②）のは，準静的変化ではない．そこで次のような準静的変化を考える（**図6.20**）．まず気体 A および B は，半透膜 A および B で閉じられた体積 V_A および V_B の容器に封入されているとする（**図6.20 (a)**）．半透膜 A は気体 A のみを通さず，気体 B は自由に通し，逆に半透膜 B は気体 B を通さず，気体 A は自由に通すとする．可逆的に混合させるには，まず，気体 A と B を別々に，混合後の全体積 $V = V_A + V_B$ になるまで，等温準静的に膨張させておく（**図6.20 (b)**）．このとき気体 A および B のエントロピー変化 $\Delta S_A(V_A \to V_A + V_B)$ および $\Delta S_B(V_B \to V_A + V_B)$ は

$$\Delta S_A(V_A \to V_A + V_B) = n_A R \ln\left(\frac{V_A + V_B}{V_A}\right) = n_A R \ln\left(\frac{n_A + n_B}{n_A}\right) = -n_A R \ln x_A \tag{6.10.11}$$

$$\Delta S_B(V_B \to V_A + V_B) = n_B R \ln\left(\frac{V_A + V_B}{V_B}\right) = n_B R \ln\left(\frac{n_A + n_B}{n_B}\right) = -n_B R \ln x_B \tag{6.10.12}$$

と求まる．

次に，体積が等しくなった二つの容器を，滑らせて体積を一致させる（**図6.20 (c), (d)**）．この体積を一致させる操作にともなう熱の出入りはまったくない．それは，各々の気体 A と B は，その存在空間の大きさに変化がないためである．見かけ上，A と B が混合したように見えるが，理想気体の場合，お互いにどのよう

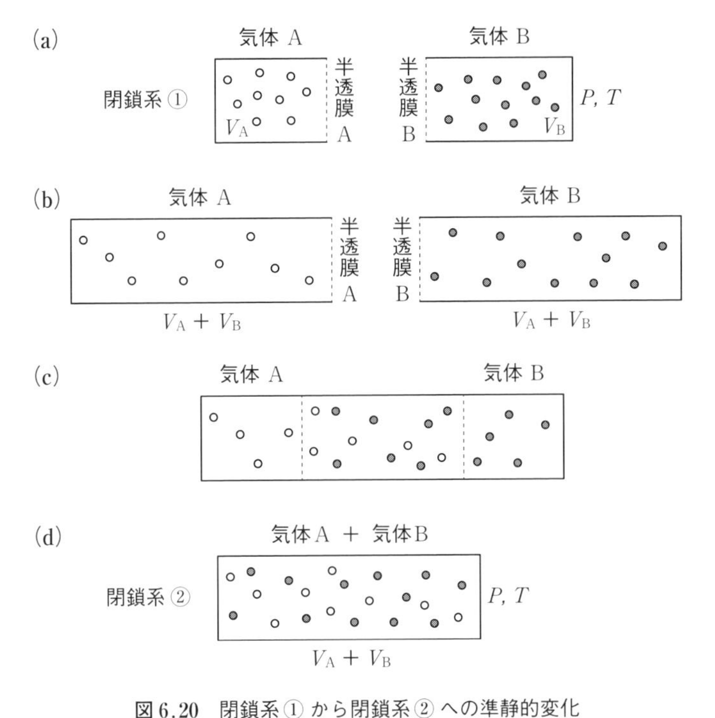

図 6.20　閉鎖系 ① から閉鎖系 ② への準静的変化

な相互作用も及ぼさないので，熱の出入りがなくエントロピーの変化はない．したがって，

$$\Delta S_{混合} = \Delta S_A(V_A \to V_A + V_B) + \Delta S_B(V_B \to V_A + V_B) = -n_A R \ln x_A - n_B R \ln x_B$$
$$= -R(n_A \ln x_A + n_B \ln x_B) \tag{6.10.13}$$

となる．(6.10.10) 式より，

$$\Delta G_{混合} = -T\Delta S_{混合} = RT(n_A \ln x_A + n_B \ln x_B) \tag{6.10.14}$$

である．これより

$$G_{②} = G_{①} + \Delta G_{混合}$$
$$= n_A\left\{\mu_A^{\ominus}(T) + RT\ln\left(\frac{P}{P^{\ominus}}\right)\right\} + n_B\left\{\mu_B^{\ominus}(T) + RT\ln\left(\frac{P}{P^{\ominus}}\right)\right\}$$
$$+ RT(n_A \ln x_A + n_B \ln x_B) \tag{6.10.15}$$

となる．$x_A = n_A/(n_A + n_B)$ であることに注意して，閉鎖系 ② における気体 A の化学ポテンシャルは，そもそもの定義に従うと

$$\mu_A = \left(\frac{\partial G_{②}}{\partial n_A}\right)_{T,P,n_B}$$

$$= \mu_A^{\ominus}(T) + RT\ln\left(\frac{P}{P^{\ominus}}\right) + RT\ln x_A + RT\left\{n_A\left(\frac{\partial \ln x_A}{\partial n_A}\right)_{n_B} + n_B\left(\frac{\partial \ln x_B}{\partial n_A}\right)_{n_B}\right\}$$

$$= \mu_A^{\ominus}(T) + RT\ln\left(\frac{P}{P^{\ominus}}\right) + RT\ln x_A$$

$$+ RT\left\{n_A\frac{n_A+n_B}{n_A}\left(\frac{\partial}{\partial n_A}\frac{n_A}{n_A+n_B}\right)_{n_B} + n_B\frac{n_A+n_B}{n_B}\left(\frac{\partial}{\partial n_A}\frac{n_B}{n_A+n_B}\right)_{n_B}\right\}$$

$$= \mu_A^{\ominus}(T) + RT\ln\left(\frac{P}{P^{\ominus}}\right) + RT\ln x_A$$

$$+ RT\left\{n_A\frac{n_A+n_B}{n_A}\frac{n_A+n_B-n_A}{(n_A+n_B)^2} + n_B\frac{n_A+n_B}{n_B}\frac{-n_B}{(n_A+n_B)^2}\right\}$$

$$= \mu_A^{\ominus}(T) + RT\ln\left(\frac{P}{P^{\ominus}}\right) + RT\ln x_A + RT\frac{n_B-n_B}{n_A+n_B}$$

$$= \mu_A^{\ominus}(T) + RT\ln\left(\frac{P}{P^{\ominus}}\right) + RT\ln x_A = \mu_A^{\ominus}(T) + RT\ln\left\{\left(\frac{P}{P^{\ominus}}\right)x_A\right\} \qquad (6.10.16)$$

となる．ドルトンの分圧の法則より，$P_A = Px_A$ であるから，結局，

$$\boldsymbol{\mu_A = \mu_A^{\ominus}(T) + RT\ln\left(\frac{P_A}{P^{\ominus}}\right)} \qquad (6.10.17)$$

が得られる．**$\mu_A^{\ominus}(T)$ は温度 T，標準圧力 $P^{\ominus}$ のときの純物質 A の化学ポテンシャルである**．B に関しても同様な検討から

$$\mu_B = \mu_B^{\ominus}(T) + RT\ln\left(\frac{P_B}{P^{\ominus}}\right) \qquad (6.10.18)$$

が成立する．

結局，理想気体の化学ポテンシャルは，純物質であっても，混合気体であっても，自分自身の圧力にのみ依存し，他の物質が共存しているかどうかは本質的に関係がない．さらに混合にともなうエントロピー変化も，気体どうしが混ざり合うことが本質なのではなく，ある気体が存在する空間が拡大したことが本質であることがわかる．そのためたとえば，同じ体積を示す理想気体 A と B を，半透膜を用いてその体積のまま混合したとしても，エントロピーは増加しない (**図 6.21**)．

混合気体の全圧を P，A および B のモル分率を x_A および x_B とすると，$P_A = Px_A$ および $P_B = Px_B$ であるから

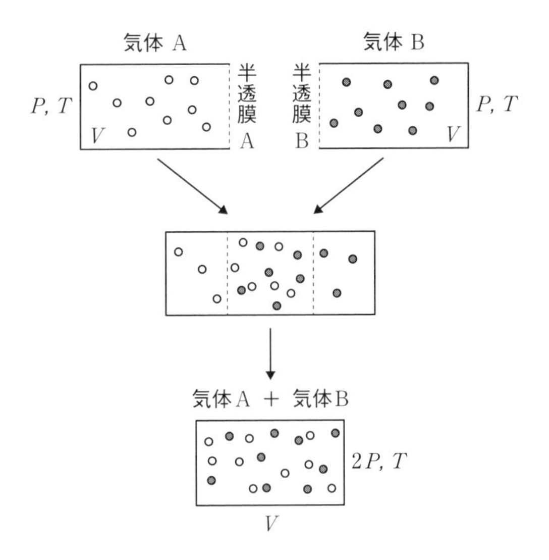

図 6.21 同じ体積を示す二種類の理想気体の準静的混合
—エントロピーは増加しない

$$\mu_A = \mu_A^{\ominus}(T) + RT\ln\left(\frac{P_A}{P^{\ominus}}\right) = \mu_A^{\ominus}(T) + RT\ln\left(\frac{Px_A}{P^{\ominus}}\right)$$

$$= \mu_A^{\ominus}(T) + RT\ln\left(\frac{P}{P^{\ominus}}\right) + RT\ln x_A \qquad (6.10.19)$$

となるが，右辺第二項も P 一定のときは定数である．

$$\mu_A^*(T,P) = \mu_A^{\ominus}(T) + RT\ln\left(\frac{P}{P^{\ominus}}\right) \qquad (6.10.20)$$

とおくと，$\mu_A^*(T,P)$ は温度 T，圧力 P の純粋な気体 A の化学ポテンシャルになる．ここで * は純物質を表す記号である．(6.10.20) 式より

$$\mu_A = \mu_A^*(T,P) + RT\ln x_A \qquad (6.10.21)$$

を得る．B に関しても同様な検討から

$$\mu_B = \mu_B^*(T,P) + RT\ln x_B \qquad (6.10.22)$$

が成立する．

6.11 化学平衡の図的理解

6.8 節で述べた熱化学反応の化学平衡を図的に理解しながら，前節で求めた化学

ポテンシャルを用いて，化学平衡の本質をとらえよう．そのために，最も単純な反応の一つといえる，気相の異性化反応を取り上げよう．これは単一相であり，反応に関与する化学種が二種類であるため混合の効果を含んでおり，化学平衡の本質をとらえることができる．具体的にはたとえば，ノルマルブタンとイソブタンの異性化反応などがある．

$$CH_3CH_2CH_2CH_3\,(g) = (CH_3)_2CHCH_3\,(g) \tag{6.11.1}$$

この反応を簡単のために

$$A\,(g) = B\,(g) \tag{6.11.2}$$

と表記する．重要な点は，この反応が進行している系は，A と B が分子レベルで混ざり合った混合系となることである．A と B が理想気体の性質を示すとすると，前節での議論により，A および B の化学ポテンシャル μ_A および μ_B は

$$\mu_A = \mu_A^\ominus(T) + RT\ln\left(\frac{P_A}{P^\ominus}\right) \quad および \quad \mu_B = \mu_B^\ominus(T) + RT\ln\left(\frac{P_B}{P^\ominus}\right) \tag{6.11.3}$$

となる．定圧とは全圧 P が一定であることを意味するから，

$$P = P_A + P_B = 一定 \tag{6.11.4}$$

である．

6.6 節の純物質の相平衡の場合も，気相が存在してもその圧力は全圧であり，分圧ではなかった．その場合，ある温度・圧力においては，どちらかの相のみが安定であるか，また二相が共存するときは，任意の物質量の割合で存在できた．一方，本節で考えている化学反応では，混合系であることが本質的な相違をもたらす．混合系であることの本質は，(6.11.3) 式の圧力項 $RT\ln(P_A/P^\ominus)$ と $RT\ln(P_B/P^\ominus)$ に現れている．すなわち，純物質のみでは，温度と圧力が決まると A および B の化学ポテンシャルは $\mu_A^\ominus(T)$ および $\mu_B^\ominus(T)$ のみで決まってしまうので，その高低は一意的に定まるため，両者が等しくなければ，どちらか一方のみが安定とならざるをえない．しかし圧力項が存在すれば，$\mu_A^\ominus(T)$ と $\mu_B^\ominus(T)$ の差を圧力項で補償できる．

図 6.22 で説明しよう．縦軸に A および B の化学ポテンシャル，横軸に $\ln(P/P^\ominus)$ をとろう．この図では $\mu_A^\ominus(T) > \mu_B^\ominus(T)$ としてある．つまり温度 T，標準圧力 $P^\ominus$ において，純物質の A と B を比べると，A は不安定で B が安定となる．しかしその化学ポテンシャルの差 $\mu_A^\ominus(T) - \mu_B^\ominus(T)$ を，圧力を変化させて A の化学ポテンシャルを下げ，B の化学ポテンシャルを上げることによって，つり合わせることができる．A と B の化学ポテンシャルがつり合った $\mu_A = \mu_B$ の状態が化学平衡状態であるから，そのときの A および B の分圧をそれぞれ $P_{A,e}$ および $P_{B,e}$ として

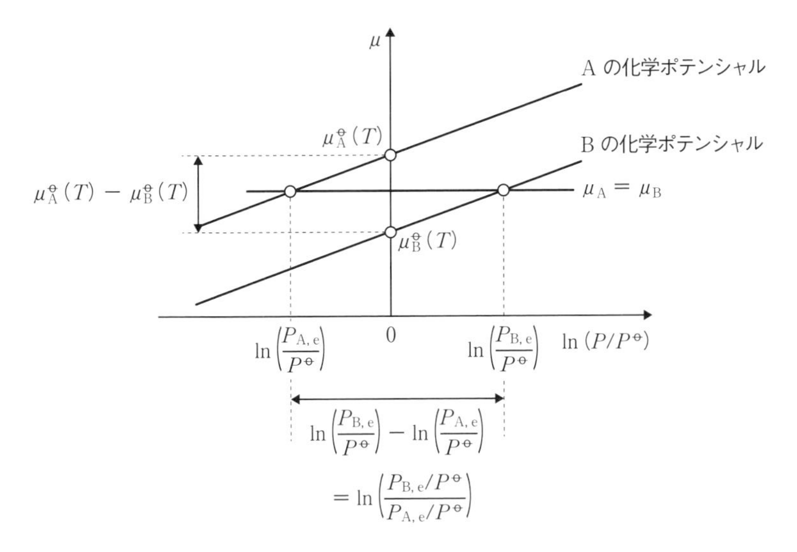

図6.22　A (g) = B (g) の化学平衡の図的表現

$$\mu_{\rm A}^{\ominus}(T) + RT\ln\left(\frac{P_{\rm A,e}}{P^{\ominus}}\right) = \mu_{\rm B}^{\ominus}(T) + RT\ln\left(\frac{P_{\rm B,e}}{P^{\ominus}}\right)$$

$$\mu_{\rm B}^{\ominus}(T) - \mu_{\rm A}^{\ominus}(T) = -RT\ln\left(\frac{P_{\rm B,e}/P^{\ominus}}{P_{\rm A,e}/P^{\ominus}}\right) \tag{6.11.5}$$

を得る．

図6.22 では，$\mu_{\rm A} = \mu_{\rm B}$ は横軸に平行な直線と $\mu_{\rm A}$ および $\mu_{\rm B}$ との交点で，それぞれの平衡分圧が表される．そして図から明らかなように，$\mu_{\rm A} = \mu_{\rm B}$ を満たす状態は無数に存在しうる．具体的にどの分圧になって平衡状態に到達するかは，系の初期状態に依存する．しかし，横軸は対数をとっているので，その差 $\ln\left(\frac{P_{\rm B,e}}{P^{\ominus}}\right) - \ln\left(\frac{P_{\rm A,e}}{P^{\ominus}}\right) = \ln\left(\frac{P_{\rm B,e}/P^{\ominus}}{P_{\rm A,e}/P^{\ominus}}\right)$ は常に一定になる．(6.11.5) 式はこのことを示しており，図では，底辺の長さ $\ln\left(\frac{P_{\rm B,e}/P^{\ominus}}{P_{\rm A,e}/P^{\ominus}}\right)$，傾き RT で，高さ $\mu_{\rm A}^{\ominus}(T) - \mu_{\rm B}^{\ominus}(T)$ となる直角三角形の関係を示している（**図6.23**）．ここで

$$K_P^{\ominus} = \frac{P_{\rm B,e}/P^{\ominus}}{P_{\rm A,e}/P^{\ominus}} \tag{6.11.6}$$

とおくと，

$$\boldsymbol{\mu_{\rm B}^{\ominus}(T) - \mu_{\rm A}^{\ominus}(T) = -RT\ln K_P^{\ominus}} \tag{6.11.7}$$

$$\ln\left(\frac{P_{\mathrm{B,e}}}{P^{\ominus}}\right)-\ln\left(\frac{P_{\mathrm{A,e}}}{P^{\ominus}}\right)$$
$$=\ln\left(\frac{P_{\mathrm{B,e}}/P^{\ominus}}{P_{\mathrm{A,e}}/P^{\ominus}}\right)=K_P^{\ominus}$$

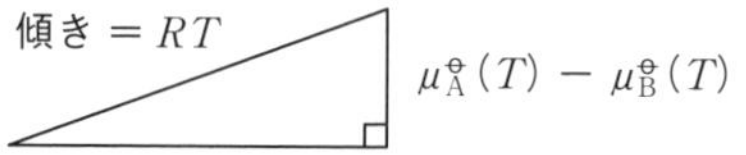

$$\mu_{\mathrm{A}}^{\ominus}(T)-\mu_{\mathrm{B}}^{\ominus}(T)=RT\ln\left(\frac{P_{\mathrm{B,e}}/P^{\ominus}}{P_{\mathrm{A,e}}/P^{\ominus}}\right)=RT\ln K_P^{\ominus}$$

図 6.23　平衡定数の図的理解

となる．**$K_P^{\ominus}$ は標準状態の圧力 $P^{\ominus}$ を単位とする気体の分圧 $P/P^{\ominus}$ を用いており，標準圧平衡定数と呼ばれ，常に無次元となる．**

一方，(6.11.2) 式に対応する圧平衡定数 K_P は

$$K_P \equiv \frac{P_{\mathrm{B,e}}}{P_{\mathrm{A,e}}} \tag{6.11.8}$$

で定義される．いまの例ではたまたま，化学量論係数が左辺と右辺で等しいので，K_P は無次元であるが，一般には次元を持つ．しかし標準圧力 $P^{\ominus}$ が 1 bar のとき，分圧を bar 単位で表すと，その値は等しいので，計算で無次元の $K_P^{\ominus}$ を求めておき，それに化学反応式に現れる化学量論係数に応じた次元をつければ圧平衡定数が求まる．

ここで，この圧平衡定数が示す状態が平衡状態であることを図的に理解しておこう．引き続き，(6.11.2) 式の反応を考えよう．反応進行度を ξ（グザイ）モルとする．また簡単のために，反応にともなう標準エンタルピー変化 $\Delta H^{\ominus}$ および標準エントロピー変化 $\Delta S^{\ominus}$ は温度に依存せずに一定であると仮定しよう．また全圧 $P^{\ominus}$ は 1 bar の標準状態で，温度は T K とする．圧平衡定数 K_P は (6.11.8) 式で表される．

反応が微小量進行し，A および B がそれぞれ $\mathrm{d}n_{\mathrm{A}}$ および $\mathrm{d}n_{\mathrm{B}}$ だけ変化したとき，反応進行度の変化量 $\mathrm{d}\xi$ との関係は次式で表される．

$$\mathrm{d}n_{\mathrm{A}}=-\mathrm{d}\xi,\ \ \mathrm{d}n_{\mathrm{B}}=\mathrm{d}\xi \tag{6.11.9}$$

次に A(g) および B(g) のモルエンタルピー，モルエントロピー，モルギブズエネルギー（化学ポテンシャル）をそれぞれ $h_{\mathrm{A}}, s_{\mathrm{A}}, \mu_{\mathrm{A}}$ および $h_{\mathrm{B}}, s_{\mathrm{B}}, \mu_{\mathrm{B}}$ とする．また，系全体は閉鎖系なので，そのエンタルピー H，エントロピー S，ギブズエネルギー G は，以下のようになる．ただし A および B の物質量をそれぞれ n_{A} および n_{B} とした．

$$H = n_A h_A + n_B h_B \tag{6.11.10}$$

$$S = n_A s_A + n_B s_B \tag{6.11.11}$$

$$G = n_A \mu_A + n_B \mu_B \tag{6.11.12}$$

また，(6.11.2) 式の反応の標準エンタルピー変化 $\Delta H^\ominus$，標準エントロピー変化 $\Delta S^\ominus$，標準ギブズエネルギー変化 $\Delta G^\ominus$ は，それぞれ

$$\Delta H^\ominus = h_B^\ominus - h_A^\ominus \tag{6.11.13}$$

$$\Delta S^\ominus = s_B^\ominus - s_A^\ominus \tag{6.11.14}$$

$$\boldsymbol{\Delta G}^\ominus = \mu_B^\ominus - \mu_A^\ominus \tag{6.11.15}$$

となる．ここで反応の始状態を $\xi = 0$ として，A(g) のみが 1 モル存在する状態とする．反応が進行して，反応進行度が ξ になったときの A(g) および B(g) の物質量およびモル分率，n_A, x_A および n_B, x_B は，

$$n_A = \xi,\ x_A = \frac{P_A}{P^\ominus} = \frac{n_A}{n_A + n_B} = \frac{1-\xi}{1} = 1 - \xi,\ x_B = \frac{P_B}{P^\ominus} = \frac{n_B}{n_A + n_B} = \frac{\xi}{1} = \xi \tag{6.11.16}$$

となる．これらを用いて，A(g) 1 モルの状態（始状態 $\xi = 0$）を基準にしたときの，反応進行度 ξ を変数とした全系のエンタルピー変化 (ΔH ($\Delta H = H(\xi)) - H(\xi = 0)$) を求めると，(6.11.10) および (6.11.13) 式より

$$H(\xi) = n_A h_A + n_B h_B = (1-\xi)h_A + \xi h_B \tag{6.11.17}$$

であり

$$\Delta H = H(\xi) - H(\xi = 0) = \{(1-\xi)h_A + \xi h_B\} - h_A = \xi(h_B - h_A)$$

となるが，理想混合気体のエンタルピーは混合の度合いに依存せず，単純に存在量に比例するので，

$$\Delta H = \xi(h_B - h_A) = \xi(h_B^\ominus - h_A^\ominus) = \xi \Delta H^\ominus \tag{6.11.18}$$

となる．

一方，エントロピーは $s_A = s_A^\ominus - R\ln(P_A/P^\ominus) = s_A^\ominus - R\ln x_A$ であり，混合の効果を考慮する必要がある．したがって，A(g) 1 モルの状態（始状態 $\xi = 0$）を基準にしたときの，反応進行度 ξ を変数とした全系のエントロピー変化 ΔS ($\Delta S = S(\xi) - S(\xi = 0)$) を求めると，(6.11.11) および (6.11.14) 式より

$$S(\xi) = n_A s_A + n_B s_B = (1-\xi)s_A + \xi s_B \tag{6.11.19}$$

であり

$$\begin{aligned}\Delta S &= S(\xi) - S(\xi = 0) = \{(1-\xi)s_{\rm A} + \xi s_{\rm B}\} - s_{\rm A} \\ &= \{(1-\xi)(s_{\rm A}^{\ominus} - R\ln x_{\rm A}) + \xi(s_{\rm B}^{\ominus} - R\ln x_{\rm B})\} - s_{\rm A}^{\ominus} \\ &= \xi\{(s_{\rm B}^{\ominus} - s_{\rm A}^{\ominus}) - R\ln\xi + R\ln(1-\xi)\} - R\ln(1-\xi) \\ &= \xi\Delta S^{\ominus} + \xi R\ln\left(\frac{1-\xi}{\xi}\right) - R\ln(1-\xi) \end{aligned} \tag{6.11.20}$$

であるから，

$$T\Delta S = T\left\{\xi\Delta S^{\ominus} + \xi R\ln\left(\frac{1-\xi}{\xi}\right) - R\ln(1-\xi)\right\} \tag{6.11.21}$$

となる．

ここで，平衡定数に及ぼす $\Delta H^{\ominus}$ と $\Delta S^{\ominus}$ の影響を確かめておくために，二つの条件で計算してみよう．計算を簡単にするため，温度を 300 K とする．

条件1　$\Delta H^{\ominus} = 5.0\ {\rm kJ\ mol^{-1}}$ かつ $\Delta S^{\ominus} = -10\ {\rm J\ K^{-1}\ mol^{-1}}$，したがって
　$\Delta G^{\ominus} = \Delta H^{\ominus} - T\Delta S^{\ominus} = 8.0\ {\rm kJ\ mol^{-1}}$

条件2　$\Delta H^{\ominus} = -5.0\ {\rm kJ\ mol^{-1}}$ かつ $\Delta S^{\ominus} = -10\ {\rm J\ K^{-1}\ mol^{-1}}$，したがって
　$\Delta G^{\ominus} = \Delta H^{\ominus} - T\Delta S^{\ominus} = -2.0\ {\rm kJ\ mol^{-1}}$

標準エントロピーの符号は変えずに，標準エンタルピーの符号を変えた．つまり，**吸熱反応**（条件1）と**発熱反応**（条件2）の違いを見ることになる．

まず条件1のとき，

$$\Delta H = \xi\Delta H^{\ominus} = 5000\xi\ {\rm J\ mol^{-1}} \tag{6.11.22}$$

$$\begin{aligned}T\Delta S &= T\left\{\xi\Delta S^{\ominus} + \xi R\ln\left(\frac{1-\xi}{\xi}\right) - R\ln(1-\xi)\right\} \\ &= 300\left\{(-10)\xi + \xi R\ln\left(\frac{1-\xi}{\xi}\right) - R\ln(1-\xi)\right\}[{\rm J\ mol^{-1}}] \end{aligned} \tag{6.11.23}$$

さらに $\Delta G = \Delta H - T\Delta S$ も利用して，$\Delta H, -T\Delta S, \Delta G$ および ΔS を ξ の関数として描くと，**図6.24**(a) および (b) となる．まず，ΔH は混合の度合いに依存しないので，ξ に対して直線的に変化する．一方，ΔS は混合の寄与があり，いまの場合は $\xi = 0.23$ で極大となる．したがって，$-T\Delta S$ は逆に極小を持つことがわかる．結果として，$\Delta H - T\Delta S$ で与えられる ΔG も極小を持つことがわかる．その位置は ΔH と $-T\Delta S$ の兼ね合いで決まる．

次に，条件2のとき

$$\Delta H = \xi\Delta H^{\ominus} = -5000\xi\ {\rm J\ mol^{-1}} \tag{6.11.24}$$

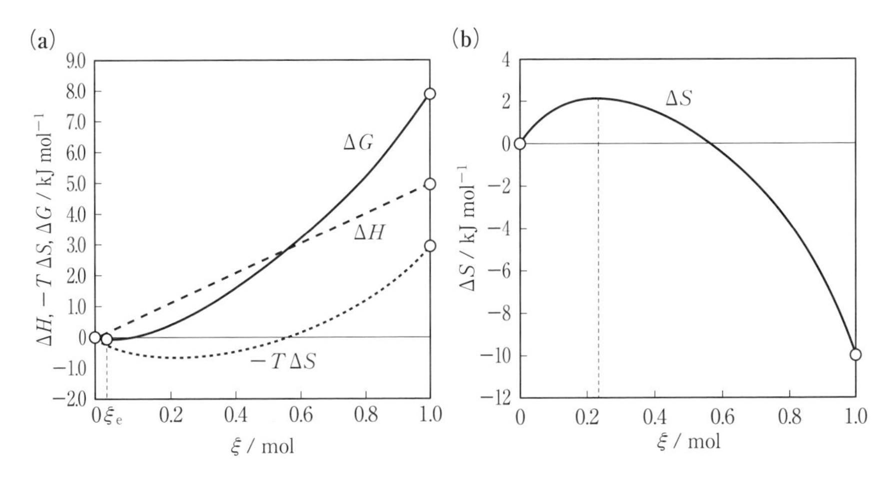

図 6.24　(a) 混合が寄与する化学反応の平衡状態の図的理解：吸熱反応の場合
(b) 混合が寄与する化学反応のエントロピー変化

$$
\begin{aligned}
T\Delta S &= T\left\{\xi\Delta S^{\ominus} + \xi R\ln\left(\frac{1-\xi}{\xi}\right) - R\ln(1-\xi)\right\} \\
&= 300\left\{(-10)\xi + \xi R\ln\left(\frac{1-\xi}{\xi}\right) - R\ln(1-\xi)\right\} \qquad (6.11.25)
\end{aligned}
$$

で，先ほどと同様に，$\Delta H, T\Delta S, \Delta G$ を ξ の関数として描くと，**図 6.25** となる．ΔS が同じなので，ΔG が極小を持つことは明らかであるが，ΔH が異なるため，その位置が異なることがわかる．

このようにいずれの場合も，ΔG は極小値を持ち，それが平衡状態を表す．それ

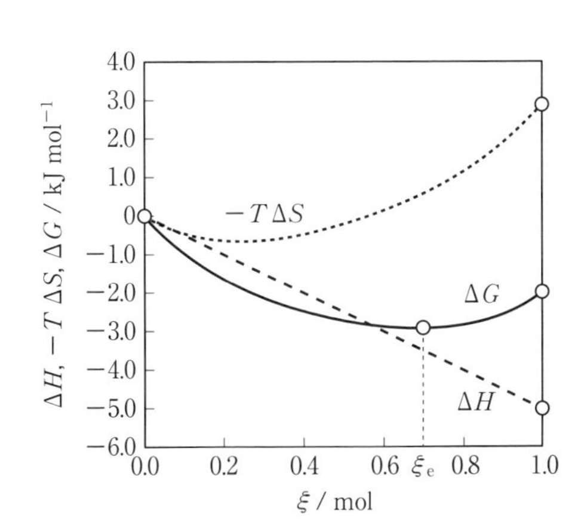

図 6.25　混合が寄与する化学反応の平衡状態の図的理解：発熱反応の場合

ぞれの条件での標準圧平衡定数を $K^\ominus_{P,1}$ および $K^\ominus_{P,2}$ とすると，$\mu^\ominus_{\mathrm{B}}(T)-\mu^\ominus_{\mathrm{A}}(T)=\Delta G^\ominus$ であるから，(6.11.7) 式より，

$$K^\ominus_{P,1}=\exp\left(\frac{-\Delta G^\ominus_1}{RT}\right)=\exp\left(\frac{-8000}{8.314\cdot 300}\right)=0.04 \qquad (6.11.26)$$

$$K^\ominus_{P,2}=\exp\left(\frac{-\Delta G^\ominus_2}{RT}\right)=\exp\left(\frac{+2000}{8.314\cdot 300}\right)=2.23 \qquad (6.11.27)$$

となる．(6.11.2) 式の反応の場合，$K^\ominus_P=K_P$ であり，

$$K_P=\frac{P_{\mathrm{B,e}}}{P_{\mathrm{A,e}}}=\frac{x_{\mathrm{B,e}}}{x_{\mathrm{A,e}}}=\frac{\xi_{\mathrm{e}}}{1-\xi_{\mathrm{e}}} \qquad (6.11.28)$$

なので，条件1のとき $\xi_{\mathrm{e},1}=0.04$，条件2のとき $\xi_{\mathrm{e},2}=0.69$ となる．図6.24 および図6.25 を見れば，これが正しいことがわかるだろう．

さて，6.6節で述べた純物質の相平衡で示したように，G-n_{A}-n_{B} 空間で考えてみよう．G-n_{A}-n_{B} 空間で G 曲面を考えればよいが，純物質の相平衡と異なるのは，混合系である点である．混合系であるため，G 曲面は下に凸の形状をとる（**図6.26**）．G 曲面と，ある n_{B} での G-n_{A} 平面との交線の傾きが μ_{A}，G 曲面と，ある n_{A} での G-n_{B} 平面との交線の傾きが μ_{B} となる（**図6.27**）．G を求めると

$$G=n_{\mathrm{A}}\mu_{\mathrm{A}}+n_{\mathrm{B}}\mu_{\mathrm{B}}=n_{\mathrm{A}}\{\mu^*_{\mathrm{A}}(T,P)+RT\ln x_{\mathrm{A}}\}+n_{\mathrm{B}}\{\mu^*_{\mathrm{B}}(T,P)+RT\ln x_{\mathrm{B}}\} \qquad (6.11.29)$$

であり，両辺を全物質量 $n=n_{\mathrm{A}}+n_{\mathrm{B}}$ で割ると

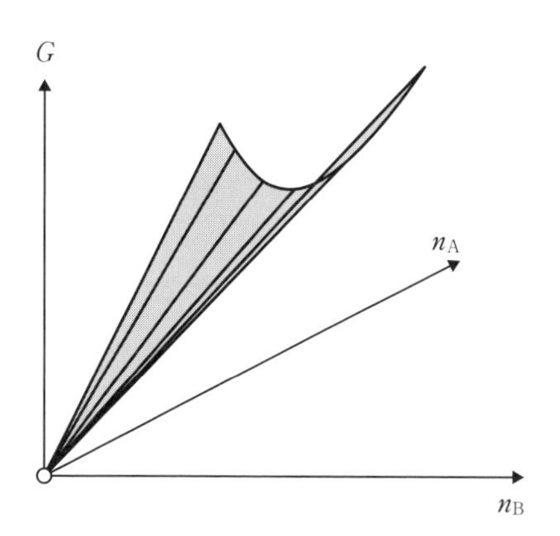

図 6.26　G-n_{A}-n_{B} 空間における混合系の G 曲面

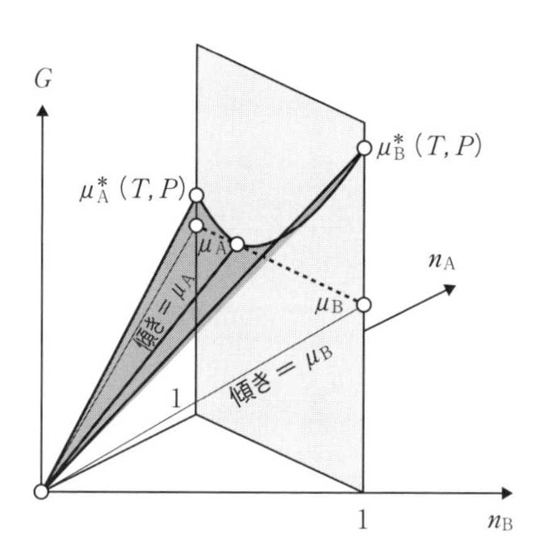

図 6.27　G-n_{A}-n_{B} 空間における化学ポテンシャルの図的表現

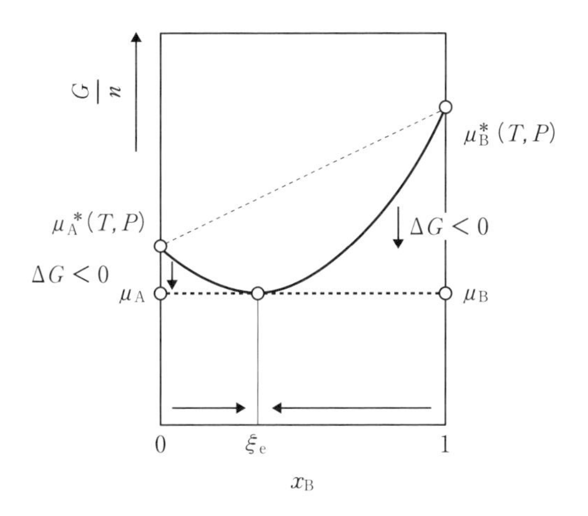

図 6.28　混合を作る系の (G/n)-x_B 平面

$$
\begin{aligned}
\frac{G}{n} &= \frac{n_A}{n_A+n_B}\{\mu_A^*(T,P)+RT\ln x_A\}+\frac{n_B}{n_A+n_B}\{\mu_B^*(T,P)+RT\ln x_B\}\\
&= x_A\{\mu_A^*(T,P)+RT\ln x_A\}+x_B\{\mu_B^*(T,P)+RT\ln x_B\}\\
&= (1-x_B)\mu_A^*(T,P)+x_B\mu_B^*(T,P)+(1-x_B)RT\ln(1-x_B)+x_BRT\ln x_B\\
&= \mu_A^*(T,P)+x_B\{\mu_B^*(T,P)-\mu_A^*(T,P)\}+RT\{(1-x_B)\ln(1-x_B)+x_B\ln x_B\}
\end{aligned}
\tag{6.11.30}
$$

を得る．この (G/n)-x_B 平面を考えると，**図 6.28** が得られる．図 6.28 において，$\mu_B^*(T,P)$ と $\mu_A^*(T,P)$ を結ぶ直線は，はじめの二項 $\mu_A^*(T,P)+x_B\{\mu_B^*(T,P)-\mu_A^*(T,P)\}$ を表している．$(1-x_B)\ln(1-x_B)$ および $x_B\ln x_B$ はいずれも負の値となるので，(G/n) は直線よりも下の曲線となる．自発的反応は $\Delta G<0$ の方向に進行するので，反応は純粋な A から始めても B から始めても，常に G が減少する方向に進行する．その結果，G が極小になる状態まで進行し，G が極小になった状態で，平衡状態に達して反応は止まる．このときのモル分率が平衡定数を与える．圧平衡定数に換算するには，全圧を考慮すればよい．

ここで注意しておくことがある．それはすでに述べたように，厳密に平衡状態のみを議論の対象とすれば，図 6.24～6.28 の熱力学関数を描くことはできないということである．実際に平衡状態として存在するのは，反応物が複数の場合は，純物質としてばらばらに分かれて存在する反応系（始状態）と，同様に生成物が複数の場合は，純物質としてばらばらに分かれて存在する生成系（終状態），および反応が進行して化学平衡に達した化学平衡状態だけである．反応物や生成物どうしがばらばらに分かれていれば，粒子どうしの接触がないので，一般的に反応は進行しないので，安定に存在しうる．

一方，今の場合のように，反応物と生成物が一種類だけの場合は単独で反応が進行してしまうので，純物質Aや純物質Bは，安定には存在しないことになる．そのため，図6.24～6.28では，安定に存在しうるのは$\xi = \xi_e$の状態のみである．他のξに対しては，平衡状態ではないため，そもそもGという熱力学状態量は定義できないのである．それでも理解を進めるために，図6.24～6.28は，あるξに対して，その状態が平衡状態として存在したとしたら，Gはどうなるのかという観点で描いてあると理解してもらえばよいであろう．

実は，化学反応系を取り扱う化学熱力学は，非常に静的な立場に立っているといえる．具体的には，あるξにおいて，反応物と生成物を個別にそのξに応じた状態に変化させる．今の例では，A(g)は体積Vで分圧$1-\xi$，B(g)は体積Vで分圧ξを示している．それを6.10節で述べたように，可逆的に混合して，それぞれのξに応じた状態をつくっていることになる．もちろん，混合する際に反応が進行してはならない．単にその状態どうしで混合させるだけである．このようにしてGのξ依存性を調べ上げ，極小点を見つけるのである．本来，化学熱力学のすごいところは，G-ξダイアグラムなど描かなくても，反応物がばらばらにある始状態と生成物がばらばらにある終状態の標準ギブズエネルギー変化さえ知ることができれば，化学平衡状態を予測できる点にある．しかし化学平衡の理解のためには，ΔGのξ依存性を知ることが有効であると考えて図6.24～6.28を描いている．意図をくみ取って読んでほしい．

7. 化学熱力学を使いこなす

7.1 反応にともなうエンタルピー変化の導出

前章までで，使うための熱力学の体系は説明した．熱力学の本質は，内部エネルギーとエントロピーだけであるが，使いやすいように，エンタルピーとギブズエネルギーを定義した．電気的仕事を考えない場合は，エンタルピーは定圧での化学現象にともない閉鎖系と外界に出入りする熱量に等しい．ギブズエネルギーは，定圧・等温で，閉鎖系内で生じる電気化学反応の準静的な進行にともなって，閉鎖系と外界でやりとりする電気的仕事に等しい．また電気的仕事を考えない熱化学反応の場合には，化学現象は必ず閉鎖系のギブズエネルギーが減少する方向にのみ進行する，変化の指標となるのであった．

しかしまだ理論展開したのみなので，本章では，豊富に蓄積されている熱力学データを自在に使って，自分が興味ある化学反応にともなう定圧反応熱や，ある化学反応がどこまで進行するかを知る便利な方法について述べよう．まずエンタルピーから始めよう．

化学反応式に反応熱をつけ加えた式を**熱化学方程式**という．たとえば，1 atm，25 ℃（298 K）で，黒鉛(C) 1 モルが酸素分子(O_2) 1 モルと反応（燃焼）して，二酸化炭素(CO_2) 1 モルが生成するとき，393.52 kJ の熱が発生する．これを，熱化学方程式を用いて表すと次式のようになる．

$$\mathrm{C\,(s,黒鉛)} + \mathrm{O_2\,(g)} = \mathrm{CO_2\,(g)}\ ;\ \Delta H^{\ominus}_{298} = -393.52\ \mathrm{kJ\ mol^{-1}} \qquad (7.1.1)$$

熱力学では，物質の化学式のあとに必ずその状態を明記する．それは，同じ物質でも状態が異なれば，そのエンタルピーの値が異なるためである．気体であれば gas の g を，液体であれば liquid の l を，固体であれば solid の s をつける．炭素のように，固体として黒鉛とダイヤモンドの二種類があるときは，それを物質の後ろの（　）内に明記することになっている．たとえば黒鉛は，C (s, 黒鉛) となる．

エンタルピーが状態量であることから，化学者にとって有用な関係を導くことができる．それは，**ヘスの法則**として古くから知られていた法則である．ヘスの法則は次のように表される．

【ヘスの法則】一つまたは一連の化学反応の反応熱またはその総和は，その反応のはじめの状態と終わりの状態だけで決まり，反応の途中の経路にはよらない．

この法則は，エンタルピーが状態量であるという性質から導くことができる．以下それについて述べよう．次の反応を考える．

$$\mathrm{C(s,黒鉛)} + \mathrm{O_2(g)} = \mathrm{CO_2(g)} \qquad 7.1.①$$

$$\mathrm{C(s,黒鉛)} + \frac{1}{2}\mathrm{O_2(g)} = \mathrm{CO(g)} \qquad 7.1.②$$

$$\mathrm{CO(g)} + \frac{1}{2}\mathrm{O_2(g)} = \mathrm{CO_2(g)} \qquad 7.1.③$$

7.1.① および 7.1.③ の反応は容易に行わせることができ，その反応熱は燃焼熱として容易に測定できる．7.1.① の反応では 393.52 kJ mol^{-1} の熱を発生し，7.1.③ の反応では 282.98 kJ mol^{-1} の熱を発生する．それに対して 7.1.② の反応は，実際には CO(g) だけではなく，CO_2(g) が同時に発生してしまうので，反応熱を測定することは極めて困難である．このようなとき，ヘスの法則が役に立つ．

まず，次の三つの系を考える．系 1 は C(s,黒鉛) 1 モルと O_2(g) 1 モル，系 2 は CO(g) 1 モルと O_2(g) 1/2 モル，系 3 は CO_2(g) 1 モルからなる（**図 7.1**）．ただし，それぞれの系は 1 atm，25 ℃のもとで平衡状態にあるとする．系 1, 系 2, 系 3 が持つエンタルピーをそれぞれ H_1, H_2, H_3 とすると，7.1.①, 7.1.②, 7.1.③ のそれぞれの反応にともなうエンタルピー変化をそれぞれ $\Delta H_{①}, \Delta H_{②}, \Delta H_{③}$ として，

$$\Delta H_{①} = H_3 - H_1 = -393.52\ \mathrm{kJ\ mol^{-1}} \qquad (7.1.2)$$

$$\Delta H_{②} = H_2 - H_1 = \quad ? \quad \mathrm{kJ\ mol^{-1}} \qquad (7.1.3)$$

$$\Delta H_{③} = H_3 - H_2 = -282.98\ \mathrm{kJ\ mol^{-1}} \qquad (7.1.4)$$

で与えられる．ここで，(7.1.3) 式に説明が必要であろう．H_2 も H_1 もともに O_2(g) を含んでいる．このようなとき，O_2(g) に関しては，それぞれの系が含む O_2(g) のモル数の差を考えればよい．数式で理解したほうが簡単である．C(s,黒鉛), CO(g), O_2(g) それぞれ 1 モルあたりのエンタルピーを $h_{\mathrm{C}}, h_{\mathrm{CO}}, h_{\mathrm{O_2}}$ とすると，

$$H_1 = h_{\mathrm{C}} + h_{\mathrm{O_2}} \qquad (7.1.5)$$

$$H_2 = h_{\mathrm{CO}} + \frac{1}{2}h_{\mathrm{O_2}} \qquad (7.1.6)$$

である．したがって，

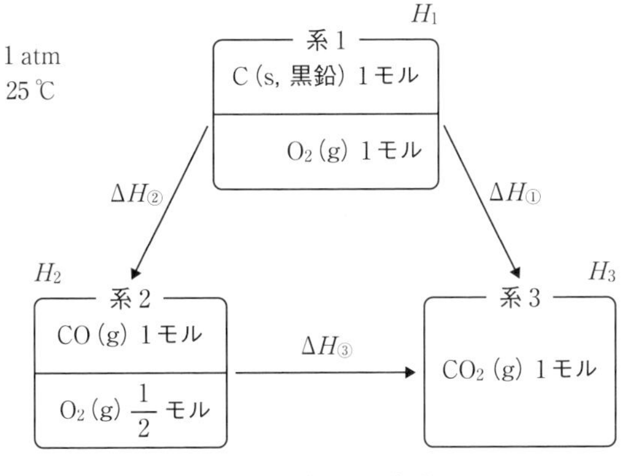

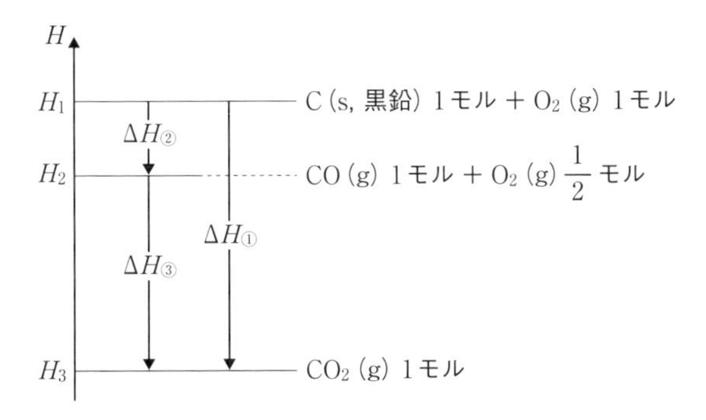

$$\Delta H_{①} = \Delta H_{②} + \Delta H_{③}$$
$$-393.52 = -110.54 - 282.98 \ [\mathrm{kJ\ mol^{-1}}]$$

図 7.1　ヘスの法則

$$\Delta H_{②} = H_2 - H_1 = h_{\mathrm{CO}} + \frac{1}{2}h_{\mathrm{O_2}} - (h_{\mathrm{C}} + h_{\mathrm{O_2}}) = h_{\mathrm{CO}} - \left(h_{\mathrm{C}} + \frac{1}{2}h_{\mathrm{O_2}}\right) \tag{7.1.7}$$

となる．これは 7.1.② の反応のエンタルピー変化に他ならない．

エンタルピーは状態量であるから，状態が定まれば一意的に定まる．つまり，系 1 から出発して直接 CO_2(g) に変化しても（この変化を経路 I とする），いったん CO(g) の状態（系 2）を経由してから CO_2(g) に変化しても（この変化を経路 II とする），最後の系 3 のエンタルピー H_3 は CO_2(g) の状態のみによって定まる．つまり，

$$H_3 = H_1 + \Delta H_{①} \qquad (\text{経路 I}) \qquad (7.1.8)$$

$$H_3 = H_1 + \Delta H_{②} + \Delta H_{③} \qquad (\text{経路 II}) \qquad (7.1.9)$$

である．したがって $H_3 - H_1$ を求めると

$$H_3 - H_1 = \Delta H_{①} = \Delta H_{②} + \Delta H_{③} \qquad (7.1.10)$$

が得られる．単に式を変形しただけのようにみえるが，(7.1.8) および (7.1.9) 式と (7.1.10) 式の違いに注意しなければならない．(7.1.8) および (7.1.9) 式は，状態量としてのエンタルピーが存在することを示している．それに対して，(7.1.10) 式は状態量の差の関係を表している．一般にヘスの法則といわれる関係は (7.1.10) 式で表される関係であるが，それはあくまでも (7.1.8) および (7.1.9) 式で表されるエンタルピーが状態量であるという性質から導かれる．いま求めたいのは $\Delta H_{②}$ なので，(7.1.10) 式を移項して

$$\Delta H_{②} = \Delta H_{①} - \Delta H_{③} \qquad (7.1.11)$$

を得る．$\Delta H_{①}, \Delta H_{③}$ に測定された反応熱を代入すると

$$\Delta H_{②} = -393.52 - (-282.98) = -110.54 \text{ kJ mol}^{-1}$$

として求められる．このように，測定しやすい反応の反応熱から測定困難な反応の反応熱が代数的に算出できるのは，エンタルピーという状態量が存在することによる．この実用性がエンタルピーの存在意義である．

エンタルピーの存在根拠は，内部エネルギーの存在にある．内部エネルギーは熱力学第一法則によってその存在根拠が与えられている．したがって，本節で述べた事柄は，熱力学第一法則の化学反応への直接の適用であるといえる．

ヘスの法則を用いれば，実際には困難な化学反応の反応熱を，容易に行わせることのできる反応の反応熱から求めることができることを示した．この方法は確かに有効ではあるが，容易に行わせることができるとはいえ，実験で精度良く反応熱を測定することはなかなか大変である．本節では，任意の反応にともなう反応熱を，すでに与えられているデータを用いて算出する方法について述べよう．そのためにまず，エンタルピーの性質から導かれる事柄について考えてみよう．

エンタルピーは状態量であるから，温度 T, 圧力 P が指定され，系を構成する物質とその状態 (気体・液体・固体) が定まると一意的に定まる．そして T, P が指定された条件のもとでは，エンタルピーはある状態の物質に固有の値となる．したがって，その値がわかれば，任意の物質間のエンタルピー差は容易に求まる．たとえば，A と B から C と D が生成する次の反応を考えよう．

$$\text{A} + \text{B} = \text{C} + \text{D} \qquad (7.1.12)$$

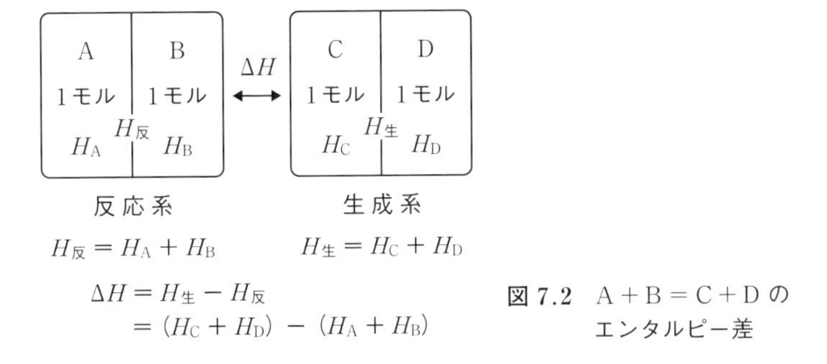

図7.2　A＋B＝C＋Dのエンタルピー差

反応系A＋B，生成系C＋Dが持つエンタルピーをそれぞれ$H_{反}, H_{生}$とすると，反応系と生成系のエンタルピー差ΔHは

$$\Delta H = H_{生} - H_{反} \tag{7.1.13}$$

で与えられる．さらに，物質A,B,C,DのもつエンタルピーをH_A, H_B, H_C, H_Dとすると，

$$H_{反} = H_A + H_B \tag{7.1.14}$$

$$H_{生} = H_C + H_D \tag{7.1.15}$$

より，

$$\Delta H = H_{生} - H_{反} = (H_C + H_D) - (H_A + H_B) \tag{7.1.16}$$

となる（**図7.2**）．

（7.1.16）式より，H_A, H_B, H_C, H_Dが既知であれば，ΔHが容易に求まることは明らかである．しかし，残念ながらわれわれはエンタルピーの絶対量を知ることはできない．われわれに分かっていることは，とにかく，H_A, H_B, H_C, H_Dという量が存在しているということのみである．

ここで，次のように考えてみよう．確かにHの絶対量は求まらないが，それは状態の指定された物質に固有の値である．したがって，化学反応が定まれば（すなわち，反応系と生成系が定まれば），エンタルピー差はその化学反応に固有の値となるであろう．この性質を用いて，任意の反応の反応系と生成系のエンタルピー差を求めることができる．「エンタルピー差」という用語を用いたが，本節では，「**エンタルピー差**」と「**エンタルピー変化**」を使い分けよう．どちらも記号では，ΔHと表される．しかし，「エンタルピー変化」というときには，化学反応の進行にともなってエンタルピーが変化するというニュアンスがあるように思われる．したがって，現実には進行しない化学反応に対して，エンタルピー変化という用語を用いるとしっくりこない感じがある．それは，反応という変化が起こらないとエンタルピーも変化しないと思われるからである．

一方，エンタルピー差は，あくまでも「差」であって，化学反応が進行しようとしまいと，反応系と生成系が決まれば，状態量であるからには，必ず存在する．そこで本節では，化学反応の進行と関わりなく議論する場合には「エンタルピー差」を，化学反応の進行にともなって変化するエンタルピーを考えたい場合には「エンタルピー変化」を用いることとする．

もう一度 (7.1.12) 式で表される化学反応式を考えよう．エンタルピー差とは，反応系のエンタルピー $H_{反}$ と生成系のエンタルピー $H_{生}$ の差である．つまり，

$$\Delta H\,(\text{エンタルピー差}) = H_{生} - H_{反} \tag{7.1.17}$$

である．そして，化学反応はエンタルピーを変化させ，そのエンタルピー変化をわれわれは定圧反応熱として測定している．具体例を考えてみよう．

$$\mathrm{C\,(s,黒鉛)} + 2\,\mathrm{H_2\,(g)} = \mathrm{CH_4\,(g)} \tag{7.1.18}$$

この反応は 1 atm，25 ℃のもとでは事実上進行しないといってよい．したがって，反応が進行しないのだから，この反応の進行にともなう「エンタルピー変化」は考えにくい．しかし，黒鉛も水素もメタンも実在する物質なので，「エンタルピー差」は存在する．化学者は大気圧，室温のもとで実験を行うことが多いので，以後すべての反応は 1 atm，298 K のもとで行わせるものとする．1 atm，298 K のもとで，C (s, 黒鉛), H_2 (g), CH_4 (g) それぞれ 1 モルが持つエンタルピーを $H^{\ominus}_{(\mathrm{C(s,黒鉛)})}$, $H^{\ominus}_{(\mathrm{H_2(g)})}$, $H^{\ominus}_{(\mathrm{CH_4(g)})}$ とする．1 atm という条件[*1] を明示するために，H の右上に ⊖ をつける．このとき反応系のエンタルピー $H^{\ominus}_{反}$，および生成系のエンタルピー $H^{\ominus}_{生}$ は，

$$H^{\ominus}_{反} = H^{\ominus}_{(\mathrm{C(s,黒鉛)})} + 2\,H^{\ominus}_{(\mathrm{H_2(g)})} \tag{7.1.19}$$

$$H^{\ominus}_{生} = H^{\ominus}_{(\mathrm{CH_4(g)})} \tag{7.1.20}$$

である．したがって，エンタルピー差 $\Delta H^{\ominus}$ は

$$\Delta H^{\ominus} = H^{\ominus}_{生} - H^{\ominus}_{反} = H^{\ominus}_{(\mathrm{CH_4(g)})} - (H^{\ominus}_{(\mathrm{C(s,黒鉛)})} + 2\,H^{\ominus}_{(\mathrm{H_2(g)})}) \tag{7.1.21}$$

となる．ここで，ヘスの法則を用いて (7.1.21) 式で表される $\Delta H^{\ominus}$ を求めてみよう．必要な定圧反応熱は次のとおりである．

反応 A：$\mathrm{CH_4\,(g)} + 2\,\mathrm{O_2\,(g)} = \mathrm{CO_2\,(g)} + 2\,\mathrm{H_2O\,(l)}$　；$\Delta H^{\ominus}_{\mathrm{A}} = -890.58\ \mathrm{kJ\,mol^{-1}}$　(7.1.22)

反応 B：$\mathrm{C\,(s,黒鉛)} + \mathrm{O_2\,(g)} = \mathrm{CO_2\,(g)}$　；$\Delta H^{\ominus}_{\mathrm{B}} = -393.52\ \mathrm{kJ\,mol^{-1}}$　(7.1.23)

＊1　現在は，標準状態は 1 bar で定義されるが，われわれが実験する環境は 1 atm なので，本書では以降，1 atm を標準状態としよう．

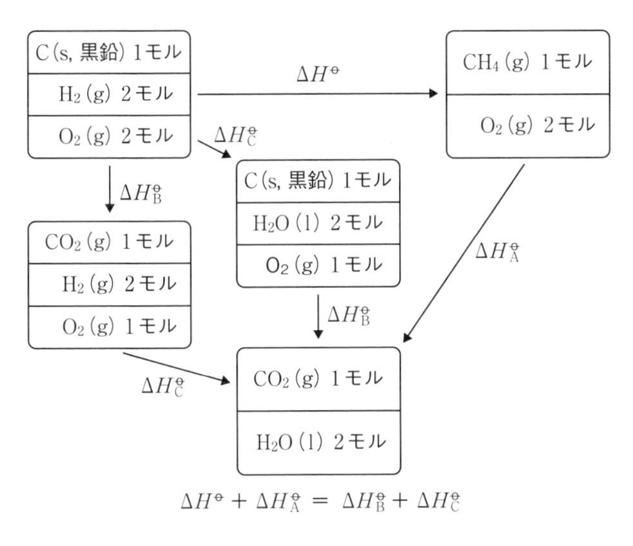

図7.3　ヘスの法則

反応 C：$2H_2(g) + O_2(g) = 2H_2O(l)$　；$\Delta H_C^{\ominus} = -571.66\ \mathrm{kJ\ mol^{-1}}$　(7.1.24)

これらはいずれも燃焼反応であり，起こしやすい．本節の用語でいえば，エンタルピー変化が定圧反応熱として容易に求められる．**図7.3**より

$$\Delta H^{\ominus} + \Delta H_A^{\ominus} = \Delta H_B^{\ominus} + \Delta H_C^{\ominus} \tag{7.1.25}$$

であるから，

$$\Delta H^{\ominus} = \Delta H_B^{\ominus} + \Delta H_C^{\ominus} - \Delta H_A^{\ominus} = -393.52 - 571.66 - (-890.58) = -74.60\ \mathrm{kJ\ mol^{-1}} \tag{7.1.26}$$

と求まる．つまり，実際にはまったく進行しない反応のエンタルピー差を，実測できるエンタルピー変化，すなわち定圧反応熱から算出できるのである．

次に標準生成エンタルピーという量を導入しよう．まず，化合物がその成分元素の単体から生成する反応の，反応系と生成系のエンタルピー差 ΔH を**生成エンタルピー**または**生成熱** (Heat of formation) という．とくに，与えられた温度で標準状態にある1モルの化合物 (そのエンタルピーを $H_{化}$ とする) が，標準状態にある成分元素の単体 (そのエンタルピーの総和を $H_{単}$ とする) から生成する反応のエンタルピー $\Delta H = H_{化} - H_{単}$ を，**標準生成エンタルピー** (Standard enthalpy of formation) といい，$\Delta_f H^{\ominus}$ という記号で表す．そして，化合物を括弧内に明記する．例を示そう．

$$\mathrm{C(s,黒鉛)} + 2\mathrm{H_2(g)} = \mathrm{CH_4(g)} \quad ;\Delta_f H^{\ominus}_{(\mathrm{CH_4(g)})} \tag{7.1.27}$$

$$2\mathrm{C(s,黒鉛)} + 3\mathrm{H_2(g)} + \frac{1}{2}\mathrm{O_2(g)} = \mathrm{C_2H_5OH(l)} \quad ;\Delta_f H^{\ominus}_{(\mathrm{C_2H_5OH(l)})} \tag{7.1.28}$$

$$\mathrm{C(s,黒鉛)} + \frac{1}{2}\mathrm{H_2(g)} + \frac{1}{2}\mathrm{N_2(g)} = \mathrm{HCN(g)} \quad ;\Delta_f H^{\ominus}_{(\mathrm{HCN(g)})} \tag{7.1.29}$$

単体としては，1 atm のもと，その温度で最も安定な形態にあるものを選ぶ．標記の方法をみると，物質に固有の値のようにみえるが，あくまでもこれらは反応に固有なエンタルピー差であるということを認識しておこう．25℃，1 atm における，いくつかの物質の標準生成エンタルピーを**裏見返しの表**に示した（標準エントロピーと標準生成ギブズエネルギーに関しては，あとで説明する）．

このようにして，すべての化合物に対して，標準生成エンタルピーを定めることができる．(7.1.18) 式はメタンの標準生成反応になるが，そのエンタルピー差を求めたときのように，標準生成エンタルピーはヘスの法則を用いて，燃焼熱等の容易に行わせることができる反応の反応熱から求めることができる．一般にデータ集には，生成反応式は標記されずに，化合物のみが記載されている．しかし，その値はその化合物のエンタルピーの絶対量ではなく，あくまでも成分元素の単体とのエンタルピー差である．データの読み方の例を示そう．

《データの読み方》

物　質	$\Delta_f H^{\ominus}/\mathrm{kJ\ mol^{-1}}$	
$\mathrm{AgCl(s)}$	−127.01	7.1.④
$\mathrm{HCl(g)}$	−92.31	7.1.⑤
$\mathrm{C_6H_6(g)}$	49.0	7.1.⑥
C(s, 黒鉛)	0	7.1.⑦

7.1.④ について

$$\mathrm{Ag(s)} + \frac{1}{2}\mathrm{Cl_2(g)} = \mathrm{AgCl(s)} \tag{7.1.30}$$

この反応のエンタルピー差 $\Delta H^{\ominus} = -127.01\ \mathrm{kJ\ mol^{-1}} = \Delta_f H^{\ominus}_{(\mathrm{AgCl(s)})}$ である．

7.1.⑤ について

$$\frac{1}{2}\mathrm{H_2(g)} + \frac{1}{2}\mathrm{Cl_2(g)} = \mathrm{HCl(g)} \tag{7.1.31}$$

この反応のエンタルピー差 $\Delta H^{\ominus} = -92.31\ \mathrm{kJ\ mol^{-1}} = \Delta_f H^{\ominus}_{(\mathrm{HCl(g)})}$ である．

7.1.⑥ について

$$6\,\mathrm{C}\,(\mathrm{s},黒鉛) + 3\,\mathrm{H_2}\,(\mathrm{g}) = \mathrm{C_6H_6}\,(\mathrm{g}) \tag{7.1.32}$$

この反応のエンタルピー差 $\Delta H^\ominus = 49.0\,\mathrm{kJ\,mol^{-1}} = \Delta_f H^\ominus_{(\mathrm{C_6H_6(g)})}$ である．

7.1.⑦ について

$$\mathrm{C}\,(\mathrm{s},黒鉛) = \mathrm{C}\,(\mathrm{s},黒鉛) \tag{7.1.33}$$

この反応のエンタルピー差 $\Delta H^\ominus = 0\,\mathrm{kJ\,mol^{-1}} = \Delta_f H^\ominus_{(\mathrm{C(s,黒鉛)})}$ である．

7.1.⑦ に関しては，注意が必要だろう．安定な単体の標準生成エンタルピーは，同じ状態の差を意味することになるので，エンタルピー差は 0 である．同じ値どうしを差し引いたら 0 になるということである．したがって，すべての安定な単体の標準生成エンタルピーは 0 である．

次に，標準生成エンタルピーのデータを用いて，任意の反応のエンタルピー差を算出する方法について述べる．具体的な例として，次の反応を取り上げよう．

$$\mathrm{CaO}\,(\mathrm{s}) + \mathrm{CO_2}\,(\mathrm{g}) = \mathrm{CaCO_3}\,(\mathrm{s}) \tag{7.1.34}$$

反応系は $\mathrm{CaO\,(s)}$ 1 モルと $\mathrm{CO_2\,(g)}$ 1 モル，生成系は $\mathrm{CaCO_3\,(s)}$ 1 モルであり，それぞれの系の標準エンタルピーを $H^\ominus_{反}, H^\ominus_{生}$ とする．さらに，$\mathrm{CaO\,(s)}, \mathrm{CO_2\,(g)}, \mathrm{CaCO_3\,(s)}$ 各々の 1 モルあたりの標準エンタルピーを $h^\ominus_{(\mathrm{CaO(s)})}, h^\ominus_{(\mathrm{CO_2(g)})}, h^\ominus_{(\mathrm{CaCO_3(s)})}$ とすると，

$$H^\ominus_{反} = h^\ominus_{(\mathrm{CaO(s)})} + h^\ominus_{(\mathrm{CO_2(g)})} \tag{7.1.35}$$

$$H^\ominus_{生} = h^\ominus_{(\mathrm{CaCO_3(s)})} \tag{7.1.36}$$

である．このとき化学反応の標準エンタルピー差 $\Delta H^\ominus$ は，

$$\Delta H^\ominus = H^\ominus_{生} - H^\ominus_{反} \tag{7.1.37}$$

であるから（**図 7.4**），(7.1.35) および (7.1.36) 式を代入して，

$$\Delta H^\ominus = h^\ominus_{(\mathrm{CaCO_3(s)})} - (h^\ominus_{(\mathrm{CaO(s)})} + h^\ominus_{(\mathrm{CO_2(g)})}) \tag{7.1.38}$$

となる．

$h^\ominus_{(\mathrm{CaO(s)})}, h^\ominus_{(\mathrm{CO_2(g)})}, h^\ominus_{(\mathrm{CaCO_3(s)})}$ が定まらないので，(7.1.38) 式より直接 $\Delta H^\ominus$ を求めるこ

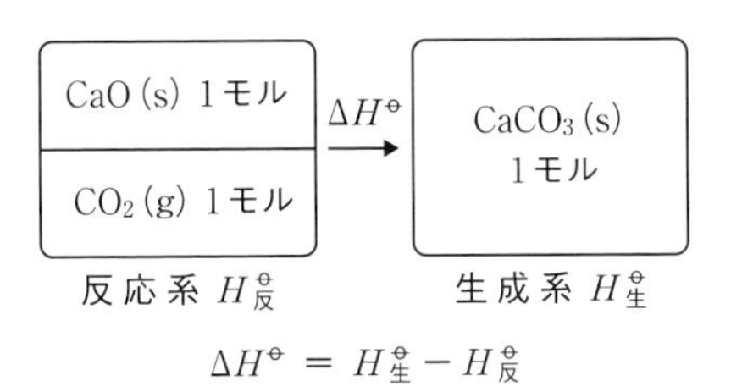

図 7.4　$\mathrm{CaO\,(s)} + \mathrm{CO_2\,(g)} = \mathrm{CaCO_3\,(s)}$ の標準エンタルピー差

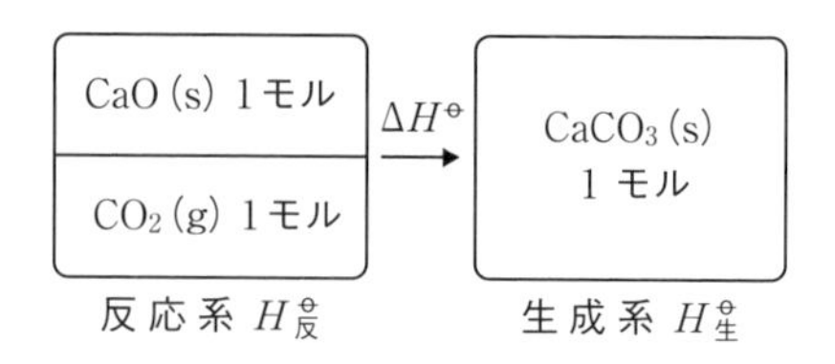

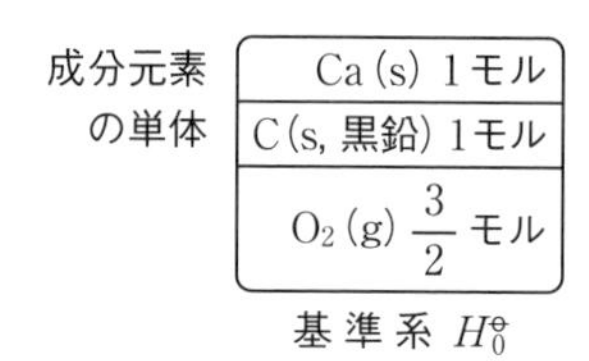

図7.5　基準系の設定

とはできない．絶対値がわからなければ，ある状態にある系を基準にとって，そこからの差を考えればよい．これが熱力学の考え方である．その基準にとる状態は，反応式に現れる化合物を構成する成分元素が単体である系とする．つまり，今の場合はCa(s)1モル，C(s,黒鉛)1モル，O_2(g)3/2モルが1 atm，25℃にある系を基準系にとる（**図7.5**）．この基準系の標準エンタルピーを$H_0^\ominus$とする．Ca(s),C(s,黒鉛),O_2(g)1モルあたりの標準エンタルピーを$h^\ominus_{(\mathrm{Ca(s)})}$, $h^\ominus_{(\mathrm{C(s,黒鉛)})}$, $h^\ominus_{(\mathrm{O_2(g)})}$とすると，

$$H_0^\ominus = h^\ominus_{(\mathrm{Ca(s)})} + h^\ominus_{(\mathrm{C(s,黒鉛)})} + \frac{3}{2} h^\ominus_{(\mathrm{O_2(g)})} \qquad (7.1.39)$$

である．しばしば熱力学のテキストには，「単体の標準エンタルピーを0とする」という記述がある．すでに述べたように「単体の標準生成エンタルピーは0である」は正しいが，あえてそのように定義する必要はない．このことについては，本節の最後にあらためて述べよう．

基準系の標準エンタルピー$H_0^\ominus$と$H^\ominus_{反}$, $H^\ominus_{生}$の関係を求めよう．データとして与えられている標準生成エンタルピーは次のとおりである．

物　質	$\Delta_f H^\ominus$/kJ mol^{-1}	
CaO(s)	−635.09	7.1.⑧
CO_2(g)	−393.52	7.1.⑨
$CaCO_3$(s)	−1206.87	7.1.⑩

すでに述べたように，これらは次の反応のエンタルピー差である．

$$\mathrm{Ca(s)} + \frac{1}{2}\mathrm{O_2(g)} = \mathrm{CaO(s)}\ ;\ \Delta_f H^{\ominus}_{(\mathrm{CaO(s)})} = h^{\ominus}_{(\mathrm{CaO(s)})} - \left(h^{\ominus}_{(\mathrm{Ca(s)})} + \frac{1}{2}h^{\ominus}_{(\mathrm{O_2(g)})}\right)$$

$$= -635.09\ \mathrm{kJ\ mol^{-1}} \qquad (7.1.40)$$

$$\mathrm{C(s,黒鉛)} + \mathrm{O_2(g)} = \mathrm{CO_2(g)}\ ;\ \Delta_f H^{\ominus}_{(\mathrm{CO_2(g)})} = h^{\ominus}_{(\mathrm{CO_2(g)})} - \left(h^{\ominus}_{(\mathrm{C(s,黒鉛)})} + h^{\ominus}_{(\mathrm{O_2(g)})}\right)$$

$$= -393.52\ \mathrm{kJ\ mol^{-1}} \qquad (7.1.41)$$

$$\mathrm{Ca(s)} + \mathrm{C(s,黒鉛)} + \frac{3}{2}\mathrm{O_2(g)} = \mathrm{CaCO_3(s)}\ ;$$

$$\Delta_f H^{\ominus}_{(\mathrm{CaCO_3(s)})} = h^{\ominus}_{(\mathrm{CaCO_3(s)})} - \left(h^{\ominus}_{(\mathrm{Ca(s)})} + h^{\ominus}_{(\mathrm{C(s,黒鉛)})} + \frac{3}{2}h^{\ominus}_{(\mathrm{O_2(g)})}\right) = -1206.87\ \mathrm{kJ\ mol^{-1}}$$

$$(7.1.42)$$

これらを用いて，基準系の標準エンタルピー $H_0^{\ominus}$ と反応系の $H_{反}^{\ominus}$ の差，また $H_0^{\ominus}$ と生成系の $H_{生}^{\ominus}$ の差を求めてみよう．

$$H_{反}^{\ominus} - H_0^{\ominus} = \left(h^{\ominus}_{(\mathrm{CaO(s)})} + h^{\ominus}_{(\mathrm{CO_2(g)})}\right) - \left(h^{\ominus}_{(\mathrm{Ca(s)})} + h^{\ominus}_{(\mathrm{C(s,黒鉛)})} + \frac{3}{2}h^{\ominus}_{(\mathrm{O_2(g)})}\right)$$

$$= \left\{h^{\ominus}_{(\mathrm{CaO(s)})} - \left(h^{\ominus}_{(\mathrm{Ca(s)})} + \frac{1}{2}h^{\ominus}_{(\mathrm{O_2(g)})}\right)\right\} + \left\{h^{\ominus}_{(\mathrm{CO_2(g)})} - \left(h^{\ominus}_{(\mathrm{C(s,黒鉛)})} + h^{\ominus}_{(\mathrm{O_2(g)})}\right)\right\}$$

$$= \Delta_f H^{\ominus}_{(\mathrm{CaO(s)})} + \Delta_f H^{\ominus}_{(\mathrm{CO_2(g)})} \qquad (7.1.43)$$

となる．同様に $H_0^{\ominus}$ と $H_{生}^{\ominus}$ の差は

$$H_{生}^{\ominus} - H_0^{\ominus} = h^{\ominus}_{(\mathrm{CaCO_3(s)})} - \left(h^{\ominus}_{(\mathrm{Ca(s)})} + h^{\ominus}_{(\mathrm{C(s,黒鉛)})} + \frac{3}{2}h^{\ominus}_{(\mathrm{O_2(g)})}\right) = \Delta_f H^{\ominus}_{(\mathrm{CaCO_3(s)})} \quad (7.1.44)$$

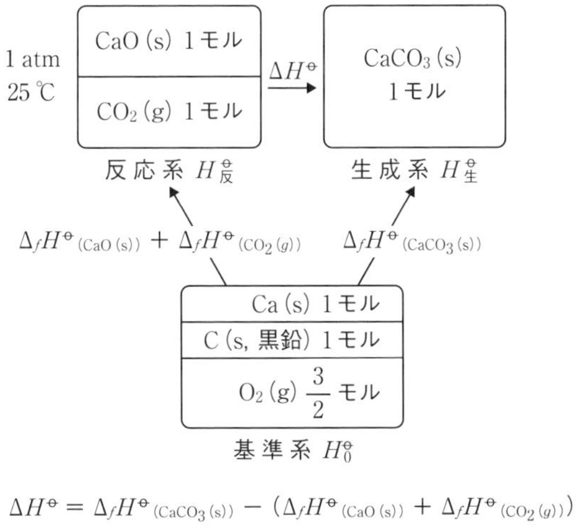

1 atm
25 ℃
CaO (s) 1モル
CO$_2$ (g) 1モル
$\Delta H^{\ominus}$
CaCO$_3$ (s) 1モル
反応系 $H_{反}^{\ominus}$
生成系 $H_{生}^{\ominus}$
$\Delta_f H^{\ominus}{}_{(\mathrm{CaO(s)})} + \Delta_f H^{\ominus}{}_{(\mathrm{CO_2}(g))}$
$\Delta_f H^{\ominus}{}_{(\mathrm{CaCO_3(s)})}$
Ca (s) 1モル
C (s, 黒鉛) 1モル
O$_2$ (g) $\frac{3}{2}$ モル
基準系 $H_0^{\ominus}$

$$\Delta H^{\ominus} = \Delta_f H^{\ominus}{}_{(\mathrm{CaCO_3(s)})} - \left(\Delta_f H^{\ominus}{}_{(\mathrm{CaO(s)})} + \Delta_f H^{\ominus}{}_{(\mathrm{CO_2}(g))}\right)$$

図 7.6　基準系と標準生成エンタルピーの関係

となる（**図7.6**）．したがって，$\Delta H^{\ominus}$ は下式のとおりとなる．

$$\Delta H^{\ominus} = H^{\ominus}_{生} - H^{\ominus}_{反} = (H^{\ominus}_{生} - H^{\ominus}_{0}) - (H^{\ominus}_{反} - H^{\ominus}_{0}) = \Delta_f H^{\ominus}_{(CaCO_3(s))} - (\Delta_f H^{\ominus}_{(CaO(s))} + \Delta_f H^{\ominus}_{(CO_2(g))})$$

$$= -1206.87 - (-635.09 - 393.52) = -178.26\ \mathrm{kJ\ mol^{-1}} \qquad (7.1.45)$$

この結果から，次の一般式を導くことができる．つまり，一般的な化学反応

$$a\mathrm{A} + b\mathrm{B} = c\mathrm{C} + d\mathrm{D} \qquad (7.1.46)$$

の定圧反応熱 $\Delta H^{\ominus}$ は，

$$\Delta H^{\ominus} = \{c\Delta_f H^{\ominus}_{(C)} + d\Delta_f H^{\ominus}_{(D)}\} - \{a\Delta_f H^{\ominus}_{(A)} + b\Delta_f H^{\ominus}_{(B)}\} \qquad (7.1.47)$$

として，各物質の標準生成エンタルピーのデータを用いて求めることができる．これは，成分元素の単体を基準系にとった結果である．熱力学においては，内部エネルギーの絶対値が不確定であるため，エンタルピーやギブズエネルギーなどの熱力学関数の絶対値が求まらない．しかし，われわれに必要な情報は状態間のそれらの関数の差であり，基準系を上手に設定することによって，使いやすく便利なものとすることができる．基準系と反応系，生成系の関係を**図7.7**に示す．図7.7の縦軸はエンタルピーである．

さて，先にも少し述べたが，熱力学のテキストに「単体の標準エンタルピーを0

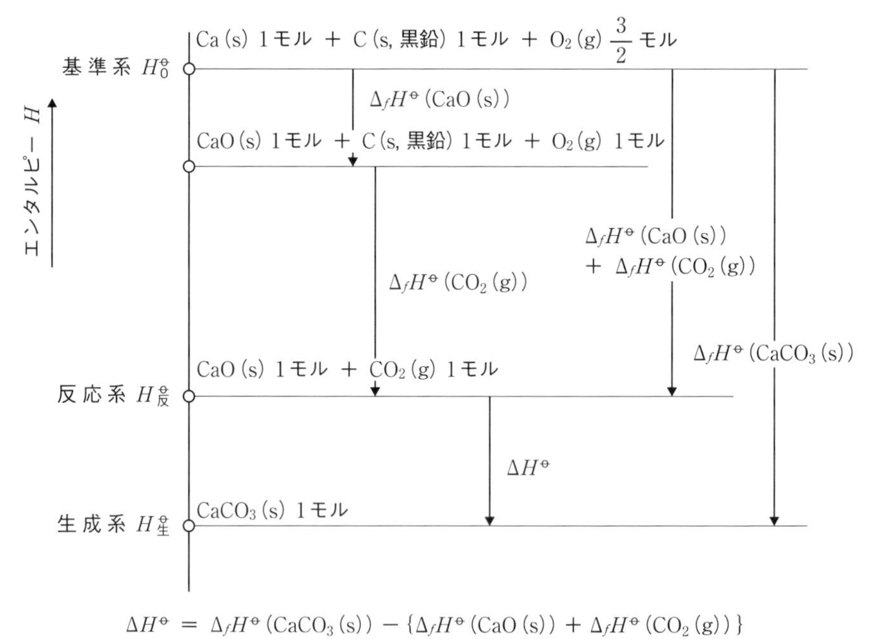

図7.7　基準系と反応系，生成系のエンタルピーの関係

とする」という記述がしばしばされている．これをそのまま式で表すと

$$H^{\ominus}_{(単体)} = 0 \tag{7.1.48}$$

を意味することになる．しかし，これを疑問に思う読者もいるだろう．たとえば，エンタルピーの絶対値がわからないので，ある一つの物質のエンタルピーを基準の0に定めるということであれば，それは納得できる．具体例として，H_2(g)1モルの標準エンタルピーを基準として0とし，

$$H^{\ominus}_{(H_2(g))} = 0 \tag{7.1.49}$$

という仮定ならば納得できる．しかし，H_2(g)のエンタルピーが0ならば，O_2(g)やFe(s)，C(s,黒鉛)の標準エンタルピーは0ではないとふつうは思うだろう．

$$H^{\ominus}_{(H_2(g))} \neq H^{\ominus}_{(O_2(g))} \neq H^{\ominus}_{(Fe(s))} \neq H^{\ominus}_{(C(s,黒鉛))} \neq \cdots \tag{7.1.50}$$

いずれにしても絶対値はわからないが，物質が異なればエンタルピーの値が異なると考えるのは自然である．しかし，(7.1.48)式はすべての単体のエンタルピーが0ということを主張している．つまり，

$$H^{\ominus}_{(H_2(g))} = H^{\ominus}_{(O_2(g))} = H^{\ominus}_{(Fe(s))} = H^{\ominus}_{(C(gra))} = 0 \tag{7.1.51}$$

といっている．確かに，(7.1.51)式が成立するのであれば，基準系の標準エンタルピー $H_0^{\ominus}$ は0となる．しかし，これまでの議論からわかるように，われわれに必要な情報はあくまでもエンタルピー差であるので，基準系の標準エンタルピーを0にする必要性はない．<u>基準系のエンタルピーを，まさに基準にして，そこからの差だけで議論すればよい</u>．すなわち，(7.1.47)式を用いて $\Delta H^{\ominus}$ を導出するときに，(7.1.51)式の仮定は必要ない．内部エネルギーの絶対値がわからないので，とにかくある状態を基準にとって，そこからの差だけで議論する．絶対値が決まらないから，なんとなく落ち着かないが，それで実用的にはまったく問題がない．それが化学熱力学の大きな特徴の一つである．

7.2　標準エントロピーの求め方

反応にともなう標準エンタルピー変化の求め方はわかった．しかし熱化学反応の平衡定数や，電気化学反応から取り出しうる電気的仕事を知るには，それらの化学反応の進行にともなうギブズエネルギー変化，前節の表現を用いれば，化学反応に対するギブズエネルギー差を知る必要がある．定圧・等温におけるギブズエネルギー差は，その温度・圧力におけるエンタルピー差とエントロピー差がわかれば求められる．そして大気圧での反応の場合，前節で説明したように，標準エンタル

ピー差は，純物質で安定な単体の標準エンタルピーを基準にとることにより，代数計算を行って求めることができた．定圧反応熱で与えられるエンタルピー変化は，実験的には，有限の速さで反応を進行させて求めればよい．

あとは化学反応に対するエントロピー差が求まればよい．エントロピー差を求めるにはどのようにすればよいのだろうか．エントロピーの定義より，ある圧力・温度を基準にとれば，系内で化学反応が進行しない閉鎖系のエントロピー変化は測定できる．すなわち純物質で閉鎖系をつくれば，定圧下での純物質の任意の温度 T_2 におけるエントロピーは，ある温度 T_1 におけるエントロピーを基準にとれば，温度を T_1 から準静的に T_2 まで変化させたときに出入りする熱量の測定から，次式で求められる．

$$S_{T_2} - S_{T_1} = \int_{T_1}^{T_2} \frac{\mathrm{d}'Q_P}{T} = \int_{T_1}^{T_2} \frac{\mathrm{d}H}{T} \tag{7.2.1}$$

準静的に温度を変化させることは，実際には困難なようだが，相変化を起こさない場合は，熱容量（1.7，1.8 節参照）という状態量を用いて

$$\mathrm{d}H = C_P \mathrm{d}T \tag{7.2.2}$$

と表される．熱容量という測定可能な示量性状態量を用いれば，エントロピー変化は

$$S_{T_2} - S_{T_1} = \int_{T_1}^{T_2} \frac{\mathrm{d}H}{T} = \int_{T_1}^{T_2} \frac{C_P \mathrm{d}T}{T} \tag{7.2.3}$$

となる．したがって，熱容量の温度依存性を測定し，積分を行えば，エントロピー変化が求められることになる．また相変化に対しては，純物質の相変化は一定温度で進行するので，その温度を T_{tr} として，相変化にともなうエンタルピー変化およびエントロピー変化を，それぞれ $\Delta H_{T_{\mathrm{tr}}}$ および $\Delta S_{T_{\mathrm{tr}}}$ とすると，

$$\Delta S_{T_{\mathrm{tr}}} = \frac{\Delta H_{T_{\mathrm{tr}}}}{T_{\mathrm{tr}}} \tag{7.2.4}$$

で求められる．しかしここで求めたいのは，化学反応に対するエントロピー差なので，反応に関与する物質の，基準にとったエントロピーの値がわからなければ求められない．

また，標準生成エンタルピーの考え方のように，純物質で安定な単体の標準エントロピーを基準にとることにより，**標準生成エントロピー**をデータベース化する方法も，原理的には可能である．しかしエンタルピーと異なる点は，化学反応の進行にともなうエントロピー変化を，実験的に求めることが極めて難しいことである．

電池をつくってその起電力の温度依存性を測定し，間接的に電池反応にともなうエントロピー変化を求めることは可能である．しかし，本来のエントロピーの定義の，熱測定によって求めるのは非常に難しい．それは，エントロピー変化を求めるには，可逆過程，あるいは準静的過程を行わなければならないためである．そもそも，熱化学反応を準静的に進行させることは現在でも技術的に困難である．また，電気化学反応で電池を準静的に進行させることは可能であるが，準静的過程を行わせながら系と外界でやりとりする熱量を測定することは現実的に極めて難しい．不可逆的に反応を起こさせて，そのときの熱量を測定すればよいエンタルピーとは，測定の困難さが比較にならない．

歴史的にはネルンストが，ギブズエネルギー変化を，熱量測定のみから知ることができるかどうかを追求した．ネルンストは，低温付近での実験を行って，等温での化学変化を低温で行わせた場合，その変化にともなうギブズエネルギー変化 ΔG とエンタルピー変化 ΔH は，絶対零度に近づくにつれて一致することを見出した．

$$T \to 0 \text{ のとき } \Delta G \to \Delta H \tag{7.2.5}$$

等温では $\Delta G = \Delta H - T\Delta S$ であるから，

$$T \to 0 \text{ のとき } T\Delta S \to 0 \tag{7.2.6}$$

となる．しかしこれだけでは，ΔS は有限であるが，$T \to 0$ だから $T\Delta S \to 0$ となっていることも考えられる．

ネルンストは，ΔG と ΔH の温度依存性を詳細に検討した．たとえば，1 atm における 1 グラムのスズの相転移にともなう $\Delta G^{\ominus}$, $\Delta H^{\ominus}$,および $T\Delta S^{\ominus}$ の温度依存性は**図 7.8** (a) となる．そこから求めた $\Delta S^{\ominus}$ の温度依存性を**図 7.8** (b) に示した．$\Delta G^{\ominus}$ と $\Delta H^{\ominus}$ は $T \to 0$ に近づくにつれ，互いに漸近するような挙動を示すことがわかる（図 7.8 (a)）．もし $\Delta S^{\ominus}$ が有限であれば，互いに漸近するような挙動はとらない．つまり，この実験事実は

$$T \to 0 \text{ のとき } \Delta S^{\ominus} \to 0 \tag{7.2.7}$$

であることを示している（図 7.8 (b)）．そして他の物質が関与する固相反応に関しても同様な挙動が観察された．$\Delta S^{\ominus} \to 0$ ということは，$T \to 0$ において，すべての物質のエントロピーはある一定値に近づいていくことを意味している．その値は不明であるが，プランクはその値が 0 になると仮定した．これを**熱力学第三法則**と呼ぶ．法則と名付けられているように，熱力学の範囲では証明できない経験則である．正確に表現すると

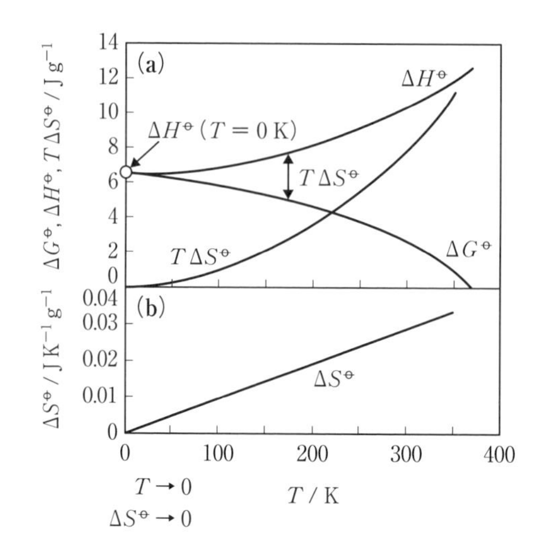

図 7.8　1 atm におけるスズの相転移にともなう $\Delta G^\ominus$，$\Delta H^\ominus$ および $T\Delta S^\ominus$ の温度依存性

すべての純物質の完全結晶のエントロピーは 0 K で 0 となる．

すなわち，$\lim_{T \to 0} S = 0$

この法則の注目すべきポイントは，ただ単に基準を決めただけではないということである．基準を決めればよいだけならば，エンタルピーの場合のように，たとえば反応に関与する元素の単体を基準にすればよい．そうではなくて，ゼロという絶対的な基準を決めたところが重要なのである．

エントロピーはもともと変化量で定義されているので，絶対値を議論できなかった．エントロピーは状態量であるから，ある状態が決まれば，値が一意的に定まることはいえても，その値はわからなかった．ところが熱力学第三法則の導入により，状況は変わった．ある状態が定められれば，その状態のエントロピーが，一意的に絶対値として求められることになったのである．

いま定圧で純物質の温度を 0 K から T K まで上げたとき，一般的に次のような相変化が生じるとしよう[*2]**．**

$$\text{固相 I} \xrightarrow[\text{転移}]{T_{\mathrm{tr}}} \text{固相 II} \xrightarrow[\text{融解}]{T_{\mathrm{fus}}} \text{液相} \xrightarrow[\text{蒸発（沸騰）}]{T_{\mathrm{b}}} \text{気相}$$

この物質の 0 K における固相 I のエントロピーを $S_0(\mathrm{s, I})$ とすると，T K における気体のエントロピーは

＊2　T_{tr} は転移温度，ΔH_{tr} は転移に伴うエンタルピー変化，T_{fus} は融解温度，ΔH_{fus} は融解のエンタルピー変化，T_{b} は沸点，ΔH_{vap} は蒸発のエンタルピー変化を表す．

$$\boldsymbol{S} = \boldsymbol{S}_0(\mathbf{s, I}) + \int_0^{T_{\rm tr}} \frac{\boldsymbol{C}_P(\mathbf{s, I})}{\boldsymbol{T}} \mathrm{d}\boldsymbol{T} + \frac{\Delta \boldsymbol{H}_{\rm tr}}{\boldsymbol{T}_{\rm tr}} + \int_{T_{\rm tr}}^{T_{\rm fus}} \frac{\boldsymbol{C}_P(\mathbf{s, II})}{\boldsymbol{T}} \mathrm{d}\boldsymbol{T} + \frac{\Delta \boldsymbol{H}_{\rm fus}}{\boldsymbol{T}_{\rm fus}} + \int_{T_{\rm fus}}^{T_{\rm b}} \frac{\boldsymbol{C}_P(\mathbf{l})}{\boldsymbol{T}} \mathrm{d}\boldsymbol{T} + \frac{\Delta \boldsymbol{H}_{\rm vap}}{\boldsymbol{T}_{\rm b}} + \int_{T_{\rm b}}^{T} \frac{\boldsymbol{C}_P(\mathbf{g})}{\boldsymbol{T}} \mathrm{d}\boldsymbol{T} \tag{7.2.8}$$

で求められる．熱力学第三法則によれば，$S_0(\mathrm{s, I}) = 0$ であり，他の C_P および ΔH は熱測定により求められる．圧力 $P = 1\,\mathrm{atm}$ における物質1モルのエントロピーを，**標準エントロピー**と呼び，$S^\ominus$ で表す．25℃におけるいくつかの純物質の $S^\ominus$ の値を**裏見返しの表**に示した．

それにしても，すべての純物質の完全結晶のエントロピーが，どれも0Kで0になることを，どのように理解すればよいのだろうか．これは古典熱力学の範囲では，経験則として認めるしかないが，**統計力学**では理解できる．統計力学では，エントロピーは，その物質に許されたエネルギー準位に，分子を分配するその配分の仕方を表す指標であることが示される．許されたエネルギー準位は物質に固有の性質であるが，その配分の仕方は，温度に依存する性質があるのだ．そして，絶対零度ではすべての分子が最低のエネルギー準位に入るため，物質に依存せず0になる．最低のエネルギー準位の値そのものは物質に依存するのだが，最低のエネルギー準位にすべて入るという性質は，物質に依存しないのである．

さらに第三法則は，完全結晶の純物質が関与するどのような化学反応でも，$T = 0\,\mathrm{K}$ で起こせば，エントロピー変化なしに進行することを示している．そのため，化学反応に対応するエントロピー差は，論理的には，反応物を $T = 0$ まで温度を準静的に下げて，$T = 0$ で準静的に進行させて生成物にして，その生成物を T まで準静的に温度を上げて，その間の $\mathrm{d}'Q/T$ を求めればよいといえる．そして求めるのが最も困難な，化学反応に対応するエントロピー差は，どのような反応でも，$T = 0$ であれば0なのである．絶対零度で化学反応が実際に進行するかどうかは重要ではない．結局，求める必要があるのは，各々の反応物を目的温度から $T = 0$ まで準静的に下げるときの $\mathrm{d}'Q/T$ と，各々の生成物を $T = 0$ から目的温度まで準静的に上げるときの $\mathrm{d}'Q/T$ だけである．これはつまり，$T = 0$ を基準にした物質のエントロピーの絶対値を求めることに他ならない．

例として次式の反応を取り上げよう．

$$\mathrm{CaO(s)} + \mathrm{CO_2(g)} = \mathrm{CaCO_3(s)} \tag{7.2.9}$$

この反応の1 atm，25℃における標準エントロピー差 $\Delta S^\ominus$ を求めてみよう．$\mathrm{CaO(s)}$，$\mathrm{CO_2(g)}$ および $\mathrm{CaCO_3(s)}$ のそれぞれの標準エントロピーを $S^\ominus(\mathrm{CaO, s})$，

$S^\ominus(CO_2, g)$ および $S^\ominus(CaCO_3, s)$ としよう．

$$\Delta S^\ominus = S^\ominus(CaCO_3, s) - \{S^\ominus(CaO, s) + S^\ominus(CO_2, g)\} \tag{7.2.10}$$

である．前節で述べたように，標準エンタルピー差を求める場合には，ばらばらの単体にして，それを基準系として，そこからの差のさらに差を議論していた．しかしエントロピーではその必要はない．それぞれの化合物の標準エントロピーは絶対値としてすでに測定されており，

$$S^\ominus(CaO, s) = 38.1\ \mathrm{J\,K^{-1}\,mol^{-1}} \tag{7.2.11}$$

$$S^\ominus(CO_2, g) = 213.79\ \mathrm{J\,K^{-1}\,mol^{-1}} \tag{7.2.12}$$

$$S^\ominus(CaCO_3, s) = 88.0\ \mathrm{J\,K^{-1}\,mol^{-1}} \tag{7.2.13}$$

とデータベースにある．したがって，

$$\Delta S^\ominus = 88.0 - (38.1 + 213.79) = -163.89\ \mathrm{J\,K^{-1}\,mol^{-1}} \tag{7.2.14}$$

と求まる．絶対値が求まっていると，こんなにも簡単にエントロピー差は求められる．

本来は必要ないが，エンタルピーと同じように，化合物の生成反応に対して標準生成エントロピーを定義して，(7.2.14) 式で得られた結果と比較してみよう．データベースより，

$$S^\ominus(Ca, s) = 41.59\ \mathrm{J\,K^{-1}\,mol^{-1}} \tag{7.2.15}$$

$$S^\ominus(C, s, 黒鉛) = 5.74\ \mathrm{J\,K^{-1}\,mol^{-1}} \tag{7.2.16}$$

$$S^\ominus(O_2, g) = 205.15\ \mathrm{J\,K^{-1}\,mol^{-1}} \tag{7.2.17}$$

であるから，

$C(s, 黒鉛) + O_2(g) = CO_2(g)$　　[$CO_2(g)$ の生成反応]

$$\begin{aligned}\Delta_f S^\ominus_{(CO_2(g))} &= S^\ominus(CO_2, g) - \{S^\ominus(C, s, 黒鉛) + S^\ominus(O_2, g)\} = 213.79 - (5.74 + 205.15) \\ &= 2.90\ \mathrm{J\,K^{-1}\,mol^{-1}}\end{aligned} \tag{7.2.18}$$

$Ca(s) + \frac{1}{2}O_2(g) = CaO(s)$　　[$CaO(s)$ の生成反応]

$$\begin{aligned}\Delta_f S^\ominus_{(CaO(s))} &= S^\ominus(CaO, s) - \left\{S^\ominus(Ca, s) + \frac{1}{2}S^\ominus(O_2, g)\right\} = 38.1 - \left(41.59 + \frac{205.15}{2}\right) \\ &= -106.07\ \mathrm{J\,K^{-1}\,mol^{-1}}\end{aligned} \tag{7.2.19}$$

$Ca(s) + C(s, 黒鉛) + \frac{3}{2}O_2(g) = CaCO_3(s)$　　[$CaCO_3(s)$ の生成反応]

$$\Delta_f S^{\ominus}_{(\mathrm{CaCO_3(s)})} = S^{\ominus}(\mathrm{CaCO_3, s}) - \left\{S^{\ominus}(\mathrm{Ca, s}) + S^{\ominus}(\mathrm{C, s, 黒鉛}) + \frac{3}{2}S^{\ominus}(\mathrm{O_2, g})\right\}$$
$$= 88.0 - \left(41.59 + 5.74 + \frac{3 \times 205.15}{2}\right) = -267.06\ \mathrm{J\ K^{-1}\ mol^{-1}} \tag{7.2.20}$$

となる．これらを用いて，標準エンタルピー差と同じように算出してみよう．

$$\Delta S^{\ominus} = \Delta_f S^{\ominus}_{(\mathrm{CaCO_3(s)})} - \left(\Delta_f S^{\ominus}_{(\mathrm{CO_2(g)})} + \Delta_f S^{\ominus}_{(\mathrm{CaO(s)})}\right) = -267.06 - (2.90 - 106.07)$$
$$= -163.89\ \mathrm{J\ K^{-1}\ mol^{-1}}$$

となり，(7.2.14) 式と一致することがわかった．化学反応に対するエントロピー差は，状態量の差であるので，エンタルピーと同様に，単体を基準系として生成反応を考えて求めてもよいし，エンタルピーと異なり，熱力学第三法則から絶対値を用いて求めても，結果は一致するのである．

7.3 標準ギブズエネルギー変化から平衡定数を求める

6.11節で，最も単純な混合の効果を含む気相の熱化学反応の平衡定数を考えたが，本節ではそれを一般的に取り扱おう．定圧・等温で，四つの気体の化学種 A, B, C, D が関与する気相の熱化学反応を考え，次のように表そう．

$$a\mathrm{A} + b\mathrm{B} = c\mathrm{C} + d\mathrm{D} \tag{7.3.1}$$

これらは外界と物質のやりとりのない容器内で行われているとする．すなわち，単一の気相からなる閉鎖系である．A, B, C, D の混合系が理想混合気体であると仮定すると，それぞれの化学ポテンシャル $\mu_{\mathrm{A}}, \mu_{\mathrm{B}}, \mu_{\mathrm{C}}$ および μ_{D} は

$$\mu_{\mathrm{A}} = \mu_{\mathrm{A}}^{\ominus}(T) + RT\ln\left(\frac{P_{\mathrm{A}}}{P^{\ominus}}\right), \quad \mu_{\mathrm{B}} = \mu_{\mathrm{B}}^{\ominus}(T) + RT\ln\left(\frac{P_{\mathrm{B}}}{P^{\ominus}}\right)$$
$$\mu_{\mathrm{C}} = \mu_{\mathrm{C}}^{\ominus}(T) + RT\ln\left(\frac{P_{\mathrm{C}}}{P^{\ominus}}\right), \quad \mu_{\mathrm{D}} = \mu_{\mathrm{D}}^{\ominus}(T) + RT\ln\left(\frac{P_{\mathrm{D}}}{P^{\ominus}}\right) \tag{7.3.2}$$

となる．全圧を P として，

$$P = P_{\mathrm{A}} + P_{\mathrm{B}} + P_{\mathrm{C}} + P_{\mathrm{D}} = 一定 \tag{7.3.3}$$

である．また，反応進行度を ξ とすると，それぞれの化学種の微小変化量 $\mathrm{d}n_{\mathrm{A}}, \mathrm{d}n_{\mathrm{B}}, \mathrm{d}n_{\mathrm{C}}$ および $\mathrm{d}n_{\mathrm{D}}$ として，

$$\frac{\mathrm{d}n_{\mathrm{A}}}{-a} = \frac{\mathrm{d}n_{\mathrm{B}}}{-b} = \frac{\mathrm{d}n_{\mathrm{C}}}{c} = \frac{\mathrm{d}n_{\mathrm{D}}}{d} = \mathrm{d}\xi \tag{7.3.4}$$

であるから，

$$\mathrm{d}n_{\mathrm{A}} = -a\,\mathrm{d}\xi,\ \mathrm{d}n_{\mathrm{B}} = -b\,\mathrm{d}\xi,\ \mathrm{d}n_{\mathrm{C}} = c\,\mathrm{d}\xi \text{ および } \mathrm{d}n_{\mathrm{D}} = d\,\mathrm{d}\xi \tag{7.3.5}$$

となる．

熱化学反応 (7.3.1) が等温・定圧で化学平衡状態にあるとしよう．このとき，閉鎖系である全系のギブズエネルギー G は極小となる．すなわち，

$$G = \min. \tag{7.3.6}$$

である．一方，そもそもの定義より，全系の G は，それぞれの化学種が存在する物質量をそれぞれ $n_{\mathrm{A}}, n_{\mathrm{B}}, n_{\mathrm{C}}$ および n_{D} とすると，

$$G = \mu_{\mathrm{A}} \cdot n_{\mathrm{A}} + \mu_{\mathrm{B}} \cdot n_{\mathrm{B}} + \mu_{\mathrm{C}} \cdot n_{\mathrm{C}} + \mu_{\mathrm{D}} \cdot n_{\mathrm{D}} \tag{7.3.7}$$

である．反応が，平衡状態から仮想的に微小量変化 $\delta\xi$ モルだけ進行したとすると，それにともなうギブズエネルギー変化 δG は，

$$\begin{aligned}
\delta G &= \mu_{\mathrm{A}}\,\delta n_{\mathrm{A}} + \mu_{\mathrm{B}}\,\delta n_{\mathrm{B}} + \mu_{\mathrm{C}}\,\delta n_{\mathrm{C}} + \mu_{\mathrm{D}}\,\delta n_{\mathrm{D}} \\
&= \mu_{\mathrm{A}}(-a\,\delta\xi) + \mu_{\mathrm{B}}(-b\,\delta\xi) + \mu_{\mathrm{C}}(c\,\delta\xi) + \mu_{\mathrm{D}}(d\,\delta\xi) \\
&= -a\,\mu_{\mathrm{A}}\,\delta\xi + -b\,\mu_{\mathrm{B}}\,d\xi + c\,\mu_{\mathrm{C}}\,\delta\xi + d\,\mu_{\mathrm{D}}\,\delta\xi \\
&= \{(c\mu_{\mathrm{C}} + d\mu_{\mathrm{D}}) - (a\mu_{\mathrm{A}} + b\mu_{\mathrm{B}})\}\,\delta\xi
\end{aligned} \tag{7.3.8}$$

となる．(7.3.6) 式より，平衡条件は

$$\delta G = 0 \tag{7.3.9}$$

であるが，$\delta\xi$ はゼロではない．つまり，平衡条件は

$$(c\mu_{\mathrm{C}} + d\mu_{\mathrm{D}}) - (a\mu_{\mathrm{A}} + b\mu_{\mathrm{B}}) = 0 \tag{7.3.10}$$

と求められるが，書き直すと，

$$a\mu_{\mathrm{A}} + b\mu_{\mathrm{B}} = c\mu_{\mathrm{C}} + d\mu_{\mathrm{D}} \tag{7.3.11}$$

となり，化学反応式の化学種のところを，その化学種の化学ポテンシャルで置き換えた形式になっていることがわかる．これが熱化学反応式 (7.3.1) の化学平衡条件である．6.12節で用いた用語で言い換えると，反応系の化学ポテンシャルが，生成系の化学ポテンシャルに等しいとき，化学平衡になるといえる．

(7.3.11) 式に (7.3.2) 式を代入して，下付き e で平衡状態の値であることを表すとして，

$$\begin{aligned}
&a\left\{\mu_{\mathrm{A}}^{\ominus}(T) + RT\ln\left(\frac{P_{\mathrm{A,e}}}{P^{\ominus}}\right)\right\} + b\left\{\mu_{\mathrm{B}}^{\ominus}(T) + RT\ln\left(\frac{P_{\mathrm{B,e}}}{P^{\ominus}}\right)\right\} \\
&\quad = c\left\{\mu_{\mathrm{C}}^{\ominus}(T) + RT\ln\left(\frac{P_{\mathrm{C,e}}}{P^{\ominus}}\right)\right\} + d\left\{\mu_{\mathrm{D}}^{\ominus}(T) + RT\ln\left(\frac{P_{\mathrm{D,e}}}{P^{\ominus}}\right)\right\}
\end{aligned}$$

となるので，移項して

$$(c\mu_{\mathrm{C}}^{\ominus}(T)+d\mu_{\mathrm{D}}^{\ominus}(T))-(a\mu_{\mathrm{A}}^{\ominus}(T)+b\mu_{\mathrm{B}}^{\ominus}(T))+RT\ln\frac{(P_{\mathrm{C,e}}/P^{\ominus})^{c}\cdot(P_{\mathrm{D,e}}/P^{\ominus})^{d}}{(P_{\mathrm{A,e}}/P^{\ominus})^{a}\cdot(P_{\mathrm{B,e}}/P^{\ominus})^{b}}=0 \tag{7.3.12}$$

を得る．ここで

$$\frac{(P_{\mathrm{C,e}}/P^{\ominus})^{c}\cdot(P_{\mathrm{D,e}}/P^{\ominus})^{d}}{(P_{\mathrm{A,e}}/P^{\ominus})^{a}\cdot(P_{\mathrm{B,e}}/P^{\ominus})^{b}}=K_{P}^{\ominus} \tag{7.3.13}$$

であり，これは6.11節で述べた**標準圧平衡定数**である．さらに，

$$\Delta G^{\ominus}\equiv\{c\mu_{\mathrm{C}}^{\ominus}(T)+d\mu_{\mathrm{D}}^{\ominus}(T))-(a\mu_{\mathrm{A}}^{\ominus}(T)+b\mu_{\mathrm{B}}^{\ominus}(T)\} \tag{7.3.14}$$

と定義すると，(7.3.12) 式は，

$$\boldsymbol{\Delta G^{\ominus}=-RT\ln K_{P}^{\ominus}} \tag{7.3.15}$$

となる．$\boldsymbol{\Delta G^{\ominus}}$ を化学反応 (7.3.1) の「標準ギブズエネルギー変化」と呼ぶ．

(7.3.14) 式から，面白いことがわかる．すなわち，$\Delta G^{\ominus}$ を定義した (7.3.14) 式の右辺は，いずれの項も，標準状態 ($P=P^{\ominus}$) における純粋な気体 A,B,C および D の化学ポテンシャルで構成されている．すなわち，(7.3.1) 式の化学反応の標準ギブズエネルギー変化とは，混合していない A と B がそれぞれ a モルと b モルある反応系の持つ標準ギブズエネルギーと，混合していない C と D がそれぞれ c モルと d モルある生成系の持つ標準ギブズエネルギーの差を意味している．一方，(7.3.15) 式右辺は，圧力項（濃度項）に対応する．これらが等号で結ばれているので，(7.3.14) 式は，反応系と混合系の標準ギブズエネルギーの差を，圧力項（濃度項）を変化させることにより，つり合わせた式なのである．言い方を変えると，標準ギブズエネルギーの差がなくなるまで，圧力項（濃度項），すなわち，組成が変化するのだが，それをわれわれは，化学反応は平衡に進むと認識しているのである．このように，反応に関わる純物質の性質を用いて，その反応がどこまで進むかが予測できる，これが化学熱力学の威力である．

標準ギブズエネルギー差が，純物質だけからなるために，必要なデータもまた，純物質のものだけになる．そして，定圧・等温におけるギブズエネルギー差は，その温度・圧力におけるエンタルピー差とエントロピー差がわかれば求められる．ただし，エンタルピーは絶対値が求まらないが，エントロピーは絶対値が求まるので，基準とする状態が異なる．それを具体的な反応を例にとって説明しよう．1 atm，25 ℃における，次の気相熱化学反応を考える．

$$\mathrm{CO(g)+H_2O(g)=CO_2(g)+H_2(g)} \tag{7.3.16}$$

$\mathrm{CO(g)}$, $\mathrm{H_2O(g)}$, $\mathrm{CO_2(g)}$ および $\mathrm{H_2(g)}$ の平衡状態での圧力を，それぞれ $P_{\mathrm{CO,e}}$, $P_{\mathrm{H_2O,e}}$,

$P_{CO_2,e}, P_{H_2,e}$ とすると，圧平衡定数 K_P は，

$$K_P = \frac{P_{CO_2,e} \cdot P_{H_2,e}}{P_{CO,e} \cdot P_{H_2O,e}} \tag{7.3.17}$$

となる．(7.3.16) 式の反応の標準ギブズエネルギー差 $\Delta G^\ominus$ は，$CO(g)$, $H_2O(g)$, $CO_2(g)$ および $H_2(g)$ の標準ギブズエネルギーをそれぞれ $G^\ominus_{CO}, G^\ominus_{H_2O}, G^\ominus_{CO_2}, G^\ominus_{H_2}$ として

$$\Delta G^\ominus = (G^\ominus_{CO_2} + G^\ominus_{H_2}) - (G^\ominus_{CO} + G^\ominus_{H_2O}) \tag{7.3.18}$$

となるが，さらに，標準エンタルピーを $H^\ominus_{CO}, H^\ominus_{H_2O}, H^\ominus_{CO_2}, H^\ominus_{H_2}$，標準エントロピーを $S^\ominus_{CO}, S^\ominus_{H_2O}, S^\ominus_{CO_2}, S^\ominus_{H_2}$ とおくと，

$$\begin{aligned}\Delta G^\ominus &= (G^\ominus_{CO_2} + G^\ominus_{H_2}) - (G^\ominus_{CO} + G^\ominus_{H_2O}) \\ &= (H^\ominus_{CO_2} - TS^\ominus_{CO_2} + H^\ominus_{H_2} - TS^\ominus_{H_2}) - (H^\ominus_{CO} - TS^\ominus_{CO} + H^\ominus_{H_2O} - TS^\ominus_{H_2O}) \\ &= \{(H^\ominus_{CO_2} + H^\ominus_{H_2}) - (H^\ominus_{CO} + H^\ominus_{H_2O})\} - T\{(S^\ominus_{CO_2} + S^\ominus_{H_2}) - (S^\ominus_{CO} + S^\ominus_{H_2O})\}\end{aligned} \tag{7.3.19}$$

のように，エンタルピー項とエントロピー項に分けられる．

まずエンタルピー項は，(7.3.16) 式の反応の基準系である，$C(s)$ 1 モル，$H_2(g)$ 1 モル，$O_2(g)$ 1 モル との差を考えて

$$\begin{aligned}&(H^\ominus_{CO_2} + H^\ominus_{H_2}) - (H^\ominus_{CO} + H^\ominus_{H_2O}) \\ &= \{(H^\ominus_{CO_2} + H^\ominus_{H_2}) - (H^\ominus_{C} + H^\ominus_{H_2} + H^\ominus_{O_2})\} - \{(H^\ominus_{CO} + H^\ominus_{H_2O}) - (H^\ominus_{C} + H^\ominus_{H_2} + H^\ominus_{O_2})\} \\ &= [\{H^\ominus_{CO_2} - (H^\ominus_{C} + H^\ominus_{O_2})\} + (H^\ominus_{H_2} - H^\ominus_{H_2})] - [\{H^\ominus_{CO} - (H^\ominus_{C} + 0.5\,H^\ominus_{O_2})\} \\ &\qquad + \{H^\ominus_{H_2O} - (H^\ominus_{H_2} + 0.5\,H^\ominus_{O_2})\}] = (\Delta_f H^\ominus_{CO_2} + \Delta_f H^\ominus_{H_2}) - (\Delta_f H^\ominus_{CO} + \Delta_f H^\ominus_{H_2O})\end{aligned}$$

のように標準生成エンタルピーで表される．ここで，$\Delta_f H^\ominus_{CO}, \Delta_f H^\ominus_{H_2O}, \Delta_f H^\ominus_{CO_2}$ および $\Delta_f H^\ominus_{H_2}$ は，それぞれ $CO(g)$, $H_2O(g)$, $CO_2(g)$ および $H_2(g)$ の標準生成エンタルピーである．

一方，エントロピー項は，絶対値で標準エントロピーが与えられているので，それを用いて $(S^\ominus_{CO_2} + S^\ominus_{H_2}) - (S^\ominus_{CO} + S^\ominus_{H_2O})$ が算出できる．データによれば，$\Delta_f H^\ominus_{CO_2} = -393.52\ \mathrm{kJ\ mol^{-1}}$，$\Delta_f H^\ominus_{H_2} = 0$，$\Delta_f H^\ominus_{CO} = -110.54\ \mathrm{kJ\ mol^{-1}}$，$\Delta_f H^\ominus_{H_2O} = -241.83\ \mathrm{kJ\ mol^{-1}}$, $S^\ominus_{CO_2} = 213.79\ \mathrm{J\ K^{-1}\ mol^{-1}}$, $S^\ominus_{H_2} = 130.68\ \mathrm{J\ K^{-1}\ mol^{-1}}$, $S^\ominus_{CO} = 197.66\ \mathrm{J\ K^{-1}\ mol^{-1}}$，$S^\ominus_{H_2O} = 188.84\ \mathrm{J\ K^{-1}\ mol^{-1}}$ なので，25 ℃，1 atm の反応にともなう標準エンタルピー変化 $\Delta H^\ominus$ と標準エントロピー変化 $\Delta S^\ominus$ は

$$\Delta H^\ominus = (-393.52 + 0) - (-110.54 - 241.83) = -41.15\ \mathrm{kJ\ mol^{-1}} \tag{7.3.20}$$

$$\Delta S^\ominus = (213.79 + 130.68) - (197.66 + 188.84) = -42.03\ \mathrm{J\ K^{-1}\ mol^{-1}} \tag{7.3.21}$$

となる．したがって，

$$\Delta G^{\ominus} = \Delta H^{\ominus} - T\Delta S^{\ominus} = -41.15\times10^3 - 298\times(-42.03) = -28.60\ \mathrm{kJ\ mol^{-1}} \tag{7.3.22}$$

となる．標準圧平衡定数 $K_P^{\ominus}$ は

$$K_P^{\ominus} = \frac{(P_{\mathrm{CO_2,e}}/P^{\ominus})\cdot(P_{\mathrm{H_2,e}}/P^{\ominus})}{(P_{\mathrm{CO,e}}/P^{\ominus})\cdot(P_{\mathrm{H_2O,e}}/P^{\ominus})} = \mathrm{e}^{-\Delta G^{\ominus}/(RT)} = \mathrm{e}^{-(-28.60\times10^3)/(8.314\times298)}$$
$$= \mathrm{e}^{11.54} = 1.03\times10^5 \tag{7.3.23}$$

となり，今の場合，$K_P = K_P^{\ominus}\times(P^{\ominus})^0$ なので，

$$K_P = \frac{P_{\mathrm{CO_2,e}}\cdot P_{\mathrm{H_2,e}}}{P_{\mathrm{CO,e}}\cdot P_{\mathrm{H_2O,e}}} = 1.03\times10^5 \tag{7.3.24}$$

と求まる．

このように，化学反応に対応する標準ギブズエネルギー差は，標準生成エンタルピーと標準生成エントロピーから求められるが，より簡単には，**標準生成ギブズエネルギー**をデータ化しておく方がよいだろう．そのような訳で，エンタルピーと同じように生成反応の標準ギブズエネルギー変化が，標準生成ギブズエネルギーとして定義されている．たとえば，CO_2(g) の生成反応をみてみよう．

$$\mathrm{C(s)} + \mathrm{O_2(g)} = \mathrm{CO_2(g)} \tag{7.3.25}$$

この反応の標準ギブズエネルギー変化 $\Delta G^{\ominus}$ は

$$\Delta G^{\ominus} = G^{\ominus}_{\mathrm{CO_2}} - (G^{\ominus}_{\mathrm{C}} + G^{\ominus}_{\mathrm{O_2}}) = (H^{\ominus}_{\mathrm{CO_2}} - TS^{\ominus}_{\mathrm{CO_2}}) - \{(H^{\ominus}_{\mathrm{C}} - TS^{\ominus}_{\mathrm{C}}) + (H^{\ominus}_{\mathrm{O_2}} - TS^{\ominus}_{\mathrm{O_2}})\}$$
$$= \{H^{\ominus}_{\mathrm{CO_2}} - (H^{\ominus}_{\mathrm{C}} + H^{\ominus}_{\mathrm{O_2}})\} - T\{S^{\ominus}_{\mathrm{CO_2}} - (S^{\ominus}_{\mathrm{C}} + S^{\ominus}_{\mathrm{O_2}})\}$$
$$= \Delta_f H^{\ominus}_{\mathrm{CO_2}} - T\{S^{\ominus}_{\mathrm{CO_2}} - (S^{\ominus}_{\mathrm{C}} + S^{\ominus}_{\mathrm{O_2}})\} \tag{7.3.26}$$

として算出される．具体的には

$$\Delta_f G^{\ominus}_{\mathrm{CO_2}} = \Delta_f H^{\ominus}_{\mathrm{CO_2}} - T\{S^{\ominus}_{\mathrm{CO_2}} - (S^{\ominus}_{\mathrm{C}} + S^{\ominus}_{\mathrm{O_2}})\}$$
$$= -393.52\times1000 - 298.15\times\{213.79 - (5.74 + 205.15)\}$$
$$= -394.38\times10^3\ \mathrm{J\ mol^{-1}} = -394.38\ \mathrm{kJ\ mol^{-1}} \tag{7.3.27}$$

と算出され，これが CO_2(g) の標準生成ギブズエネルギーとして，データベースに記載されている（裏見返しの表参照）．

7.4　ギブズ-ヘルムホルツの式 − 平衡定数の温度依存性

G/T を P = 一定 で，T で微分すると

$$\left[\frac{\partial(G/T)}{\partial T}\right]_P = \frac{1}{T}\left(\frac{\partial G}{\partial T}\right)_P + G\frac{\partial(1/T)}{\partial T} = \frac{1}{T}(-S) + G\left(-\frac{1}{T^2}\right)$$

$$= -\frac{1}{T^2}(TS + G) = -\frac{H}{T^2} \tag{7.4.1}$$

となる．(7.4.1) 式を**ギブズ-ヘルムホルツの式**と呼ぶ．

この式を用いれば，平衡定数の温度依存性が求められる．等温変化における反応系と生成系の状態にギブズ-ヘルムホルツの式を適用しよう．反応系および生成系のギブズエネルギーおよびエンタルピーを，それぞれ $G_{反}, H_{反}$ および $G_{生}, H_{生}$ として，さらにそれぞれの系が標準状態にあるとすると，

$$\left[\frac{\partial(G^{\ominus}_{反}/T)}{\partial T}\right]_P = -\frac{H^{\ominus}_{反}}{T^2} \quad \text{および} \quad \left[\frac{\partial(G^{\ominus}_{生}/T)}{\partial T}\right]_P = -\frac{H^{\ominus}_{生}}{T^2} \tag{7.4.2}$$

が成立する．これらの差をとると

$$\left[\frac{\partial(\Delta G^{\ominus}/T)}{\partial T}\right]_P = -\frac{\Delta H^{\ominus}}{T^2} \tag{7.4.3}$$

となる．

$$\Delta G^{\ominus} = -RT\ln K_P^{\ominus} \tag{7.3.15}$$

を代入すると

$$\left[\frac{\partial(-RT\ln K_P^{\ominus}/T)}{\partial T}\right]_P = -\frac{\Delta H^{\ominus}}{T^2}$$

より，

$$\frac{\mathrm{d}\ln K_P^{\ominus}}{\mathrm{d}T} = \frac{\Delta H^{\ominus}}{RT^2} \quad \text{あるいは} \quad \frac{\mathrm{d}\ln K_P^{\ominus}}{\mathrm{d}(1/T)} = -\frac{\Delta H^{\ominus}}{R} \tag{7.4.4}$$

が得られる．ただし，$K_P^{\ominus}$ は T だけの関数であるから，偏微分を通常の微分にした．これを**ファントホッフの式**と呼ぶ．(7.4.4) 式より，吸熱反応 ($\Delta H^{\ominus} > 0$) のときに $(\mathrm{d}\ln K_P^{\ominus}/\mathrm{d}T) > 0$ であるから，温度上昇とともに $K_P^{\ominus}$ も増大し，平衡が生成系の方に移動する，すなわち反応が右に進行することがわかる．逆に，発熱反応 ($\Delta H^{\ominus} < 0$) のとき，$(\mathrm{d}\ln K_P^{\ominus}/\mathrm{d}T) < 0$ であるから，温度上昇とともに $K_P^{\ominus}$ は減少し，平衡が反応系の方に移動する，すなわち反応が左に進行する．

さて，もう少し化学平衡とその温度依存性を詳細に取り扱おう．簡単のために，ある体積 V の反応容器内の気体 A(g) および B(g) の異性化反応を考えよう．

$$\mathrm{A(g)} = \mathrm{B(g)} \tag{7.4.5}$$

これは6.11節で考えた系と同じであり，すでに 300 K での $\Delta G_{閉鎖系}$ − ξ ダイアグラムは図6.24および図6.25に描いた．ここでは，平衡定数に及ぼす $\Delta H^{\ominus}$ と $\Delta S^{\ominus}$

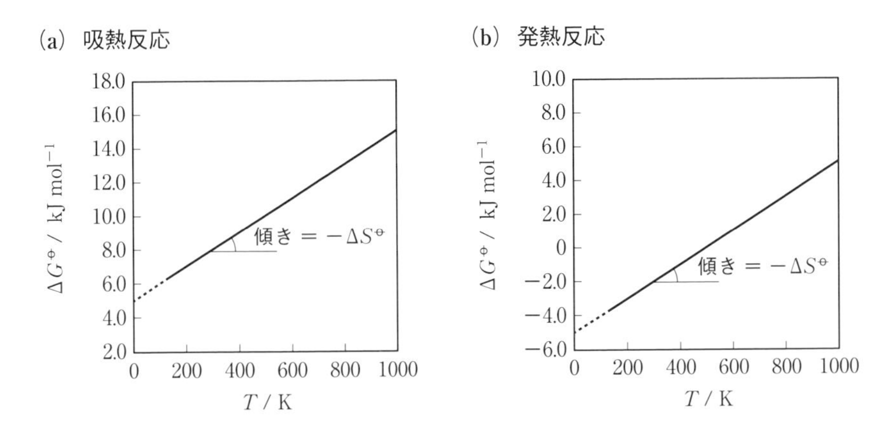

図7.9　化学平衡の温度依存性を調べるための二つの $\Delta G^\ominus$ の温度依存性

の影響を確かめたいので，6.11節と同じ二つの条件（p.184）で計算してみよう．

条件1　$\Delta H^\ominus = 5.0\,\mathrm{kJ\,mol^{-1}}$ かつ $\Delta S^\ominus = -10\,\mathrm{J\,K^{-1}\,mol^{-1}}$，したがって $\Delta G^\ominus = 8.0\,\mathrm{kJ\,mol^{-1}}$

条件2　$\Delta H^\ominus = -5.0\,\mathrm{kJ\,mol^{-1}}$ かつ $\Delta S^\ominus = -10\,\mathrm{J\,K^{-1}\,mol^{-1}}$，したがって $\Delta G^\ominus = -2.0\,\mathrm{kJ\,mol^{-1}}$

吸熱反応（条件1）と発熱反応（条件2）の違いを見るために，標準エントロピーの符号は変えずに，標準エンタルピーの符号を変えた．これらは温度によらず一定であると仮定しよう．それでは，温度依存性を見てみよう．それぞれの条件で反応の標準ギブズエネルギー差 $\Delta G^\ominus$ の温度依存性を示すグラフを**図7.9**(a) および (b) に示す．いずれも傾きは $-\Delta S^\ominus$ となるが，切片（$\Delta H^\ominus$）の値が異なっている（切片は $T=0$ なので，$\Delta G^\ominus = \Delta H^\ominus$）．それぞれの温度で反応が ξ モル進行したときに描かれる ΔG 曲線の温度依存性を表す式は，(6.11.22), (6.11.23) および (6.11.24), (6.11.25) 式より，それぞれ

$$\Delta G_1 = 5000\xi - T\left\{(-10)\xi + \xi R\ln\left(\frac{1-\xi}{\xi}\right) - R\ln(1-\xi)\right\} \tag{7.4.6}$$

$$\Delta G_2 = -5000\xi - T\left\{(-10)\xi + \xi R\ln\left(\frac{1-\xi}{\xi}\right) - R\ln(1-\xi)\right\} \tag{7.4.7}$$

となる．

ΔG-ξ ダイアグラムを，温度範囲を 200 ～ 1000 K とし，200 K ごとの曲線を描くと**図7.10**(a) および (b) となる．図7.10(a) より，条件1の吸熱反応の場合は，

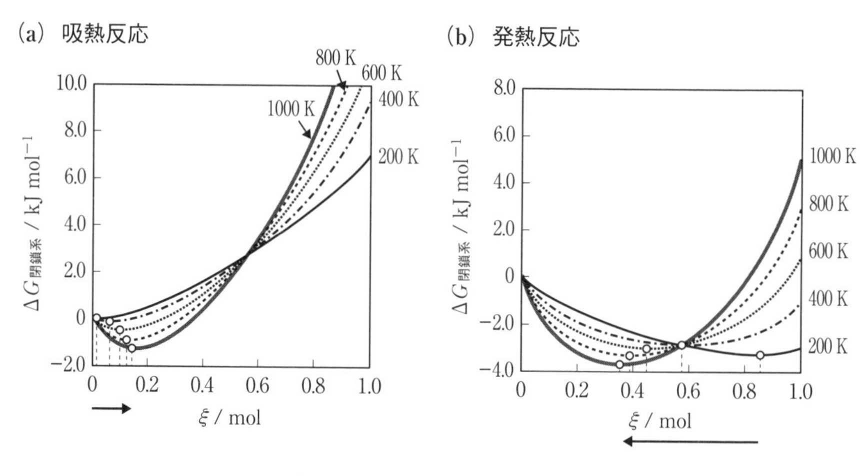

図 7.10　平衡点の温度依存性

反応温度の上昇とともに，極小点（平衡点）ξ_e が右に移動し，増加することがわかる．これは吸熱反応であるため，(7.4.4) のファントホッフの式より，平衡定数が増大することに対応している．見方を変えると，吸熱反応の場合，温度が上がるとその影響を小さくする方向，すなわち，熱を吸収して温度を下げようとする方向に反応が進行する（これを平衡が移動するという）といえる．

一方，条件 2 の発熱反応の場合は，図 7.10 (b) より，反応温度の上昇とともに極小点（平衡点）ξ_e が左に移動し，減少することがわかる．これは発熱反応であるため，高温になると平衡定数が低下することに対応しており，やはり，温度が上がるとその影響を小さくする方向，いまの場合は発熱反応なので，平衡点が左に移動することは吸熱反応が進むことを示している．このことは，**ある系が平衡状態にあるときに，その系の状態量を変化させると，その変化の影響ができるだけ小さくなるように平衡が移動する**と一般化できる．これを**ル・シャトリエの原理**，あるいは**平衡移動の法則**という．

条件 1 および 2 に対応する圧平衡定数 $K_{P,1}$ および $K_{P,2}$ を求め，K_P の常用対数と絶対温度の逆数をプロットしてみよう（**図 7.11 (a)** および **(b)**）．これを**ファントホッフプロット**と呼ぶ．

$$\log K_P^{\ominus} = -\frac{\Delta H^{\ominus}}{2.303\,R}\frac{1}{T} + \frac{\Delta S^{\ominus}}{2.303\,R} \qquad (7.4.8)$$

このプロットの傾きは $-\Delta H^{\ominus}/(2.303\,R)$ に等しい．

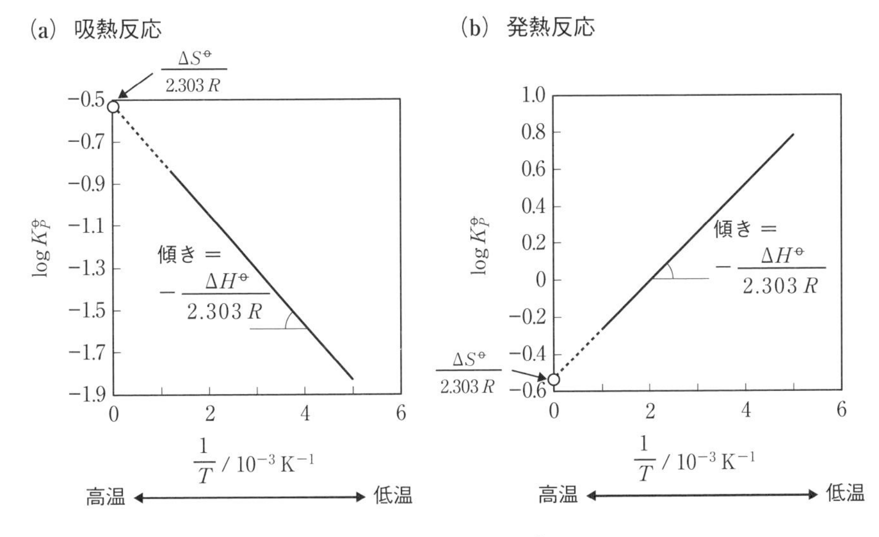

図7.11　ファントホッフプロット

このように，平衡定数の温度依存性は反応の標準エンタルピー変化 $\Delta H^{\ominus}$ によって決まる．しばしば，$\Delta G^{\ominus} = \Delta H^{\ominus} - T\Delta S^{\ominus}$ と，$\Delta S^{\ominus}$ に T が掛かっていることから，平衡の温度依存性が標準エントロピー変化で議論される場合がある．たとえば，「$\Delta S^{\ominus} > 0$ の反応の場合，高温になるとエントロピー効果によって，$-T\Delta S^{\ominus}$ が大きくなるため，$\Delta G^{\ominus}$ が低下し反応が進行しやすくなる」などと表現される．しかしそれは誤りで，反応がどこまで進行するかは，平衡定数が表すものであり，その温度依存性は $\Delta H^{\ominus}$ によって決まる．それでは $\Delta S^{\ominus}$ は何を決めているかというと，$1/T \to 0$ のとき，$\log K_P^{\ominus} \to \Delta S^{\ominus}/(2.303\,R)$ に近づいていることがわかる（図7.11 (a) および (b)）．すなわち，反応温度が高温になればなるほど，平衡定数の常用対数が $\Delta S^{\ominus}/(2.303\,R)$ に近づくのである．

もう少し具体的に見ておこう．平衡状態の反応進行度 ξ_e と $\Delta H^{\ominus}$ および $\Delta S^{\ominus}$ の関係を求め，ξ_e の温度依存性を見てみよう．

$$K_P = \frac{\xi_e}{1-\xi_e} = K_P^{\ominus} = \exp\left(\frac{-\Delta G^{\ominus}}{RT}\right) = \exp\left(\frac{-\Delta H^{\ominus} + T\Delta S^{\ominus}}{RT}\right) \quad (7.4.9)$$

$$\xi_e = \frac{\exp\left(-\frac{\Delta G^{\ominus}}{RT}\right)}{1+\exp\left(\frac{-\Delta G^{\ominus}}{RT}\right)} = \frac{\exp\left(-\frac{\Delta H^{\ominus}}{RT} + \frac{\Delta S^{\ominus}}{R}\right)}{1+\exp\left(-\frac{\Delta H^{\ominus}}{RT} + \frac{\Delta S^{\ominus}}{R}\right)} \quad (7.4.10)$$

(7.4.9) 式を用いて条件1および条件2の場合の ξ_e - T プロットを**図7.12 (a)** およ

(a) 吸熱反応

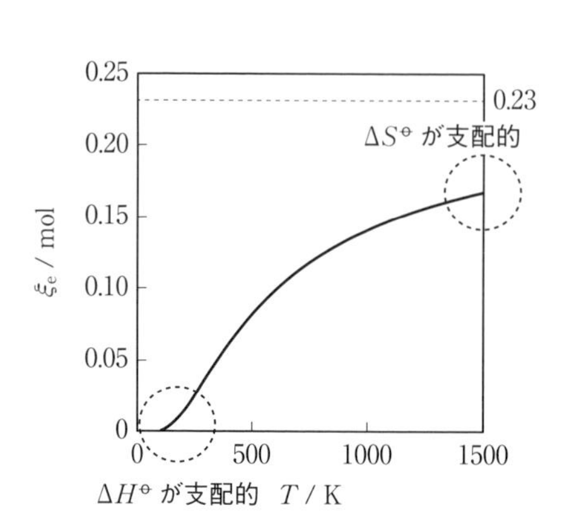

(b) 発熱反応

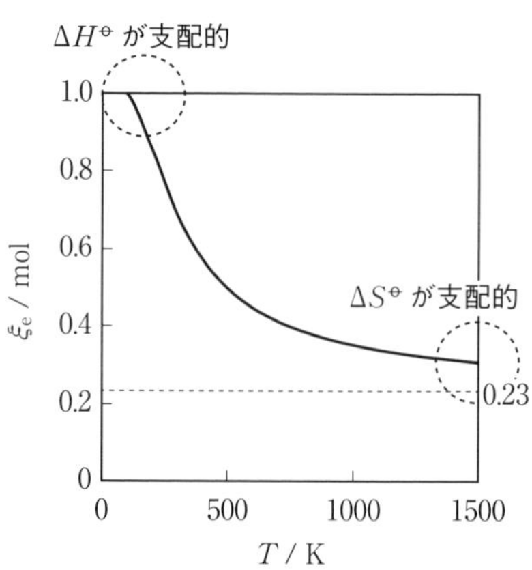

図 7.12　平衡点に対する $\Delta H^{\ominus}$ と $\Delta S^{\ominus}$ の寄与

び (b) に示す．

$T \to \infty$ のとき，いずれの場合も

$$\xi_{\mathrm{e}} = \frac{\exp\left(\dfrac{\Delta S^{\ominus}}{R}\right)}{1 + \exp\left(\dfrac{\Delta S^{\ominus}}{R}\right)} = 0.23 \tag{7.4.11}$$

となり，$\Delta S^{\ominus}$ の影響が大きくなる．一方，

$T \to 0$ のとき，

$$\xi_{\mathrm{e}} = \frac{\exp\left(-\dfrac{\Delta H^{\ominus}}{RT}\right)}{1 + \exp\left(-\dfrac{\Delta H^{\ominus}}{RT}\right)} = \frac{1}{1 + \exp\left(\dfrac{\Delta H^{\ominus}}{RT}\right)} \tag{7.4.12}$$

であるから，ξ_{e} は $\Delta H^{\ominus}$ で決まる．条件 1 の場合 $T \to 0$ で $\xi_{\mathrm{e}} \to 0$ となり，条件 2 の場合 $T \to 0$ で $\xi_{\mathrm{e}} \to 1$ となる．このように，$\Delta S^{\ominus}$ は平衡定数の値そのものに影響し，高温での平衡定数を支配するが，平衡定数の温度依存性はあくまでも $\Delta H^{\ominus}$ によって決まるのである．

索　引

ア　行

圧平衡定数　182
運動エネルギー　4
エネルギー　1
エネルギーの散逸　41
エネルギー不滅の法則　31
エネルギー保存則　31,33
エンタルピー　136
エンタルピー差　193
エンタルピー変化　193
エントロピー　97,110
エントロピー生成　129

カ　行

外界　2
開放系　154
化学平衡　168
化学ポテンシャル　158
　生成系の——　167
　反応系の——　167
可逆変化　79,80
カルノーサイクル　87
　——の変換効率　90
機械的平衡　168
基準系　198
起電力　143
ギブズ-ヘルムホルツの式　212
ギブズエネルギー　148
クラウジウス-クラペイロンの式　171
クーロン力　13
系　1
顕熱　46
孤立系　32

サ　行

作業物質　72
作用量　3
示強性状態量　51,160
仕事　2
仕事溜め　34
実効内圧　40
重力によるポテンシャルエネルギー　7,9
ジュールの法則　54
準静的過程　131
準静的変化　47,80
状態量　23,51
示量性状態量　51
生成系　134
　——の化学ポテンシャル　167
静電的ポテンシャルエネルギー　14
絶対温度　107
全宇宙　1
潜熱　47
相平衡　158,165

タ　行

体積仕事　36
多成分系　163
定圧反応熱　136
電気化学反応　135,139
電気化学平衡　143
電気的仕事　17
電気分解　147
電池　147
等分配則　54
ドルトンの分圧の法則　175

ナ　行

内部エネルギー　16,27
熱　21
熱化学反応　134
熱化学方程式　189
熱溜め　34
熱平衡　168
熱容量　45
熱力学第一法則　32
熱力学第二法則　54,114,121
熱力学第三法則　203
熱力学第0法則　44
熱力学的温度　108

ハ　行

反応系　134
　——の化学ポテンシャル　167
反応抵抗　153
光エネルギー　28
比熱　45
標準圧平衡定数　182,209
標準エントロピー　205
標準ギブズエネルギー変化　209
標準生成エンタルピー　195
標準生成ギブズエネルギー　211
表面仕事　19
表面張力　18
ファントホッフの式　212
不可逆変化　79
物質的平衡　168
部分モル量　154
分圧の法則　175
平衡移動の法則　214
平衡状態　49,153
ヘスの法則　190
ポアソンの関係　60
ポテンシャルエネルギー　7
　重力による——　7,9
　静電的——　14

ラ　行

力学的エネルギー　11
力学的仕事　3
ル・シャトリエの原理　214

著者略歴

石原(いしはら) 顕光(あきみつ)

1966年　兵庫県に生まれる
1988年　横浜国立大学工学部安全工学科卒業
1993年　横浜国立大学大学院博士課程後期修了　博士（工学）
1993年　横浜国立大学工学部非常勤講師
1994年　有限会社テクノロジカルエンカレッジメントサービス取締役
2006年　横浜国立大学産学連携研究員
2014年　横浜国立大学大学院工学研究院客員教授
2015年　横浜国立大学先端科学高等研究院特任教員（教授）
　　　　現在に至る．

専門は電極触媒化学（固体高分子形燃料電池の非白金酸素還元触媒の研究開発）

著書は『化学サポートシリーズ 原理からとらえる電気化学』（共著，裳華房），『トコトンやさしい エントロピーの本』，『おもしろサイエンス熱と温度の科学』（日刊工業新聞社）など多数．

しっかり学ぶ **化学熱力学** —エントロピーはなぜ増えるのか—

2019年5月20日　第1版1刷発行
2021年5月25日　第2版1刷発行

検印
省略

定価はカバーに表示してあります．

著　者　石原顕光
発行者　吉野和浩
発行所　東京都千代田区四番町8-1
電　話　03-3262-9166（代）
郵便番号　102-0081
株式会社　裳華房
印刷所　株式会社　真興社
製本所　株式会社　松岳社

一般社団法人
自然科学書協会会員

ISBN 978-4-7853-3516-8

物質の標準生成エンタルピー，標準エントロピーおよび標準生成ギブズエネルギー (298.15 K)

物 質		$\Delta_f H^\ominus$/kJ mol^{-1}	$S^\ominus$/J K^{-1} mol^{-1}	$\Delta_f G^\ominus$/kJ mol^{-1}
	Ag(s)	0	42.55	0
	AgCl(s)	−127.01	96.25	−109.8
	Al(s)	0	28.3	0
	Al_2O_3(s, α)	−1675.7	50.92	−1582.3
	Ar(g)	0	154.85	0
	C(s, 黒鉛)	0	5.74	0
	C(s, ダイヤモンド)	1.897	2.377	2.90
	CO(g)	−110.54	197.66	−137.16
	CO_2(g)	−393.52	213.79	−394.38
	Ca(s)	0	41.59	0
	$CaCO_3$(s, アラレ石)	−1206.87	88.0	−1128.2
	CaO(s)	−635.09	38.1	−603.3
	Cl_2(g)	0	233.08	0
	Cu(s)	0	33.15	0
	CuO(s)	−157.3	42.6	−129.7
	Cu_2O(s)	−168.6	93.1	−149.0
	Fe(s)	0	27.32	0
	Fe_2O_3(s, 赤鉄鉱)	−824.2	87.4	−742.2
	Fe_3O_4(s, 磁鉄鉱)	−1118.4	145.27	−1015.4
	H_2(g)	0	130.68	0
	HCl(g)	−92.31	186.9	−95.3
	H_2O(l)	−285.83	69.95	−237.14
	H_2O(g)	−241.83	188.84	−228.61
	N_2(g)	0	191.61	0
	NH_3(g)	−45.94	192.78	−16.4
	NH_4Cl(s)	−314.5	94.6	−202.9
	NO(g)	91.29	210.76	87.6
	NO_2(g)	33.1	240.1	51.3
	Na(s)	0	51.3	0
	NaCl(s)	−411.2	72.1	−384.1
	O_2(g)	0	205.15	0
	O_3(g)	142.7	238.92	163.2
	Si(s)	0	18.81	0
	SiO_2(s, 水晶)	−910.7	41.46	−856.4
	Zn(s)	0	41.63	0
メタン	CH_4(g)	−74.6	186.3	−50.5
エタン	C_2H_6(g)	−84.0	229.1	−32.0
プロパン	C_3H_8(g)	−103.8	270.2	−23.4
エチレン	C_2H_4(g)	52.5	219.3	68.4
アセチレン	C_2H_2(g)	227.4	201.0	209.0
メタノール	CH_3OH(l)	−239.1	126.8	−166.6
エタノール	C_2H_5OH(l)	−277.6	161.0	−174.8
ジメチルエーテル	$(CH_3)_2O$(g)	−184.1	266.4	−112.6
ホルムアルデヒド	HCHO(g)	−108.6	218.8	−102.5
アセトアルデヒド	CH_3CHO(g)	−166.1	263.8	−133.0
ベンゼン	C_6H_6(l)	49.0	173.4	124.4